普通高等教育电子信息类系列教材

电工技术基础

主　编　于秀明　李居尚　郑灿香

西安电子科技大学出版社

内容简介

本书是面向非电类专业的电工基础课教材。本书按照应用型人才培养的目标组织内容，依据教育部颁发的《高等学校本科电工技术课程教学基本要求》，结合多年教学实践经验编写，以适应不同专业学科的教学要求。本书概念清晰、重点突出、讲解透彻、通俗易懂，理论与实际结合紧密，提供大量例题和习题，有助于读者更好地理解和掌握相关内容。全书共7章，包括电路的基本理论、电路的分析方法、正弦交流电路、三相电路、电路的暂态分析、二阶电路、异步电动机等内容。

本书可作为高等学校非电类本科、高职高专、成人教育的教学用书，也可作为电工类领域相关学科工程技术人员的参考书。

图书在版编目(CIP)数据

电工技术基础 / 于秀明，李居尚，郑灿香主编. —西安：西安电子科技大学出版社，2022.8(2023.8 重印)
ISBN 978-7-5606-6522-1

Ⅰ. ①电…　Ⅱ. ①于… ②李… ③郑…　Ⅲ. ①电工技术　Ⅳ. ① TM

中国版本图书馆 CIP 数据核字(2022)第 119381 号

策　　划　高　樱
责任编辑　张紫薇　高　樱
出版发行　西安电子科技大学出版社(西安市太白南路 2 号)
电　　话　(029)88202421　88201467　　邮　　编　710071
网　　址　www.xduph.com　　电子邮箱　xdupfxb001@163.com
经　　销　新华书店
印刷单位　陕西天意印务有限责任公司
版　　次　2022 年 8 月第 1 版　2023 年 8 月第 2 次印刷
开　　本　787 毫米×1092 毫米　1/16　印张　12
字　　数　280 千字
印　　数　1001~2000 册
定　　价　35.00 元
ISBN 978-7-5606-6522-1 / TM
XDUP 6824001-2

前　　言

“电工技术基础”是一门重要的专业基础课，具有较强的实践性，在人才培养中起着十分重要的作用。通过对本门课程的学习，可掌握专业技术人员必须具备的电路基本原理、基本概念以及电路基本分析方法等相关知识，同时初步掌握模拟电子技术常用器件的相关理论与实际应用，为后续专业课的学习奠定基础，也能够提高自身理论联系实际的能力。

本书作者具备多年的“电工技术基础”课程教学经验，作者对“电工技术基础”“电路分析”的课程内容进行了框架、内容、描述方法的改良，以直流电路的分析为主线，以交流电路、一阶动态电路为重点，采用通俗易懂的语言编写理论知识内容，并结合实际应用电路巩固理论知识，写就了本书。

本书包含7章:第1章电路的基本理论，从电路的元件入手阐述电路的组成及模型、电路的基本物理量，介绍了基尔霍夫基本定律和基本的电子器件，重点介绍电源之间的等效变换以及四种受控源的组成与应用;第2章电路的分析方法，介绍了支路电流法、网孔电流法、节点电压法及常用的定理定律法(包括叠加定理、戴维南定理、诺顿定理)等;第3章正弦交流电路，介绍了相量域中分析求解电路物理量的各种方法;第4章三相电路，侧重介绍了三相电路的电路结构及分析方法，还介绍了日常生活中的一些用电事故原因及用电注意事项;第5章电路的暂态分析，介绍了在动态电路中一阶电路的响应问题以及求解的方法;第6章二阶电路，介绍了二阶电路的响应求解方法;第7章异步电动机，介绍异步电机的分类、启动、调速、反转与制动等内容，从而更好地和后续课程“电子技术基础”进行紧密衔接。本书的编写力求深入浅出，通俗易懂，每节后编有练习与思考，每章后设置习题，学生可根据自身情况进行巩固与练习。

本书由于秀明、李居尚、郑灿香老师共同编写，具体写作分工如下:李居尚负责编写第1~2章，郑灿香负责编写第5~7章，于秀明负责编写第3~4章，并负责整本书的插图、知识结构和内容安排，还审阅和修订了全部章节。

本书配有教学课件，可在西安电子科技大学出版社官网获取。

限于作者水平，书中难免有错误和不足之处，恳请读者批评指正。

编　者

2022 年 1 月

目　　录

第 1 章　电路的基本理论

内容提要

本章主要介绍组成电路的基本元件，电路的基本物理量、基本定律，电路的工作状态以及电压和电流的参考方向等，还介绍了吸收、提供功率的表达式及判断方法，重点介绍了基尔霍夫定律，说明了元件之间的约束关系与元件本身的性质无关。本章的内容是电路模型和电路分析的基础。

本章难点

(1) 常用电子元器件的伏安特性、基尔霍夫定律及电源模型。

(2) 电位的计算。

(3) 电路的工作状态。

1.1　电路的组成与功能

电路是电流的通路，它是为了某种需要，由某些电工设备或元件按一定方式组合起来的。

电路的结构形式和所能完成的任务是多种多样的，日常生活中使用的手电筒其中就是一个最简单的电路，它是由干电池、灯、开关、手电筒壳(充当连接导体)组成的，各种部件、器件可以用图形符号表示，来绘出表明各部件、器件相互连接关系的电路图。手电筒电路如图 1-1(a)所示。

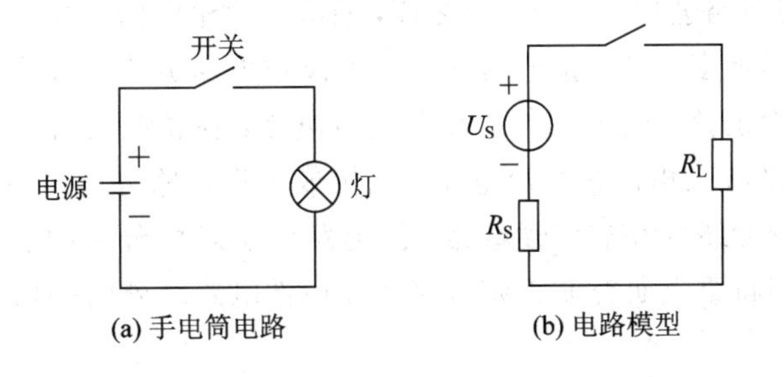

图 1-1　手电筒电路

在实际应用中，不论是简单的手电筒电路，还是复杂的信号转换、传输、存储、处理电路，均可以将其分成三个组成部分，即电源部分、负载部分、连接和传输部分。电源或信号源的电压或电流称为激励，它推动电路工作；由激励在电路各部分产生的电压和电流称为响应。所谓电路分析，就是在已知电路结构和元件参数的条件下，讨论电路的激励和响应之间的关系。

练习与思考

1.1.1　电路的组成是什么？

1.1.2　电路的作用是什么？

1.2 电路模型与分类

实际电路都是由一些起不同作用的电路元件或器件所组成的，诸如发电机、变压器、电动机、电池、晶体管以及各种电阻器和电容器等，它们的电磁性质较为复杂。最简单的例子，如一个白炽灯，它除了具有消耗电能的性质(电阻性)外，当通有电流时还会产生磁场，也就是说它还具有电感性，但电感微小，可忽略不计，于是可认为白炽灯是一种电阻元件。

为了便于对实际电路用数学方式进行描述和分析，可将实际元件理想化(或称模型化)，当实际电路的尺寸远小于使用时其最高工作频率所对应的波长时，可以用几种“集总参数元件”来构成实际部件、器件的模型。每一种集总参数元件(以后简称为元件)只反映一种基本电磁现象，忽略其次要因素，可以把它近似地看作理想电路元件。由一些理想电路元件所组成的电路，就是实际电路的电路模型，它是对实际电路电磁性质的科学抽象和概括。在理想电路元件(本书后文理想两字略去不写)中主要有电阻元件、电感元件、电容元件和电源元件等。这些元件分别由相应的参数来表征。例如常用的手电筒，其实际电路元件有干电池、电阻、开关和筒体，电路模型如图 1-1(b)所示。几种常见的理想电路元件如图1-2所示。

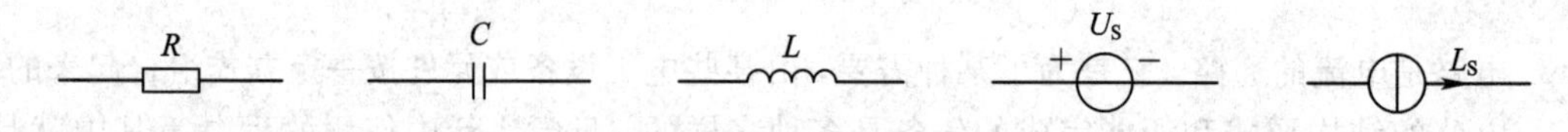

图 1-2 常见理想元件

后面我们所分析的电路均指电路模型，简称电路。在电路图中，各种电路元件用规定的图形符号表示。无论电能的传输和转换，还是信号的传递和处理，都要通过电流、电压和电动势来实现，所以在对电路进行分析与计算之前，首先要讨论电路的几个基本物理量。

电路的种类是多种多样的，按电路的性质可以把电路分为直流电路与交流电路；在交流电路中又可以分为正弦交流电路与非正弦交流电路，在正弦交流电路中又可以进一步分为单相正弦交流电路与三相正弦交流电路。按构成可将电路分为简单电路和复杂电路；按电路是否线性，可分为线性和非线性电路；按电路的状态可分为静态电路和暂态电路。在本书的学习中，我们将重点研究非正弦电路和非线性电路之外的一切电路。

练习与思考

1.2.1 什么是集总元件？

1.2.2 电路的分类有哪些？

1.3 电路的基本物理量及参考方向

1.3.1 电流

电流是由电荷(带电粒子)有规则的定向运动而形成的。电流在数值上等于单位时间内通过某一导体横截面的电荷量。设在极短的时间 dt 内通过导体横截面 S 的微小电荷量为

dq，则电流为

$$i = \frac{dq}{dt} \tag{1-1}$$

上式表示电流是随时间而变化的，是时间的函数。

如果电流不随时间而变化，即 $\frac{dq}{dt} =$ 常数，则这种电流称为恒定电流，简称直流。直流常用大写字母 I 表示，所以式(1－1)可改写为

$$I = \frac{q}{t} \tag{1-2}$$

式中 q 是在时间 t 内通过导体横截面 S 的电荷量。

我们习惯上规定正电荷运动的方向或负电荷运动的相反方向为电流的方向(实际方向)。电流的方向是客观存在的。但在分析较为复杂的直流电路时，往往难于事先判断某支路中电流的实际方向；对于交流信号来讲其方向则是随时间而变的，在电路图上也无法用一个符号来表示它的实际方向。为此，在分析与解算电路时，常任意选定某一方向作为电流的正方向，或称为参考方向。所选的电流的正方向并不一定与电流的实际方向一致。当电流的实际方向与其正方向一致时，电流为正值，如图 1－3(a)；反之，当电流的实际方向与其正方向相反时，电流为负值，如图 1－3(b)。因此，在正方向选定之后，电流之值才有正负之分。

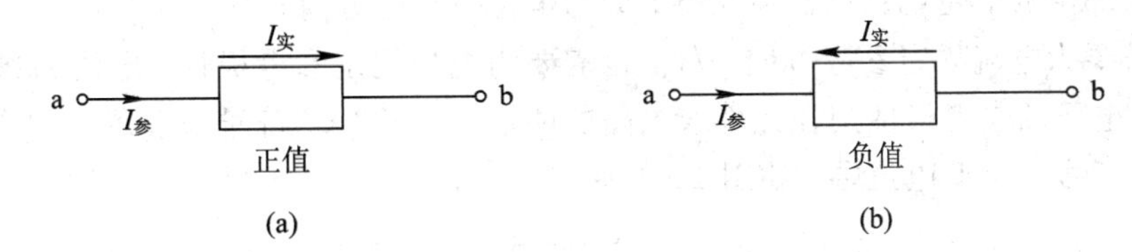

图 1－3　电流的正方向

本书中电路图上用箭标标示电流的方向所表示的电流方向都是正方向。

电流的正方向除用箭标表示外，还可以用双下标表示。如图 1－3 中的电流可以表示为 I_{ab}，即正方向是由 a 指向 b 的电流。如果正方向选定为由 b 指向 a，则为 I_{ba}，两者之间相差一个负号，即

$$I_{ab} = -I_{ba} \tag{1-3}$$

我国法定计量单位是以国际单位制(SI)为基础的。在国际单位制中，电流的单位是安培(A)。当 1 s(秒)内通过导体横截面的电荷量为 1 C(库仑)时，电流为 1 A。计量微小的电流时，以毫安(mA)或微安(μA)为单位。1 mA 为千分之一安 (10^{-3} A)，1 μA 是百万分之一安 (10^{-6} A)。

1.3.2　电压与电动势

为便于研究问题，在分析电路时引用“电压”这一物理量，电压有时也称为“电位差”，用符号 U 表示。a、b 两点间的电压 U_{ab} 在数值上等于电场力把单位正电荷从 a 点移到 b 点所做的功，也就是单位正电荷从 a 点(高电位)移到 b 点(低电位)所失去的能量，即

$$u(t) = \frac{dw}{dq} \tag{1-4}$$

在电场内两点间的电压也常称为两点间的电位差，即

$$U_{ab}=U_a-U_b \tag{1-5}$$

式中 U_a 为 a 点的电位，U_b 为 b 点的电位。

正电荷在电场的作用下，从高电位向低电位移动。这样，电极 a 因正电荷的减少而使电位逐渐降低，电极 b 因正电荷的增多而使电位逐渐升高，其结果是 a 和 b 两电极的电位差逐渐减小到等于零。与此同时，连接导体中的电流也相应地减小到等于零。

为了维持电流不断地在连接导体中流通，并保持恒定，则必须使 a、b 间的电压 U_{ab} 保持恒定，也就是要使电极 b 上所增加的正电荷经过另一路径流向电极 a。但由于电场力的作用，电极 b 上的正电荷不能逆电场而上，因此必须要有另一种力能克服电场力而使电极 b 上的正电荷流向电极 a。电源就能产生这种力，我们称它为电源力。例如在发电机中，当导体在磁场中运动时，导体内便出现这种电源力，在电池中，电源力存在于电极与电解液的接触处。我们用电动势这个物理量衡量电源力对电荷做功的能力。电源的电动势 E_{ab} 在数值上等于电源力把单位正电荷从电源的低电位端 b 经由电源内部（也是导体）移到高电位端 a 所做的功，也就是单位正电荷从 b 点（低电位）移到 a 点（高电位）所获得的电能。在电源力的作用下，电源不断地把其他形式的能量转换为电能。

电压和电动势都是标量，但在电路分析时，和电流一样，我们也说它们具有方向。电压的方向规定为由高电位端指向低电位端，即为电位降低的方向。电源电动势的方向规定为在电源内部由低电位端指向高电位端，即为电位升高的方向。

如同需要为电流规定参考方向一样，也需要为电压规定参考极性。电流的参考方向用箭头表示，电压的参考极性则在元件或电路的两端用“＋”“－”符号来表示。“＋”号表示高电位端，“－”号表示低电位端，如图 1-4 所示。

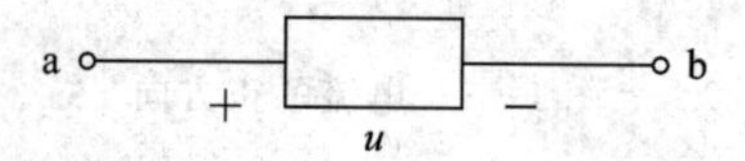

图 1-4 电压参考极性的表示方式

综上所述，在分析电路时，既要为通过元件的电流假设参考方向，也要为元件两端的电压假设参考极性，这两种假设是独立无关的。但通常为了方便起见，常采用关联的参考方向，即电流参考方向与电压参考方向（“＋”极到“－”极的方向）一致，或者说电流与电压降参考方向一致，如图 1-5(a) 所示；若不一致，则称为非关联参考方向，如图 1-5(b) 所示。

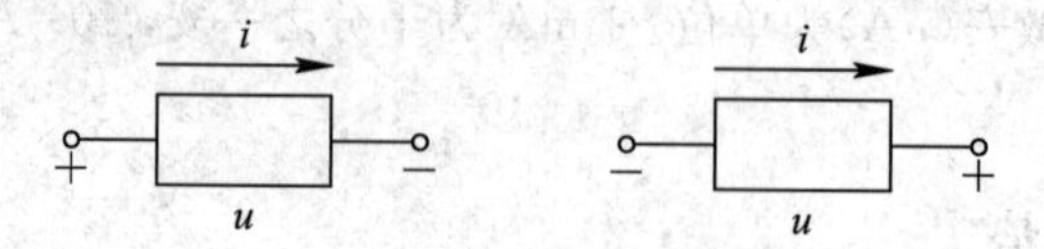

图 1-5 电压与电流的参考方向

在国际单位制中，电压的单位是伏特（V）。当电场力把 1 库仑（C）的电荷量从一点移到另一点所做的功为 1 焦耳（J）时，则该两点间的电压为 1 V。计算微小的电压时，以毫伏（mV）或微伏（μV）为单位。计量高电压时，以千伏（kV）为单位。

电动势的单位也是伏特。

1.3.3　电位的计算

电路中任一点对参考点的电压称为此点的电位。规定参考点的电压为零。电位的正负高低是表示这点相对参考点的情况的，某点电位为正值，说明该点电位比参考点电位高；某点电位为负值，说明该点电位比参考点电位低，参考点可以任意选取，电位并不是一个定值。参考点不同，某点的电位也不同。电位的大小正负与选择的路径无关，只与此点到参考点经过的元件电压有关。

电位的计算方法：从某点到参考点的电压，当经过元件的电压为从"+"到"−"电位降低时，符号取正号；当经过元件的电压为从"−"到"+"电位升高时，符号取负号。

注意：参考点一经标定，则电路中各点的电位就被确定了。所以电路中任意点电位的高低是相对的。

1.3.4　功率与能量

电路中存在着能量的流动，现在来讨论某一段电路所吸收或提供能量的速率即功率的计算。功率用符号 p(或 P)表示。图 1-6 为电路的一部分，它可能是产生电能的电源，也可能是耗用电能的负载。

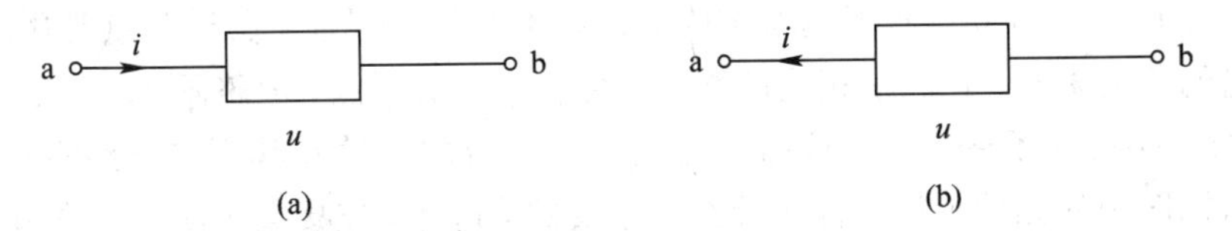

图 1-6　功率与电流电压参考方向的关系

在单位时间内电路吸收的电能，叫作电功率，常简称为功率，用 P 表示。在电压与电流关联参考方向下，如图 1-6(a)所示，有

$$P=\frac{W}{t}=\frac{UIt}{t}=UI=\frac{U^2}{R}=I^2R \tag{1-6}$$

若功率是时间的函数，则电路吸收的瞬时功率的表达式为

$$p=\frac{\mathrm{d}w}{\mathrm{d}t}=\frac{u\mathrm{d}q}{\mathrm{d}t}=ui \tag{1-7}$$

电功率的单位是瓦特，简称瓦，用符号 W 表示。

当采用非关联参考方向时，如图 1-6(b)所示，则计算吸收功率的公式应为

$$P=-UI \tag{1-8}$$

或

$$p=-ui \tag{1-9}$$

若算得的功率为正值，表示是吸收功率，电路元件是负载；若算得的功率为负值，表示是产生(或发出)功率，电路元件是电源。

在如图 1-6(a)所示的关联参考方向下，从 t_0 到 t 时刻内该部分电路吸收的能量为

$$w(t_0,t)=\int_{t_0}^{t}p(\xi)\mathrm{d}\xi=\int_{t_0}^{t}u(\xi)i(\xi)\mathrm{d}\xi \tag{1-10}$$

在国际单位制中，能量的单位为焦耳，简称焦(J)。

练习与思考

1.3.1 电路的三个物理量分别是什么？如何确定它们的正方向？

1.3.2 若 2 Ω 电阻在 10 s 内消耗的能量为 80 J，则此电阻的电压为多少？

1.4 基尔霍夫定律

集总电路由集总元件连接而成，电路中的各个支路电压和支路电流必然要受到两类约束。一类是元件的特性对本元件的电压和电流造成的约束，例如线性电阻元件的电压和电流必须满足欧姆定律，这种只取决于元件性质的约束，称为元件约束；另一类是元件的连接给各支路电压和支路电流带来的约束，也就是网络结构决定的约束，此约束与元件性质无关，所以也叫拓扑约束，表示这类约束关系的是基尔霍夫定律。若将每一个二端元件视为一条支路，这样，流经元件的电流和元件的端电压便分别称为支路电流和支路电压，它们是集总电路中分析和研究的对象。我们一般将流经同一电流的元件及线路看作一条支路。

为了表述电路的基本规律，我们先介绍几个名词。支路的连接点称为节点。在如图 1－7所示的电路中有 5 条支路，3 个节点。显然节点是两条或两条以上支路的连接点。初学者往往把图中的 a 点与 b 点看成两个节点，这是不对的，因为 a 点与 b 点是用理想导体相连的，从电的角度来看，它们是相同的端点，可以合并成一点，电路图可以改画，只要保证各元件间的连接关系不变即可。按照将流经同一电流的元件及其所在线路看成一条支路，例如，可以把图中的元件 4 和元件 5 看作一条支路，这样，连接点 3 就不算作节点。可以将节点的定义总结为三条或三条以上支路的连接点。因此可以得出图 1－7 电路中就应该有 4 条支路，它们分别是支路 1、支路 2、支路 3 和支路 45；共有 2 个节点，分别是节点 1 和节点 2。我们在解决电路问题时，常如此处理。电路中的任一闭合路径称为回路，例如，图 1－7中电路有 6 个回路。在回路内部不另含有支路的回路称为网孔，例如，图 1－7 中电路有 3 个网孔。

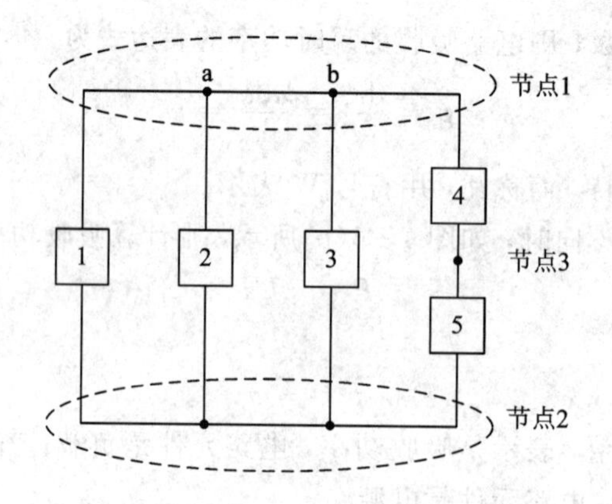

图 1－7　具有三个节点的电路

基尔霍夫定律是集总电路的基本定律，它包括电流定律和电压定律。

1.4.1　基尔霍夫电流定律(KCL)

在集总电路中，任何时刻，对于任一节点，所有支路电流的代数和恒为零。即

$$\sum i = 0 \tag{1-11}$$

例如，对于图1-8中的节点a，在图示参考方向下应用KCL，有

$$-i_1 - i_2 + i_3 = 0$$

上式可以改写成

$$i_1 + i_2 = i_3$$

此式表明：任何时刻，流入任一节点的支路电流必定等于流出该节点的支路电流。这是电流连续性的表现。

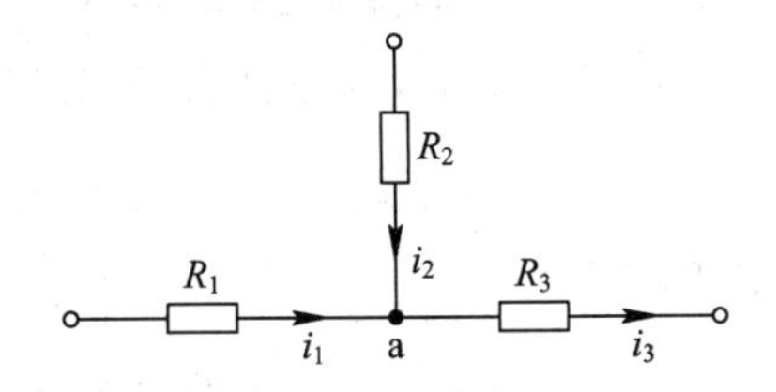

图1-8　基尔霍夫电流定律

式1-11中，若流出节点的电流前面取"+"号，则流入节点的电流前面取"-"号。这里首先应当指出，KCL中电流的流向本来是指它们的实际方向，但由于采用了参考方向，所以式1-11中是按电流的参考方向来判断电流是流出节点还是流入节点的。其次，式中的正、负号仅由电流是流出节点还是流入节点来决定的，与电流本身的正、负无关。至于电流本身的正、负，完全以参考方向为依据。也就是在运用电流定律时，往往需要和两套符号打交道。其一是方程中各项前的正负号，取决于电流的参考方向与节点的相对关系，流出的为正，流入的为负；其二是电流本身数值的正负号，取决于电流的实际方向与参考方向是否一致，一致的为正，相反的为负。今后在应用KCL时，将均按电流的参考方向来判断。

例如，图1-8中各电流的参考方向已定，并已知 $i_1 = -5$ A，$i_3 = 3$ A，则按KCL有 $-i_1 - i_2 + i_3 = 0$，故 $i_2 = i_3 - i_1 = 3 - (-5) = 8$A。所以，从 i_1、i_2 和 i_3 的正负又能看出，实际流进节点a的电流为3 A，流出节点a的电流也是3 A。

电流定律虽然是对节点而言的，但也适用于电路中的任一闭合面，如图1-9(a)所示的电路中，闭合面S内有三个节点1、2、3。在这些节点处，应用KCL(电流的参考方向如图1-9(a)所示)分别有

$$i_1 = i_{12} - i_{31}$$

$$i_2 = i_{23} - i_{12}$$

$$i_3 = i_{31} - i_{23}$$

将上面三个式子相加，便得

$$i_1 + i_2 + i_3 = 0$$

或

$$\sum i = 0$$

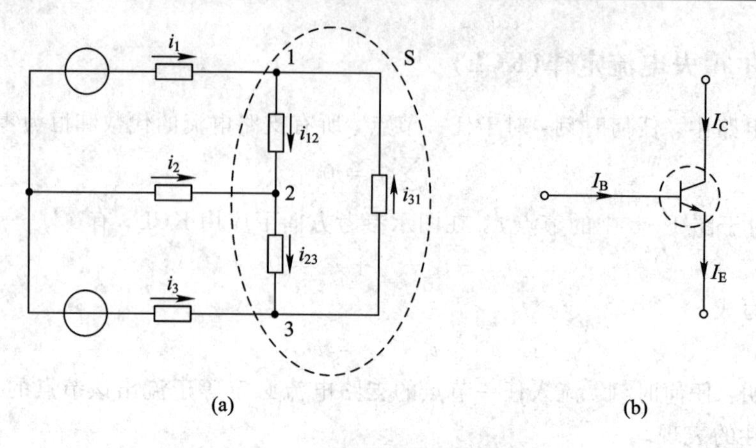

图1-9 基尔霍夫电流定律的推广

这就证明了通过任一个闭合面的电流的代数和也总是等于零。将图 1-9(b)中的三极管看作一个节点，那么可得到 $I_B + I_C = I_E$。

1.4.2 基尔霍夫电压定律(KVL)

在集总电路中，任何时刻，沿任一回路内所有支路或元件电压的代数和恒等于零。即

$$\sum u = 0 \tag{1-12}$$

在应用上式时，首先需要指定一个回路绕行的方向。如果电压的参考方向与回路绕行方向一致，则式中在该电压前面取“+”号；如果电压参考方向与回路绕行方向相反，则取“−”号。

与 KCL 同理，KVL 中电压的方向本应指它的实际方向，但由于采用了参考方向，所以式(1-12)中的代数和是按电压的参考方向来判断的。

图 1-10 给出某电路的一个回路，绕行的方向如图所示。

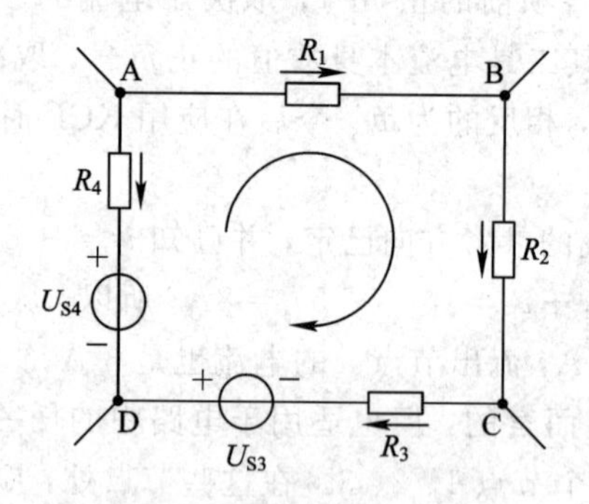

图 1-10 基尔霍夫电压定律

按图中所指定的各元件电压的参考方向及回路绕行方向，式(1-12)可以写为

$$u_{AB} + u_{BC} + u_{R_3} - u_{S_3} - u_{S_4} - u_{R_4} = 0$$

$$u_{AB} + u_{BC} + u_{R_3} = u_{S_3} + u_{S_4} + u_{R_4}$$

上式表明，电路中两节点间的电压值是确定的。不论沿哪条路径，两节点间的电压值都相同。所以，基尔霍夫电压定律实质上是电压值与路径无关这一性质的反映。

【例 1-1】 图 1-11 为一个直流电路的一个回路。已知各元件的电压为 $U_1 = U_6 = 2\ \text{V}$，$U_2 = U_3 = 3\ \text{V}$，$U_4 = -7\ \text{V}$，试求 U_5。

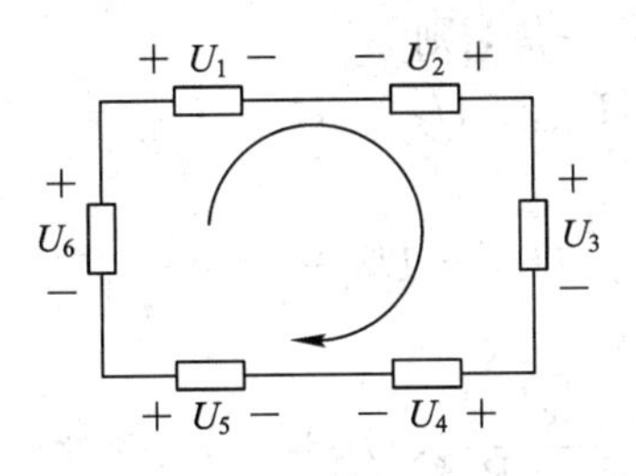

图 1-11　例 1-1 图

解：设 U_5 的参考极性如图 1-11 所示。顺时针方向绕行一周，由式(1-12)可得

$$U_1 - U_2 + U_3 + U_4 - U_5 - U_6 = 0 \tag{1-13}$$

将已知数据代入式(1-13)得

$$(2) - (3) + (3) + (-7) - U_5 - (2) = 0 \tag{1-14}$$

解得

$$U_5 = -7\ \text{V}$$

U_5 为负值说明其实际极性与图中所假设的参考极性相反。

从例 1-1 可以看到，在运用 KVL 时也需和两套符号打交道。方程中各项前的符号，其正负取决于各元件电压降的参考方向与所选的绕行方向是否一致，一致取正号，反之取负号，如式(1-13)所示。在以数值代入时，每项电压本身还有符号，取决于电压降的实际方向与参考方向是否一致，如式(1-14)中各括号内数字的正负所示。

在电路分析中，各元件电压和电流的约束关系(VCR)以及基尔霍夫定律(KCL、KVL)起着重大的作用。

电压定律虽然是对回路而言的，但也适用于电路中任一非闭合面，如图 1-12 所示的电路，也可以根据 KVL 列出方程 $U_S - RI - U = 0$ 或 $U = U_S - RI$

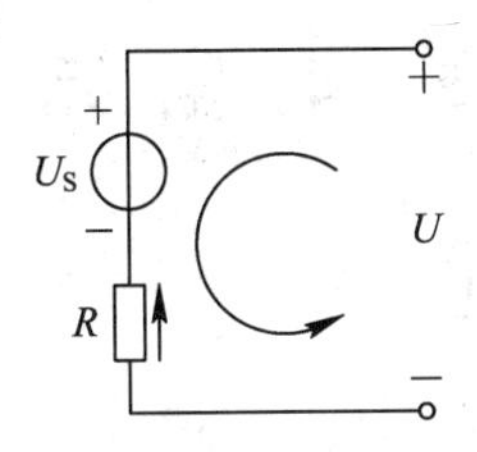

图 1-12　基尔霍夫电压定律的推广

【例 1-2】 在图 1-13 所示的直流电路中，A、B 两点间开路。已知 $U_1 = 6$ V，$U_2 = 10$ V，$U_3 = 5$ V。求 A、B 两点的电压 U_{AB}。

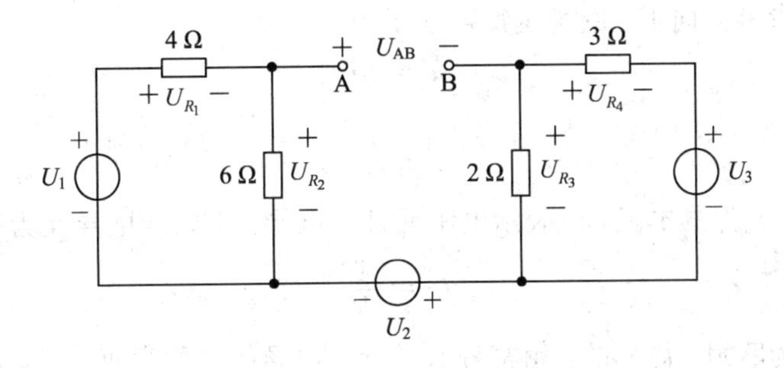

图 1-13　例 1-2 图

解：假想沿 A→B 方向绕行一周，则

$$U_{AB}+U_{R_3}+U_2-U_{R_2}=0$$

移项可得

$$U_{AB}=U_{R_2}-U_2-U_{R_3}$$

因为

$$U_{R_2}=\frac{R_2}{R_1+R_2}\times U_1=\frac{6}{6+4}\times 6=3.6\ \text{V}$$

$$U_{R_3}=\frac{R_3}{R_3+R_4}\times U_3=\frac{2}{2+3}\times 5=2\ \text{V}$$

所以

$$U_{AB}=3.6-2-10=-8.4\ \text{V}$$

练习与思考

1.4.1 基尔霍夫电流定律适用于什么电路？

1.4.2 基尔霍夫电压定律适用于什么电路？

1.4.3 求出图 1-14 中 2 Ω 电阻的电压 U。

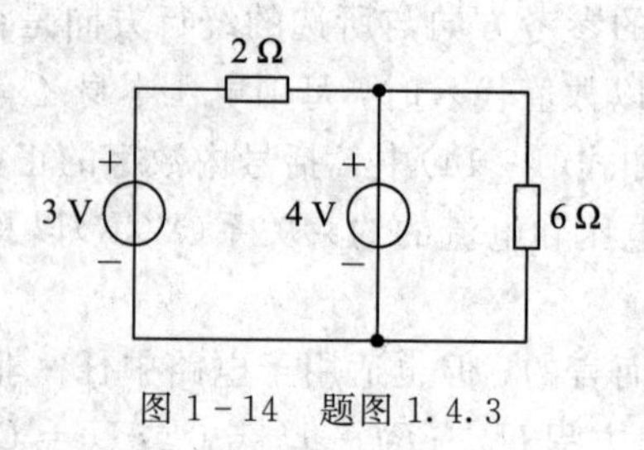

图 1-14　题图 1.4.3

1.5 电 阻 元 件

1.5.1 线性电阻与非线性电阻

1. 线性电阻

电阻元件是从实际电阻器中抽象出来的模型。

线性电阻元件是理想二端元件，它的电阻值是个常量，与通过的电流(或所加的电压)无关，电阻两端的电压和所通过的电流之间的关系遵循欧姆定律。在图 1-15(a)所示的电压和电流的关联参考方向下，欧姆定律可表示为

$$u=Ri \tag{1-15}$$

或

$$i=Gu \tag{1-16}$$

式中，R 表示电阻元件的电阻，G 表示电阻元件的电导。电阻与电导互为倒数，即

$$G=\frac{1}{R} \tag{1-17}$$

电阻的单位为欧姆，简称欧，用符号 Ω 表示。电导的单位为西门子，简称西，用符号 S 表示。

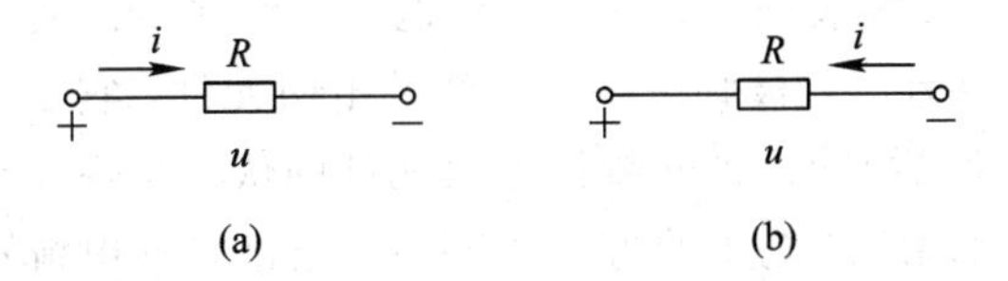

图1-15　线性电阻元件电压与电流参考方向的关系

如果电阻元件电压的参考方向与电流的参考方向相反，如图1-15(b)所示，则欧姆定律可写为

$$u = -Ri \tag{1-18}$$

或

$$i = -Gu \tag{1-19}$$

如果把电阻元件的电压取为纵坐标(或横坐标)，电流取为横坐标(或纵坐标)，画出电压和电流的关系曲线，这条曲线称为该电阻元件的伏安特性。显然，线性电阻元件的伏安特性是通过坐标原点的直线，它反映了元件两端电压与元件中电流成正比，如图1-16所示。

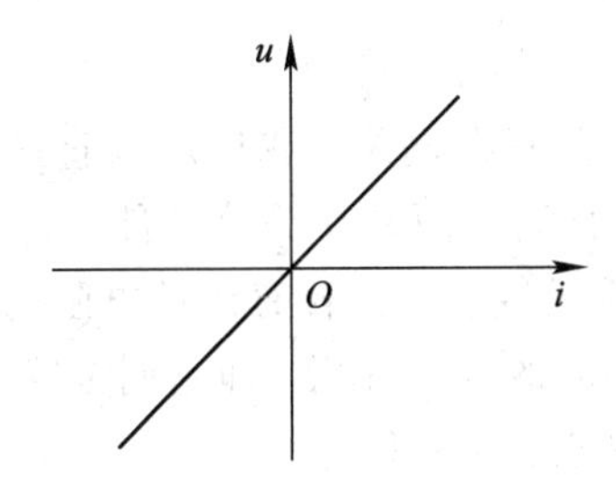

图1-16　线性电阻元件的伏安特性

直线的斜率等于该线性电阻元件的电阻值，即

$$R = \frac{u}{i} \tag{1-20}$$

我们将伏安特性为直线的电阻称为线性电阻。

线性电阻元件的特性与元件电压或电流的方向无关，因此，线性电阻元件是双向性的元件。在使用线性电阻元件时，它的两个引出端是没有任何极性区别的。

实际上，所有的电阻器、电灯、电炉等元件，它们的伏安特性或多或少都是非线性的。但是，在一定的工作电压或电流范围内，这些元件的伏安特性近似为一条直线，所以可以作为线性电阻元件来处理。

如果电阻元件的伏安特性不随时间改变，即电阻值与时间无关，则称为时不变电阻元件或定常电阻元件；否则，称为时变电阻元件。本书只讨论线性时不变元件，不讨论时变元件。元件的伏安关系用VCR表示。

为了叙述方便，我们把线性电阻元件简称电阻。这样，电阻这个术语以及它相应的符号R，一方面表示一个电阻元件，另一方面也表示这个元件的参数。

2. 非线性电阻

非线性电阻元件的伏安特性不是一条直线，所以元件上的电压和通过元件的电流之间的关系不遵循欧姆定律，即元件的电阻将随电压和电流的改变而改变，是电压或电流的函数。它的特性是由整条曲线来表征的，不是笼统地说它是多少欧姆的电阻。图 1－17 给出了某晶体二极管的伏安特性。二极管是一个非线性电阻元件，它的伏安特性是一条通过坐标原点的曲线。不过，像二极管这种非线性电阻元件的伏安特性还与电压或电流的方向有关，就是说，当二极管两端所加电压的方向不同时，流过它的电流不但方向不同，而且大小差别很大。许多非线性电阻都具有非双向性。因此，在使用二极管这样的元件时，必须认清它的两个引出端的极性。

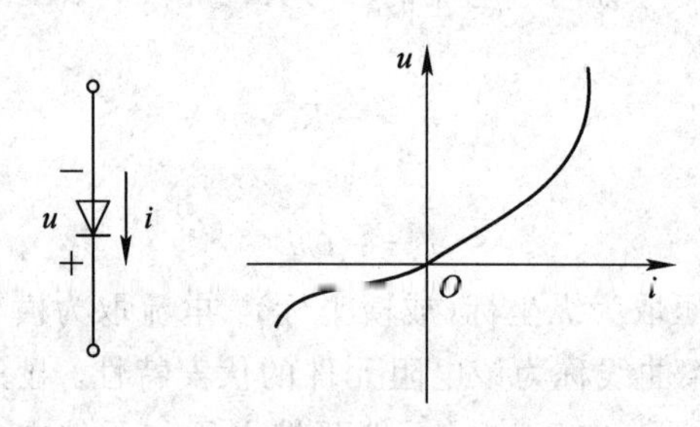

图 1－17　二极管的伏安特性

1.5.2　电阻的等效变换

在实际工作中，常会遇到一些复杂网络，我们难以直接全面地分析，为此，应该先将复杂网络(电路)简单化。但是，化简必须是在等效条件下进行。电路的等效变换包括有源网络的等效变换和无源网络的等效变换。只含有线性电阻的无源二端网络，从两端看进去的电阻(或电导)相同，则具有相同的伏安关系，即它们是等效的。对于只含有电阻的网络，由于电阻连接形式不同，分为串联、并联和混联。

1. 电阻串联及分压公式

假设图 1－18(a)为连接 n 个电阻的电路，因在电压 U 的作用下，这些电阻通过同一电流 I，所以称这些电阻的连接为串联。图 1－18(b)只有一个电阻，如在电压 U 的作用下，流过的电流也为 I，那么这两个电路的伏安关系相同，则两个电路互为等效电路。

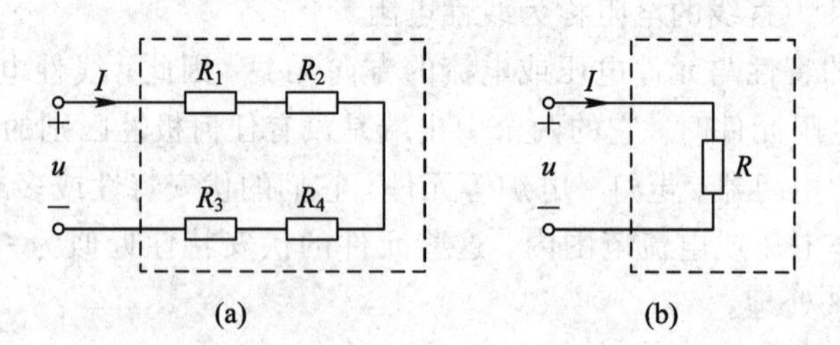

图 1－18　二端网络等效变换

对图 1－18(a)所示电路应用 KVL，有

$$\begin{aligned} U &= U_1 + U_2 + \cdots + U_n = IR_1 + IR_2 + \cdots + IR_n \\ &= I(R_1 + R_2 + \cdots + R_n) \end{aligned} \tag{1-21}$$

对图 1－18(b)应用欧姆定律，有

$$U = RI \tag{1-22}$$

根据等效条件，由上两式得

$$R = R_1 + R_2 + \cdots + R_n = \sum_{k=1}^{n} R_k \qquad (1-23)$$

上式表明，n 个电阻串联时，其等效电阻 R 等于 n 个电阻之和。显然，等效电阻必大于串联的任一个电阻。

如将式(1－21)两边各乘以电流 I，可得

$$P = UI = I^2R_1 + I^2R_2 + \cdots + I^2R_n = I^2R \qquad (1-24)$$

上式表明，n 个电阻串联吸收的总功率等于它们的等效电阻所吸收的功率。

电阻串联起分压作用。由于电流相同，所以

$$\frac{U_1}{R_1} = \frac{U_2}{R_2} = \cdots = \frac{U_n}{R_n} = \frac{U}{R}$$

这表明电阻串联电路中，各个电阻上的电压与其电阻值成正比。也可把各个电阻的电压写成

$$U_k = R_k I = \frac{R_k}{R}U \qquad (1-25)$$

式中 $\frac{R_k}{R}$ 称为分压比，式(1－25)称为电压分配公式。我们在电路分析的过程中常用到两电阻串联时的分压公式：

$$U_1 = \frac{R_1}{R_1 + R_2}U \qquad (1-26)$$

$$U_2 = \frac{R_2}{R_1 + R_2}U \qquad (1-27)$$

【例1－3】 如图1－19所示，已知 $R_1 = 13\ \Omega$，$R_2 = 7\ \Omega$，$U_S = 40\ V$，求恒压源的电流 I 和电压 U_1、U_2。

解：这是一个分压电路，由分压公式(1－25)可知

$$U_1 = \frac{R_1}{R_1 + R_2}U_S = \frac{13}{13+7} \times 40 = 26\ V$$

$$U_2 = \frac{R_2}{R_1 + R_2}U_S = \frac{7}{13+7} \times 40 = 14\ V$$

或

$$U_2 = U_S - U_1 = 40 - 26 = 14\ V$$

$$I = \frac{U_S}{R_1 + R_2} = \frac{40}{13+7} = 2\ A$$

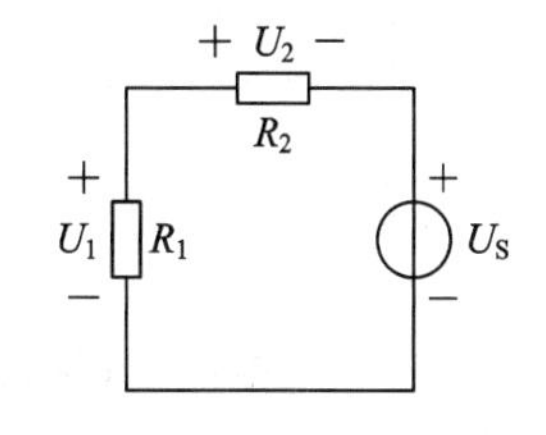

图1－19　例1－3图

由分压公式可知，电阻的阻值越大，分得的电压越大。

【例1－4】 一空载分压器如图1－20所示，输入的信号电压 $U_i = 50\ V$，$R = 10\ k\Omega$，如滑动触点所处的位置是 $R_1 = 4\ k\Omega$，$R_2 = 6\ k\Omega$，问从A、B端得到的输出电压 U_o 为多少？调节滑动触点，可使输出电压 U_o 在什么范围内变化？

解：输出电压 U_o 即是 R_1 上分得的电压，由式(1－25)得

$$U_o = \frac{R_1}{R}U_i = \frac{4}{10} \times 50 = 20\ V$$

因为 U_o 与 R_1 成正比，所以调节滑动触点可以使 R_1 从零到 R 连续变化，从而得到一个从零到 U_i 连续可变而极性不变的电压 U_o。R 实际上就是一个具有三个端子的可变电阻器，

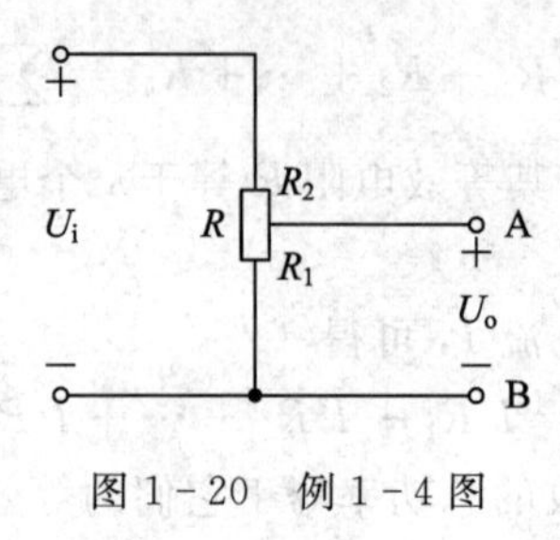

图 1-20 例 1-4 图

用作分压时，称为电位器。

2. 电阻并联及分流公式

图 1-21(a)为连接 n 个电阻的电路，因各个电阻的电压相同，这些电阻的连接称为并联，以 I 代表总电流，U 代表电阻上的电压；而图 1-21(b)所示二端网络中只有一个电阻。如果在电压 U 的作用下，流过的电流也为 I，则 1-21(a)、1-21(b)两个电路等效。

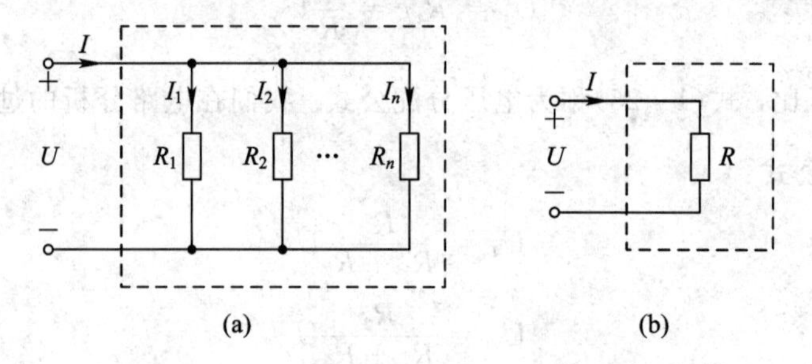

图 1-21 电阻的并联及其等效电路

对于图 1-21(a)所示电路应用 KCL，有

$$\begin{aligned} I &= I_1 + I_2 + \cdots + I_n \\ &= \frac{U}{R_1} + \frac{U}{R_2} + \cdots + \frac{U}{R_n} \\ &= U\left(\frac{1}{R_1} + \frac{1}{R_2} + \cdots + \frac{1}{R_n}\right) \end{aligned} \tag{1-28}$$

对于图 1-21(b)，有

$$I = \frac{1}{R}U \tag{1-29}$$

根据等效条件和以上两式，得

$$\frac{1}{R} = \frac{1}{R_1} + \frac{1}{R_2} + \cdots + \frac{1}{R_n} = \sum_{k=1}^{n} \frac{1}{R_k} \tag{1-30}$$

因为电导 $G = \frac{1}{R}$，而各个并联电导为 $G_k = \frac{1}{R_k}$，则有公式

$$G = G_1 + G_2 + \cdots + G_n = \sum_{k=1}^{n} G_k \tag{1-31}$$

上式表明，n 个电阻并联时，其等效电阻 R 的倒数等于各个分电阻倒数之和，即等效电导等于各分电导之和，且等效电阻必小于并联的任一个电阻值。

计算功率时由于并联电路中各支路电压相同，所以我们常引入电导，即

$$P = U^2G_1 + U^2G_2 + \cdots + U^2G_n = U^2(G_1 + G_2 + \cdots + G_n) = U^2G \tag{1-32}$$

上式表明，n个电阻并联吸收的总功率等于它们的等效电阻所吸收的功率。还可以看出，各支路电阻消耗的功率和它的电导成正比，也就是说和电阻成反比。这个概念很重要，因为在日常应用的定压供电系统中，负载是并联地接到电源上的，额定功率大的负载，其电阻较小。

电阻并联，起分流作用。由于电压相同，故

$$\frac{I_1}{G_1}=\frac{I_2}{G_2}=\cdots=\frac{I_n}{G_n}=\frac{I}{G}$$

这表示，并联电阻电路中各个电阻的电流和它的电压成正比。用电阻表示时，则有

$$I_1R_1=I_2R_2=\cdots=I_nR_n=IR$$

即各个元件中的电流与它的电阻值成反比。如求某一并联支路电流，可用公式

$$I_k=\frac{G_k}{G}I=\frac{R}{R_k}I \tag{1-33}$$

式中系数$\frac{G_k}{G}$或$\frac{R}{R_k}$称为分流比。式(1－33)称为电流分配公式。当只有两个电阻并联时，则有

$$\begin{cases}I_1=\dfrac{G_1}{G_1+G_2}I=\dfrac{R_2}{R_1+R_2}I\\ I_2=\dfrac{G_2}{G_1+G_2}I=\dfrac{R_1}{R_1+R_2}I\end{cases} \tag{1-34}$$

3. 混联电路的等效变换

既有串联又有并联的电路叫作串并联电路或混联电路。混联电路有时元件很多，看上去电路很复杂，但因它仍可通过串联和并联等效化简，所以仍然属于简单电路。要正确地化简混联电路，关键在于正确识别混联电路中各电阻的连接关系。

根据节点的概念我们可以总结出一种化简混联电路的有效方法——圈节点，装电阻。如图1－22(a)所示电路中有4个节点a、b、c、d，将这些节点圈起来，按所圈节点装入对应电阻，得到图1－22(b)所示的变换电路；将图1－22(b)中的串并联形式进行化简，得到a、b端最简等效电路如图1－22(c)所示。

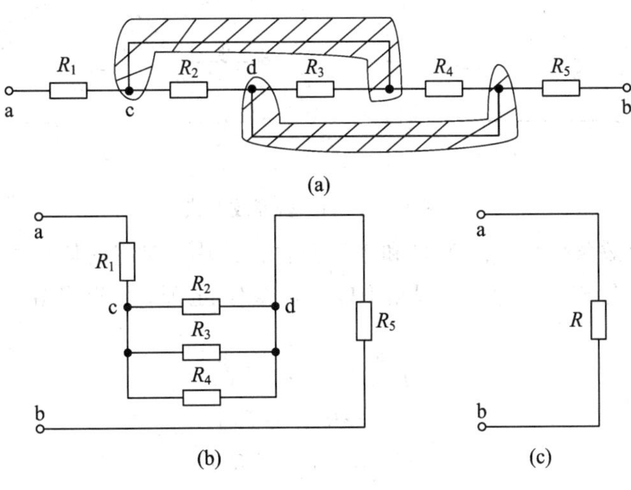

图1－22　混联电路化简

【例 1-5】 试分别求出如图 1-23(a)所示电路开关打开和闭合时 a、b 端的等效电阻。

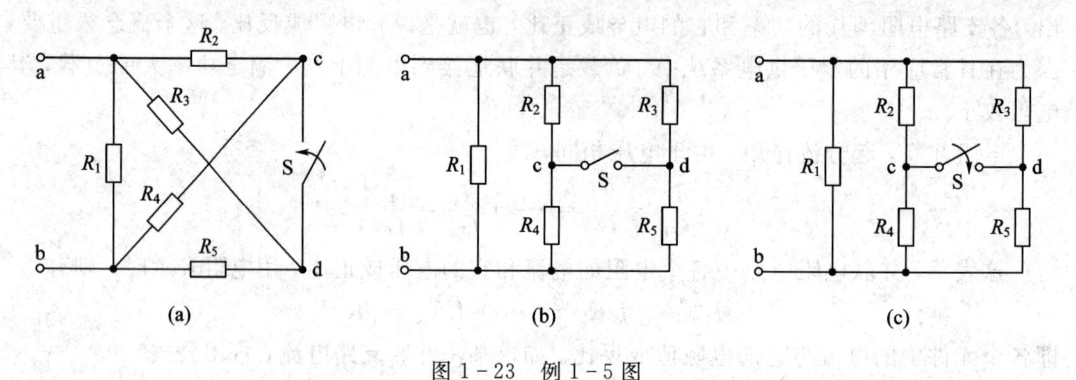

图 1-23 例 1-5 图

解：当开关打开时，电路中有 4 个节点 a、b、c、d，根据"圈节点，装电阻"的方法得到变换电路 1-23(b)，则等效电阻为

$$R_1 \parallel (R_2 + R_4) \parallel (R_3 + R_5)$$

当开关闭合时，电路中有 3 个节点 a、b、c 点(与 d 点合为一点)，得到变换电路 1-23(c),则等效电阻为

$$R_1 \parallel [(R_2 \parallel R_3) + (R_4 \parallel R_5)]$$

此种方法适用于相对复杂的简单电路，当电阻为 Y 形网络或△形网络时不适用。

1.5.3 电阻的 Y 和△连接

根据等效变换条件，要求它们对外伏安关系完全相同，亦即当它们对应端子间电压相等时，对应端子的电流也必须相等，如图 1-24 所示。也就是说经过这样的变换后，不影响电路其他部分的电压和电流。

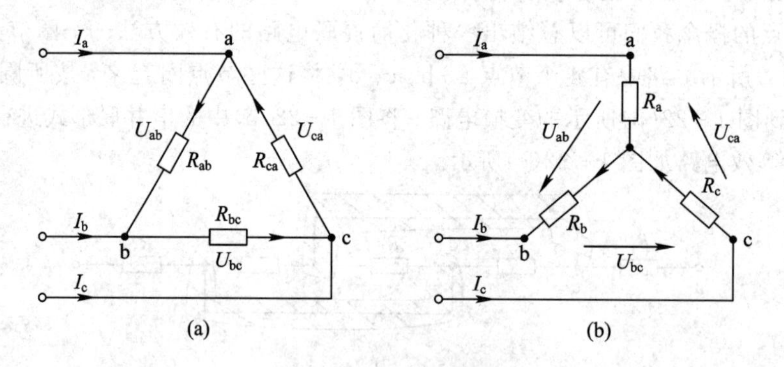

图 1-24 Y-△等效变换

当满足上述等效条件后，在 Y 形和△形两种接法中，对应的任意两端间的等效电阻也必然相等。对于 Y 形连接的电路，根据 KCL 和 KVL 定理，可求出端子电压和电流之间的关系，方程为

$$I_a + I_b + I_c = 0$$

同理

$$\begin{cases} U_{ab} = R_a I_a - R_b I_b \\ U_{bc} = R_b I_b - R_c I_c \\ U_{ca} = R_c I_c - R_a I_a \end{cases}$$

解出电流

$$I_a = \frac{R_c U_{ab}}{R_a R_b + R_b R_c + R_c R_a} - \frac{R_b U_{ca}}{R_a R_b + R_b R_c + R_c R_a}$$

$$I_b = \frac{R_a U_{bc}}{R_a R_b + R_b R_c + R_c R_a} - \frac{R_c U_{ab}}{R_a R_b + R_b R_c + R_c R_a}$$

$$I_c = \frac{R_b U_{ca}}{R_a R_b + R_b R_c + R_c R_a} - \frac{R_a U_{bc}}{R_a R_b + R_b R_c + R_c R_a}$$

对于△形连接的电路，根据 KCL 定理，可求出端子电流方程分别为

$$I_a = \frac{U_{ab}}{R_{ab}} - \frac{U_{ca}}{R_{ca}}$$

$$I_b = \frac{U_{bc}}{R_{bc}} - \frac{U_{ab}}{R_{ab}}$$

$$I_c = \frac{U_{ca}}{R_{ca}} - \frac{U_{bc}}{R_{bc}}$$

通过比较式中的电压 U_{ab}、U_{bc}、U_{ca} 前面的系数要求对应相等，解上列三式，可得出：
将 Y 形连接等效变换为△形连接时

$$\left.\begin{aligned} R_{ab} &= \frac{R_a R_b + R_b R_c + R_c R_a}{R_c} \\ R_{bc} &= \frac{R_a R_b + R_b R_c + R_c R_a}{R_a} \\ R_{ca} &= \frac{R_a R_b + R_b R_c + R_c R_a}{R_b} \end{aligned}\right\} \tag{1-35}$$

将△形连接等效变换为 Y 形连接时

$$\left.\begin{aligned} R_a &= \frac{R_{ab} R_{ca}}{R_{ab} + R_{bc} + R_{ca}} \\ R_b &= \frac{R_{bc} R_{ab}}{R_{ab} + R_{bc} + R_{ca}} \\ R_c &= \frac{R_{ca} R_{bc}}{R_{ab} + R_{bc} + R_{ca}} \end{aligned}\right\} \tag{1-36}$$

当 $R_a = R_b = R_c = R_Y$，即电阻的 Y 形连接在对称的情况时，由式(1-35)可知

$$R_{ab} = R_{bc} = R_{ca} = 3R_Y \tag{1-37}$$

即变换所得的△形连接也是对称的，但每边的电阻是原 Y 形连接时的三倍。
反之

$$R_Y = \frac{1}{3} R_\triangle$$

图 1-25 为对称时的 Y-△变换关系，在转换过程中，应掌握好一个中心三个基本点。

$$\text{星形连接电阻} = \frac{\text{三角形中相邻两电阻之积}}{\text{三角形中各电阻之和}}$$

$$\text{三角形连接电阻} = \frac{\text{星形中各电阻两两相乘之和}}{\text{星形中不相连的一个电阻}}$$

Y 形连接也常称为 T 形连接，△形连接也常称为Ⅱ形连接。

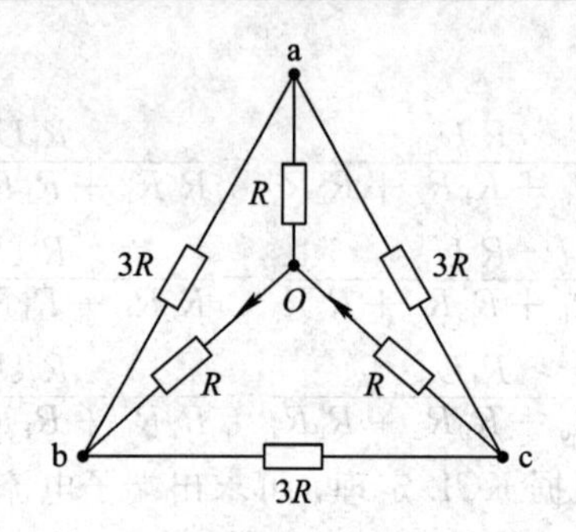

图 1-25 对称时 Y-△变换关系

练习与思考

1.5.1 通常电灯开得越多，总负载电阻越大还是越小？

1.5.2 若 Y 连接中 3 个电阻都相等，那么△连接中的 3 个电阻是否相等？

1.6 电容元件与电感元件

1.6.1 电容元件

电容器在工程中的应用极为广泛。虽然电容器的种类和规格很多，但就其构成原理来说，都是用两块金属极板与不同的介质(如云母、绝缘纸、电解质等)组成。加上电源，经过一定时间后极板上分别聚集起等量异号的电荷，并在介质中建立起电场。电源移去后，电荷可以继续聚集在极板上，电场继续存在。所以电容器是一种能够储存电场能量的实际电路元件。此外，电容器上电压变化时，在介质中也往往引起一定的介质损耗。同时介质不可能完全绝缘，多少还存在一些漏电流。如果损耗不能忽略，我们可以将实际电容元件等效为一个电阻和电容并联的模型。但是，质量优良的电容器的介质损耗和漏电流都很微弱，可以略去不计。这样就可以用一个只储存电场能量而不消耗电能的理想电容元件作为它的模型，称为电容元件，简称电容。

线性电容元件是一个理想二端元件，它在电路中的图形符号如图 1-26 所示。

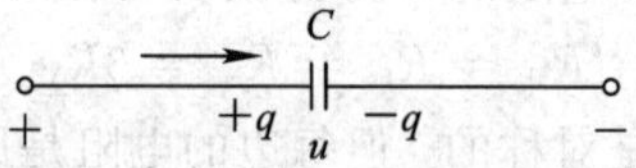

C　$+q$　$-q$　$+$　u　$-$

图 1-26 线性电容元件的图形符号

图 1－26 中＋q 和－q 是该元件正极板和负极板上的电荷量。若电容器元件上电压 u 的参考方向规定由正极板指向负极板，则任何时刻正极板上的电荷 q 与其两端的电压 u 有如下关系：

$$q = Cu \tag{1-38}$$

式中 C 称为电容元件的参数——电容(电容量)。

1. 线性电容元件的特性

1) 库伏特性

如果把电容元件的电荷 q 取为纵坐标(或横坐标)，电压 u 取为横坐标(或纵坐标)，画出电荷与电压的关系曲线，这条曲线就称为该电容元件的库伏特性。若电容元件的库伏特性是通过 $q-u$ 坐标原点的直线，如图 1－27 所示，则称它为线性电容元件，当 $q=1$ 库、$u=1$ 伏时，$C=1$ 法拉(简称法，用 F 表示)。实际电容器的电容往往比 1 法拉小很多，因此通常采用微法 μF (1 μF = 10^{-6} F) 和皮法 pF (1 pF = 10^{-12} F) 作为电容的单位。

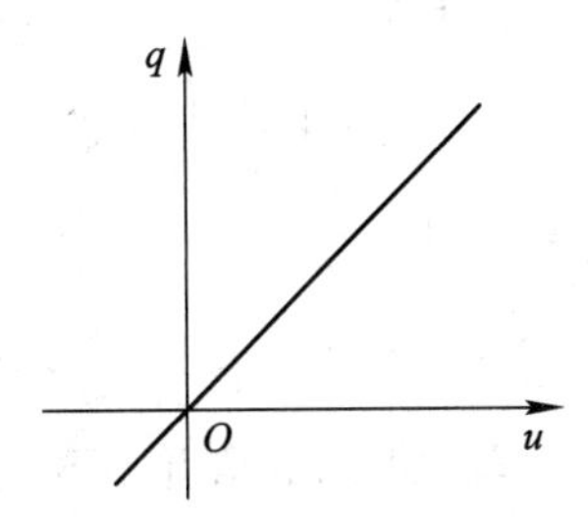

图 1－27　线性电容元件的库伏特性

2) 动态特性

虽然电容是根据库伏关系定义的，如式(1－38)所示，但在电路分析中我们感兴趣的是动态特性，也就是元件的伏安关系。电容元件与电阻元件不同，电阻元件的两端只要有电压(不论是否变化)，电阻中就一定有电流，而电容元件只有在它两端电压发生变化时，极板上集聚的电荷才相应地发生变化，同时介质中的电场强度发生变化，束缚电荷产生位移，这样电容器电路中才会形成电流。当电容元件两端电压不变时，极板上的电荷也不发生变化，这时虽有电压，但电容电路中不会有电流。

如图 1－26 所示，若指定电流的参考方向为流进正极板的方向，即与电压的参考方向一致，则电流为

$$i=\frac{\mathrm{d}q}{\mathrm{d}t} \tag{1-39}$$

把式(1－38)代入上式，得

$$i=C\frac{\mathrm{d}u}{\mathrm{d}t} \tag{1-40}$$

这就是电容元件的伏安关系，因为其中涉及对电压的微分，所以我们称电容元件为动态元件。

当 u 和 i 的参考方向不一致时，则

$$i=-C\frac{\mathrm{d}u}{\mathrm{d}t} \tag{1-41}$$

式(1－40)表明：在某一时刻线性电容元件中的电流与该时刻电压的变化率成正比。若电容电压变化越快，即 $\frac{\mathrm{d}u}{\mathrm{d}t}$ 越大，则电流也就越大；当电压不随时间变化时，即 $\frac{\mathrm{d}u}{\mathrm{d}t}=0$ 时，虽有电压，但电流为零，这时电容元件相当于开路。故电容元件有隔断直流(简称隔直)的作用。

3) 记忆特性

我们也可以把电容的电压 u 表示为电流 i 的函数，由式(1－40)可得

$$u(t)=\frac{1}{C}\int_{-\infty}^{t}i(\xi)\mathrm{d}\xi \tag{1-42}$$

上式中的积分就是在 t 时刻电容的电荷。自变量用 ξ 表示是为了与积分上下限 t 区分开。如果我们只对某一任意选定的初始时刻 t_0 以后的情况感兴趣，我们可以把式(1-42)写作

$$u(t)=\frac{1}{C}\int_{-\infty}^{t} i(\xi)\mathrm{d}\xi+\frac{1}{C}\int_{t_0}^{t} i(\xi)\mathrm{d}\xi$$
$$=u(t_0)+\frac{1}{C}\int_{t_0}^{t} i(\xi)\mathrm{d}\xi$$

如果取 t_0 为计时起点且设为零，则

$$u(t)=u(0)+\frac{1}{C}\int_{t_0}^{t} i(\xi)\mathrm{d}\xi \tag{1-43}$$

从上式可知，在某一时刻 t，电容的电压数值并不取决于同一时刻的电流值，而是取决于从 $-\infty$ 到 t 所有时刻的电流值，也就是说与电流的全部过去历史有关。因此，我们说电容的电压有“记忆”电流的作用，电容是一种“记忆元件”。我们研究问题总有一个起点，即总有一个初始时刻 t_0，那么式(1-43)又告诉我们：没有必要去了解 t_0 以前电流的情况，t_0 以前全部历史情况对未来 ($t>t_0$ 时)产生的效果可以由 $u(t_0)$ 即电容的初始电压来反映。也就是说，如果我们知道了由初始时刻 t_0 开始作用的电流 $i(t_0)$ 以及电容的初始电压 $u(t_0)$，就能确定 $t\geqslant t_0$ 时的电容电压 $u(t)$。

2. 电容元件储存电场能量

电容器是一个储存电场能量的元件，在电压和电流的关联参考方向下，线性电容元件吸收的功率为

$$p=ui$$

从 t_0 到 t 时间内，电容元件吸取的电能为

$$W_C=\int_{t_0}^{t} p(\xi)\mathrm{d}\xi=\int_{t_0}^{t} u(\xi)\mathrm{d}\xi$$
$$=\int_{t_0}^{t} Cu(\xi)\,\frac{\mathrm{d}u(\xi)}{\mathrm{d}\xi}\mathrm{d}\xi$$
$$=C\int_{u(t_0)}^{u(t)} u(\xi)\mathrm{d}u(\xi)=\frac{1}{2}Cu^2\Big|_{u(t_0)}^{u(t)}$$
$$=\frac{1}{2}Cu^2(t)-\frac{1}{2}Cu^2(t_0)$$
$$=W_C(t)-W_C(t_0)$$

如果我们选取 t_0 为电容元件两端电压等于零的时刻，即有 $u(t_0)=0$，电容器中电场能量也为零，则电容元件在任何时刻 t 时所储存的电场能量 $W_C(t)$ 将等于它所吸取的能量，可得

$$W_C(t)=\frac{1}{2}Cu^2(t) \tag{1-44}$$

式(1-44)即电容储能公式。电容上的电压反映了电容的储能状态。

由上述可知，正是电容的储能本质使电容电压具有记忆性质；正是电容电流在有界的条件下储能不能跃变使电容的电压具有连续性质。

1.6.2　电感元件

1. 线性电感元件

实际电感器是由导线绕制而成的线圈。若线圈导体电阻和匝间电容效应可忽略不计，则这样的线圈可用理想电感元件来表示，简称为电感(inductor)或自感(self inductor)。当电感元件中通以电流 i 后，在元件内部将产生磁通 φ_L，电流建立磁场，元件储存磁场能量，所以说电感元件是一种储能元件。

若磁通 φ_L 与线圈 N 匝交链，则磁链 $\psi_L = N\varphi_L$。线性电感元件的实际图形和电路图形符号如图 1-28 所示。在图 1-28(a)中电流 i 与磁通 φ_L 的参考方向符合右手螺旋法则，亦即 i 与 φ_L 为关联参考方向。又由于电流 i 与电压 u 取关联的参考方向，所以有图 1-28(b)所示图形符号。

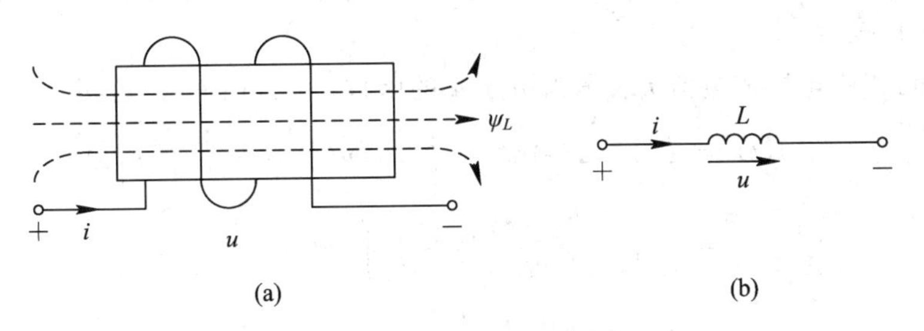

图 1-28　线性电感元件的图形符号

在关联的参考方向下，任何时刻线性电感元件的自感磁通链 ψ_L 与元件中电流 i 有如下关系

$$\psi_L = Li$$

或

$$L = \frac{\psi_L}{i} \tag{1-45}$$

式中 L 称为该元件的自感或电感。

磁通和磁通链的单位是韦(伯)，自感单位是亨(利)。有时还采用毫亨(mH)和微亨(μH)作为自感的单位。它们的关系是 1 H=10^3 mH=10^6 μH。

2. 线性电感元件的特性

1) 韦安特性

如果把电感元件的自感磁通链 ψ_L 取为纵坐标，电流 i 取为横坐标，画出自感磁通链和电流的关系曲线，这条曲线称为该元件的韦安特性。线性电感元件的韦安特性是通过 $\psi_L - i$ 坐标原点的直线，如图 1-29 所示。所以，线性电感元件的自感 L 是一个与自感磁通链 ψ_L、电流 i 无关的正实常量。

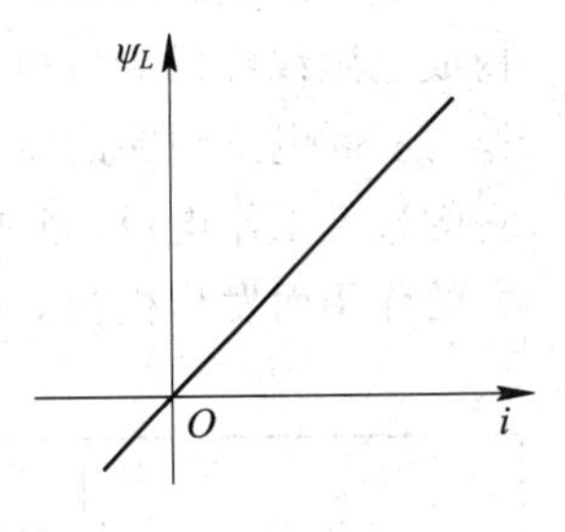

图 1-29　线性电感元件的韦安特性

2) 动态特性

虽然线性电感是根据韦安关系定义的，但在电路分析中，我们关心的仍然是元件的伏安关系。当通过电感元件中的电流 i 随时间变化时，磁链 ψ_L 也随之改变。根据电磁感应定律，电感元件两端出现感应电压；当通过电感元件的电流不变时，

磁链也不发生变化，这时虽有电流，但没有电压。这和电阻、电容元件不同，电阻是有电压就一定有电流；电容是电压变化才有电流；电感是电流变化才有电压。电感元件中的感应电压等于磁链的变化率。在电压和电流的关联参考方向下(电压的参考方向与磁链的参考方向也符合右手螺旋法则)，可得感应电压

$$u=\frac{\mathrm{d}\psi_L}{\mathrm{d}t}$$

把式(1-45)代入上式，得

$$u=\frac{\mathrm{d}Li}{\mathrm{d}t}=L\frac{\mathrm{d}i}{\mathrm{d}t} \tag{1-46}$$

这就是电感的伏安关系，其中涉及对电流的微分，因此电感元件也是一种动态元件。

电压与电流的这种关系也称为电感元件的动态特性。

式(1-46)必须在电流、电压关联参考方向下才能使用，否则等式右边应该标以负号。

3) 记忆特性

我们也可以把电感的电流 i 表示为电压 u 的函数。由式(1-46)可得

$$\begin{aligned}i(t)&=\frac{1}{L}\int_{-\infty}^{t}u(\xi)\mathrm{d}\xi=\frac{1}{L}\int_{-\infty}^{t_0}u(\xi)\mathrm{d}\xi+\frac{1}{L}\int_{t_0}^{t}u(\xi)\mathrm{d}\xi\\&=\frac{1}{L}\int_{-\infty}^{t_0}\frac{\mathrm{d}\psi_L(\xi)}{\mathrm{d}\xi}\mathrm{d}\xi+\frac{1}{L}\int_{t_0}^{t}u(\xi)\mathrm{d}\xi\\&=\frac{1}{L}\psi_L(t_0)+\frac{1}{L}\int_{t_0}^{t}u(\xi)\mathrm{d}\xi\\&=i(t_0)+\frac{1}{L}\int_{t_0}^{t}u(\xi)\mathrm{d}\xi\end{aligned}$$

式中 t_0 为任选的计时起点，设 $t_0=0$，则

$$i(t)=i(0)+\frac{1}{L}\int_{0}^{t}u(\xi)\mathrm{d}\xi \tag{1-47}$$

式(1-47)指出，在某一时刻 t 电感元件的电流值 $i(t)$ 与初始值 $i(0)$ 以及从 0 到 t 区间的所有电压值有关。因此，电感有“记忆”电压的作用，也是一种记忆元件。这种特性称为记忆特性。

实际的电感线圈除了具备上述储存磁能的主要性质外，还有一些能量损耗。这是由于构成电感线圈的导线多少有些电阻。在这种情况下，可用电感元件和电阻元件的串联组合作为实际电感线圈的模型。所以一个实际的电感线圈，除了标明它的电感量外，还应标明它的额定工作电流。否则，电流过大时，会使线圈过热甚至烧毁，或使线圈受到过大电磁力的作用而发生机械变形。

表 1-1　三种元件串联与并联的计算公式

元件	连接方式	
	串联	并联
R	$R=R_1+R_2+\cdots+R_n$	$G=G_1+G_2+\cdots+G_n$ 或 $\frac{1}{R}=\frac{1}{R_1}+\frac{1}{R_2}+\cdots+\frac{1}{R_n}$

续表

元件	连接方式	
	串联	并联
L	$L = L_1 + L_2 + \cdots + L_n$	$\frac{1}{L} = \frac{1}{L_1} + \frac{1}{L_2} + \cdots + \frac{1}{L_n}$
C	$\frac{1}{C} = \frac{1}{C_1} + \frac{1}{C_2} + \cdots + \frac{1}{C_n}$	$C = C_1 + C_2 + \cdots + C_n$

练习与思考

电容、电感各有哪些性质？

1.7　电压源与电流源

在含电阻的电路中有电流流动时，就会不断地消耗能量，这就要求电路中必须要有能量来源——电源(不断提供能量)。没有电源，在一个纯电阻电路中是不可能存在电流和电压的。

1.7.1　电压源

理想电压源(以后简称电压源)是从实际电源抽象出来的一种模型。如电池是个实际电源，假定它没有内电阻，有电流输出时它本身也没有能量损耗，因而输出无限大电流时电池的端电压也保持不变，这实际上是把电池这个实际电源理想化了。

因此，电压源有两个基本性质：其一，它的端电压是定值 U_S 或是一定的时间函数 $u_S(t)$，与流过的电流无关，不会因它所接的外电路不同而改变；其二，流过它的电流是任意的，不是由它本身确定的，而是由与之相接的外电路共同决定的。

电压源在电路中的图形符号如图 1-30 所示。其中图 1-30(a)所示符号常用来表示直流电压源，也可表示电池，图 1-30(b)为一般电压源的符号，当然也可以用来表示直流电压源，正、负号表示电压源的参考极性。

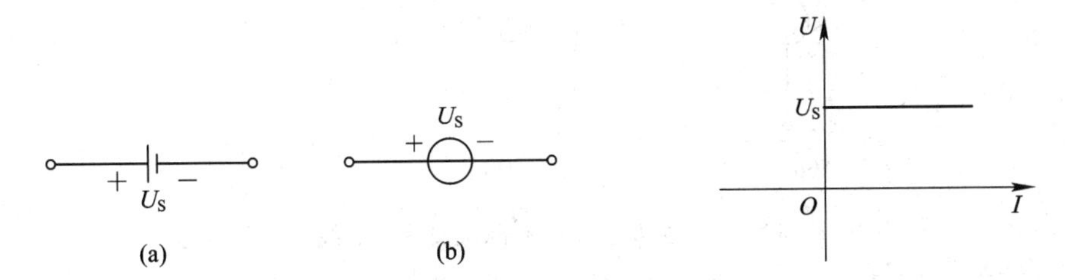

图 1-30　电压源符号　　图 1-31　直流电压源的伏安特性曲线

图 1-31 为理想电压源的伏安特性曲线。它表明电压源的端电压与电流的大小无关。

实际上理想电压源是不存在的。实际电压源存在内阻时可用一个理想电压源和一个电阻串联的组合表示，如图 1-32(a)所示。

根据图 1-32(a)中所示电压、电流的参考方向，实际电压源的伏安关系为

$$u = u_S - R_S i \tag{1-48}$$

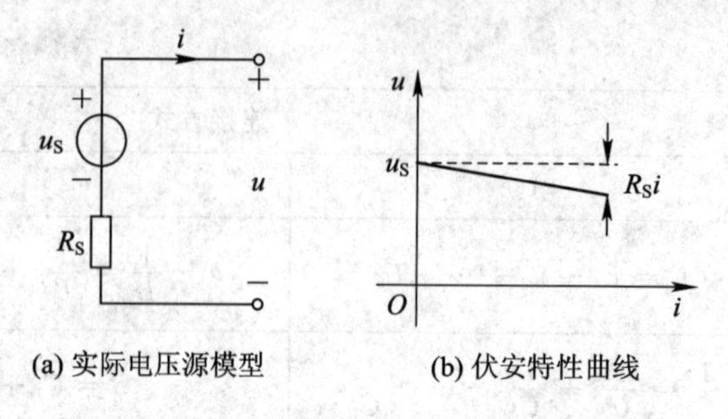

(a) 实际电压源模型　(b) 伏安特性曲线

图 1-32　实际电压源模型及其伏安特性曲线

由式(1-48)可以看出，在电压源电压 u_S 和电源内阻 R_S 不变的情况下，电源的端电压 u 随着输出电流 I 的增大而减小。由这一关系得到实际电压源的伏安特性曲线或外特性曲线，如图 1-32(b)所示。还可看出，当外电路短路时，$u=0$，输出电流最大，即为短路电流 $(I_{SC}=u_S/R_S)$；当外电路开路时，$i=0$，开路电压 $U_{OC}=u_S$。

1.7.2 电流源

理想电流源(以后简称电流源)是从实际电源抽象出来的另一种模型。电压源是一种能产生电压的装置，而电流源则是一种能产生电流的装置。在一定条件下，光电池在一定照度的光线照射时就被激发产生一定值的光电流，该电流与光照度成正比。电流源也具有两个基本性质：其一，它发出的电流是定值 I_S 或为一定的时间函数 $i_S(t)$，与其两端的电压无关，不会因它所接的外电路的不同而改变，即使外电路使它的端电压为零时，它发出的电流仍然为 I_S 或 $i_S(t)$；其二，它两端的电压是任意的，不是由它本身确定的，而是由与之相接的外电路共同决定的。

电流源在电路中的图形符号如图 1-33(a)所示。在表示直流电流源时，$i_S(t)=I_S$。直流电流源的伏安特性曲线是平行于电压轴的直线，如图 1-33(b)所示。特性曲线表明电流源的电流与端电压大小无关。

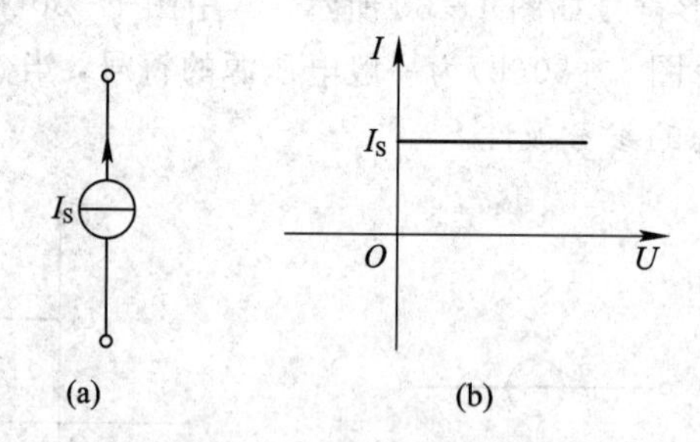

(a)　(b)

图 1-33　电流源及直流电流源伏安特性曲线

实际上是不存在理想电流源的。例如光电池，被光激发的电流并不能全部输出，要有一部分在光电池内部流动，消耗一部分能量，相当于理想电流源的电流被内电阻 R_S 分流。所以实际电流源可以用一个理想电流源和一个电阻并联的电路模型来表示，如图1-34(a)所示。

当电流源与外电路负载电阻相接时，电流源的输出电流为

$$i=i_S-\frac{u}{R_S} \tag{1-49}$$

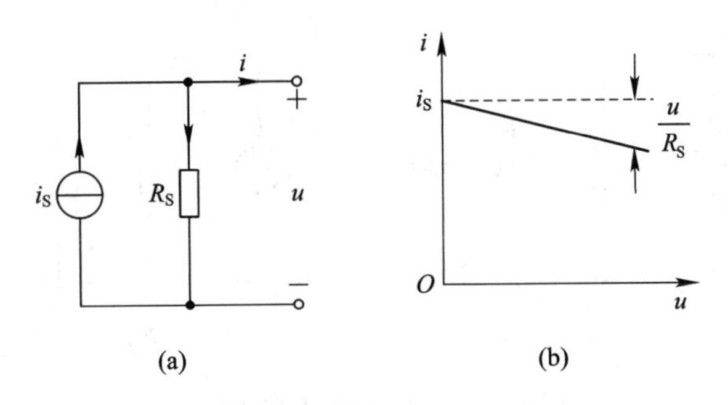

图 1 - 34　实际电流源的模型和伏安特性曲线

此式说明了实际电流源输出电流随端电压变化的关系，在 i_S 和 R_S 一定的条件下，端电压 u 越高，内电阻分流越多，输出电流就越小。实际直流电流源的伏安特性曲线如图 1 - 34(b)所示。实际电流源的内阻越大，输出电流随端电压变化越小，其伏安特性越好，越接近理想电流源。

电压源的电压和电流源的电流，它们都不受所接外电路的影响。它们作为电源或输入信号时，在电路中起“激励”作用，将在电路中产生电流和电压，这些电流和电压便是“响应”。这类电源叫作独立电源。

1.7.3　电压源与电流源的等效互换

在保证对外电路(负载)的等效关系(即保持外电路或负载两端的电压和通过的电流不变)时，电压源和电流源可以互换。在变换时，应使两电源的内阻相等，并保持两电源的开路电压相等、短路电流相等。

电路如图 1 - 35 所示，电压源的开路电压 U_{OC} 和短路电流 I_{SC} 分别为

$$\begin{cases} U_{OC} = U_S \\ I_{SC} = \dfrac{U_S}{R_0} \end{cases} \tag{1-50}$$

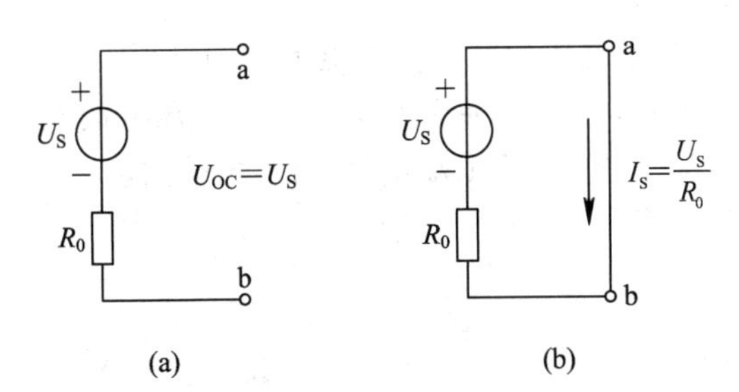

图 1 - 35　电压源的开路和短路

电路如图 1 - 36 所示，电流源的开路电压 U_{OC} 和短路电流 I_{SC} 分别为

$$\begin{cases} U_{OC} = I_S R_0 \\ I_{SC} = I_S \end{cases} \tag{1-51}$$

这样就可以得出电压源与电流源等效变换的条件：

(1) 电压源变换为电流源时

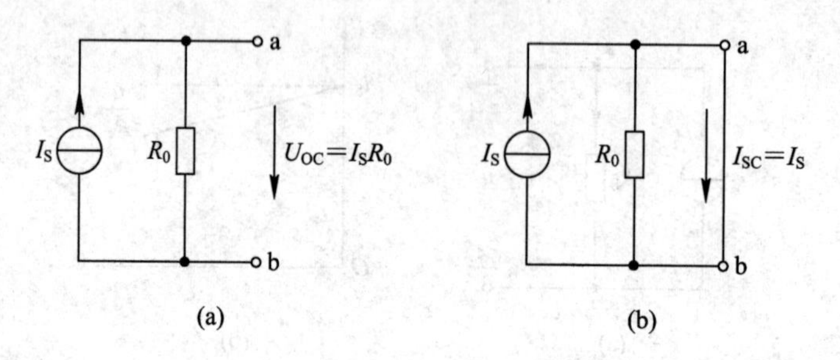

图 1-36 电流源的开路和短路

$$\begin{cases} I_S = \dfrac{U_S}{R_0} \\ R_0\text{ 不变} \end{cases} \tag{1-52}$$

(2) 电流源变换为电压源时

$$\begin{cases} U_S = I_S R_0 \\ R_0\text{ 不变} \end{cases} \tag{1-53}$$

在分析和计算电路时，采用这种等效变换的方法可使电路简化。

另外，电源等效变换时，还应注意下列几个问题：

(1) 等效变换是对外电路而言的，电源内部是不等效的。

(2) 理想电压源(恒压源)同理想电流源(恒流源)之间不能等效变换。这是因为前者的内阻为零，而后者的内阻为无穷大，两者的内阻不可能相等，违背等效变换的条件。从另一方面看，理想电压源的短路电流为无穷大，而理想电流源的开路电压为无穷大，找不到对应的等效电源。

(3) 与理想电压源并联的所有元件(电阻、电流源等)对外电路其他元件的运行状态不产生影响，因而变换时可把它们去掉。

(4) 与理想电流源串联的元件(电阻、电压源等)存在与否对外电路电流也毫无影响，等效变换时可以用一根短接线代替。

【例 1-6】 求图 1-37 中电压源的电流和电流源的电压。

解：由理想电源性质可知，在一个回路中，设 6 V 电压源的电流为 I，与电流源的方向相反，所以电压源的电流为 -4 A。设 4 A 电流源的电压方向为上正下负，由 KVL 可知电流源电压为 6 V。

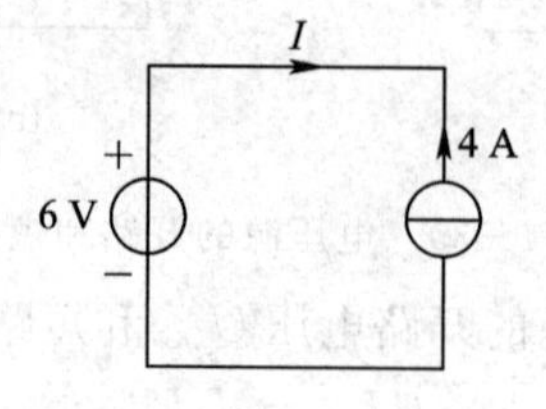

图 1-37 例 1-6 图

【例 1-7】 电路如图 1-38(a)所示，先将电路采用电压源与电流源等效变换的方法化简，然后求电流 I_3。

解：化简步骤如图 1-38(b)、(c)、(d)所示。由图 1-38(c)可得

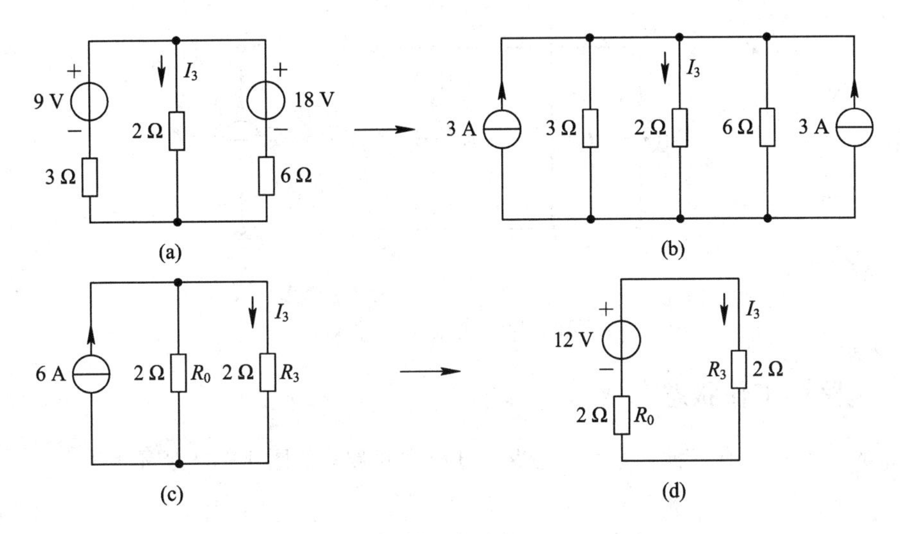

图 1－38　例 1－7 图

$$I_3 = \frac{I_S}{2} = 3\ \text{A}（因\ R_3 = R_0）$$

也可以进一步将电路化简为图 1－38(d)所示形式，则

$$I_3 = \frac{U_S}{R_0 + R_3} = \frac{12}{2+2} = 3\ \text{A}$$

1.7.4　电压源与电流源的串联、并联

在图 1－39(a)中，n 个电压源相串联，可以将其等效成一个电压源的形式，如图 1－39(b)所示。

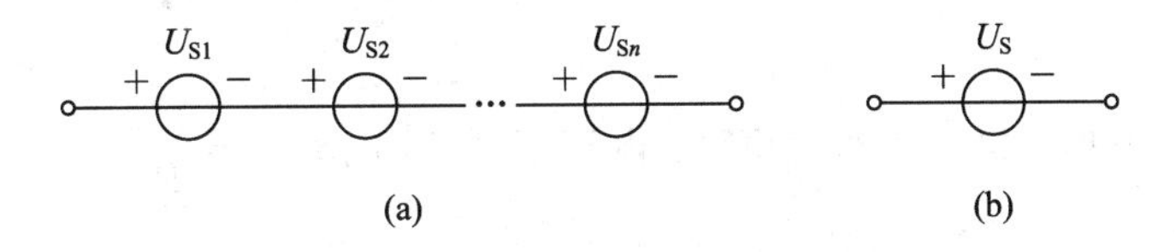

图 1－39　电压源的串联

图中等效之后的电压源 U_S 是所有串联电压源电压的代数和。可表示为

$$U_S = U_{S1} + U_{S2} + \cdots + U_{Sn} = \sum_{k=1}^{n} U_{Sk} \tag{1-54}$$

图 1－39(b)中的 U_S 的参考方向与图 1－39(a)中的 U_{Sn} 中的参考方向一致，则符号取“＋”号，若 U_S 与 U_{Sn} 的参考方向相反，则符号取“－”号。

在图 1－40(a)中，n 个电流源相并联，可以将其等效成一个电流源的形式，如图 1－40(b)所示。

图中等效之后的电流源 I_S 是所有并联电流源的电流代数和。可用公式表示为

$$I_S = I_{S1} + I_{S2} + \cdots + I_{Sn} = \sum_{k=1}^{n} I_{Sk} \tag{1-58}$$

如果图 1－40(b)中的电流 I_S 的参考方向与图 1－40(a)中的 I_{Sn} 参考方向一致，则符号取“＋”号，若 I_S 与 I_{Sn} 参考方向相反，符号取“－”号。

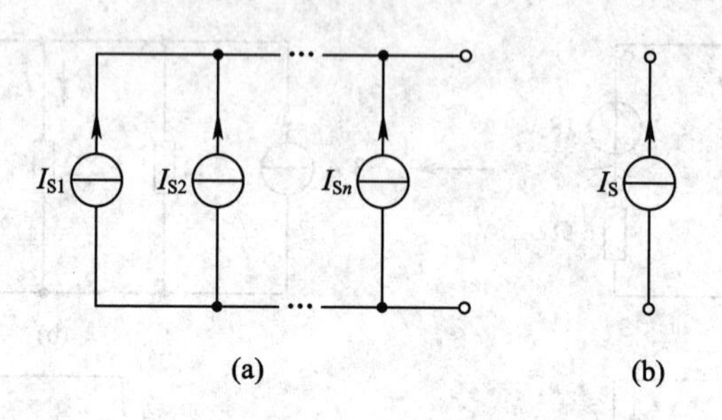

图 1-40　电流源的并联

1.7.5　电路的工作状态

电路的工作状态有三种：分别是通路、开路和短路，如图 1-41 所示。

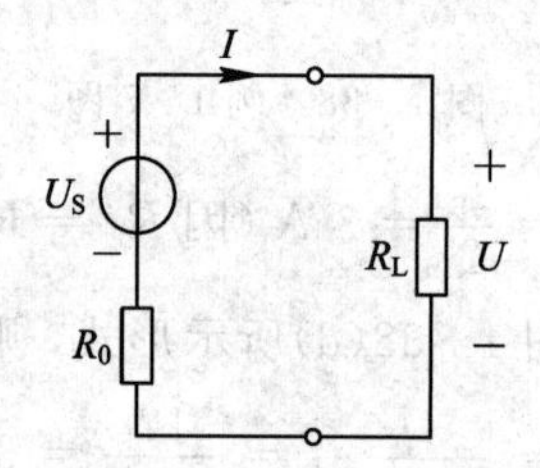

图 1-41　电路的工作状态

负载 R_L 可以有三种取值情况，相对应的电路就会有三种工作状态。

(1) 当 R_L 取一般数值时，电路状态为通路，如图 1-41 所示，R_L 有电流 I 且电压 $U = U_S - R_0 I$；

(2) 当 $R_L = \infty$ 时，图 1-41 中负载将断开，此时电路状态为开路，电流为 0，电压 $U = U_{OC}$；

(3) 当 $R_L = 0$ 时，电路状态为短路，电压 $U = 0$，电流 $I = \dfrac{U_S}{R_0}$。

练习与思考

1.7.1 理想电压源可否短路？

1.7.2 理想电流源可否开路？

1.7.3 图 1-42 所示电路可等效的最简电路是什么？

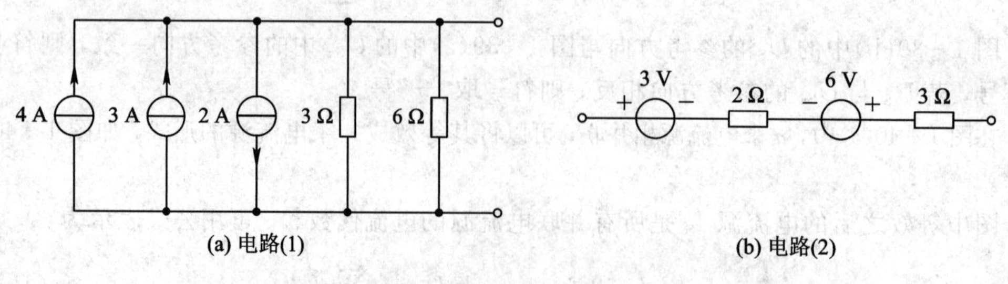

图 1-42　题 1.7.3 图

1.8 受　控　源

在电路理论中，除上述的独立电源外，还引进了“受控源”的概念，包括受控电压源和受控电流源。受控电压源的电压和受控电流源的电流都不是给定的时间函数，而是受电路中某部分的电流或电压控制的，因此受控源又称为非独立电源。

例如，电子管的输出交变电压受输入交变电压的控制，晶体管集电极电流受基极电流的控制，这类电路器件可以用受控源来描述其工作特性。

图1－43(a)所示的晶体管就是一个受控源，图1－43(b)是它的等效电路。

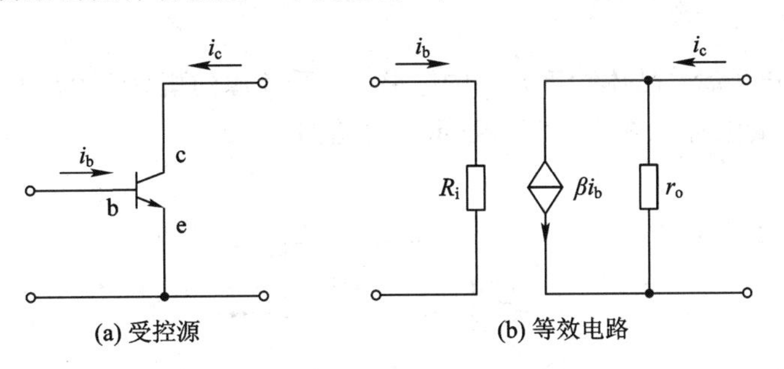

图1－43　晶体管及其等效电路

图中 i_b 为输入信号电流，R_i 为晶体管输入电阻。r_o 为输出电阻，βi_b 为该受控电流源的电流，β 为电流放大系数，显然这个电流源的 βi_b 要受输入电流 i_b 的控制，因而集电极电流 i_c 要受到基极电流 i_b 的控制。

根据控制量是电压还是电流，受控的是电压源还是电流源，可将受控源分为四种：电压控制电压源(VCVS)、电压控制电流源(VCCS)、电流控制电压源(CCVS)和电流控制电流源(CCCS)。这四种理想受控源模型分别如图1－44(a)、(b)、(c)、(d)所示。图中菱形符号表示受控电压源或受控电流源，参考方向的表示方法与独立源相同，而 μ、r、g、β 都是

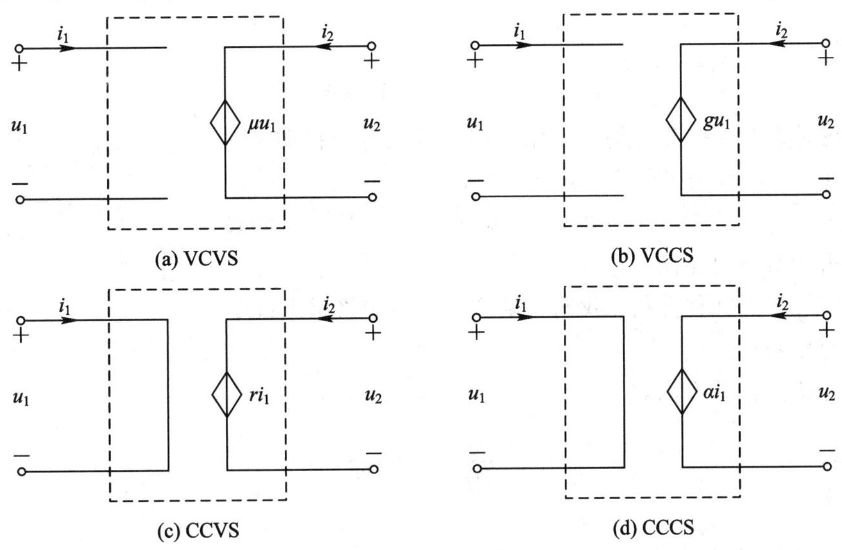

图1－44　四种受控源

有关的控制系数。当这些系数为常数时，被控制量与控制量成正比，这种受控源为线性受控源。

受控源模型中的两条支路，在具体的电路中不一定放在一起，一般也不用虚线框起来，可根据受控源的控制量去找控制量所在的支路。

必须指出，受控源与独立源不同。独立源在电路中起到"激励"的作用，有独立电源才能在电路中产生"响应"(电流和电压)；而受控源不同，它的电压或电流是受电路中其他电压或电流控制的，当这些控制电压或电流为零时，受控源的电压或电流随之为零，当控制量的参考方向改变时，受控源的参考方向也随之改变。因此，受控源不过是用来反映电路中某处的电压或电流能控制另一处的电压或电流这一种现象而已，它本身不直接起激励作用。

在分析具有电子管、晶体管等元件的电路时，受控源的概念会经常用到。

【例 1-8】 试化简如图 1-45(a)所示的电路图。

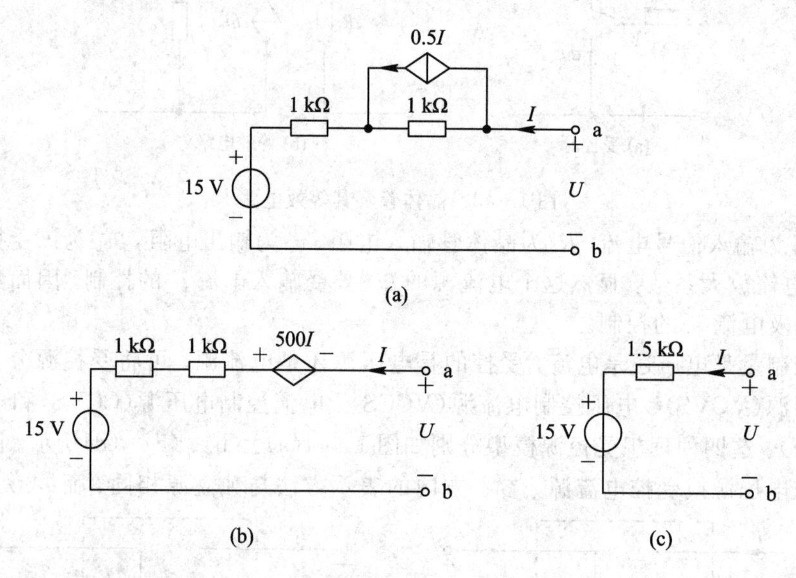

图 1-45 例 1-8 图

解：在对含有受控源电路进行化简时，可以将受控源按独立源的处理方式进行变换。等效成图 1-45(b)，根据 KVL 定律，得到

$$U=-500I+(1k+1k)I+15=1500I+15$$

由此可以得到等效电路图 1-45(c)。

对含有受控源电路如何分析，我们在第 2 章内容中将重点说明。

练习与思考

简述分析受控源方法。

习　题

1. 判断下列说法是否正确。

(1) 电路中的电流都是由高电位处流向低电位处。

(2) 在电路中，无论参考点怎样变化，任意两点间的电压都不会改变。

(3) 在电路中，无论参考点怎样变化，电路中的电位分布规律都不会改变。

(4) 在节点处各支路电流的方向不能均设为流入节点，否则将只有流入节点的电流而无流出节点的电流。

2. 电路如题图 1.1 所示，标出电压或电流的关联正方向。

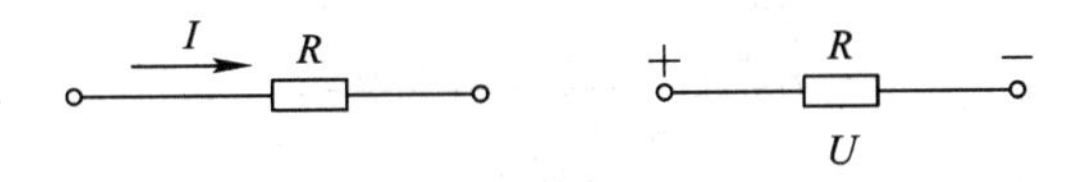

题图 1.1

3. 在题图 1.2 所示电路中，我们是否可以假定 a、b 两端电压的参考方向为从 b 指向 a (如图所示)? 如果允许这样做，则 $U_{ab}=$?

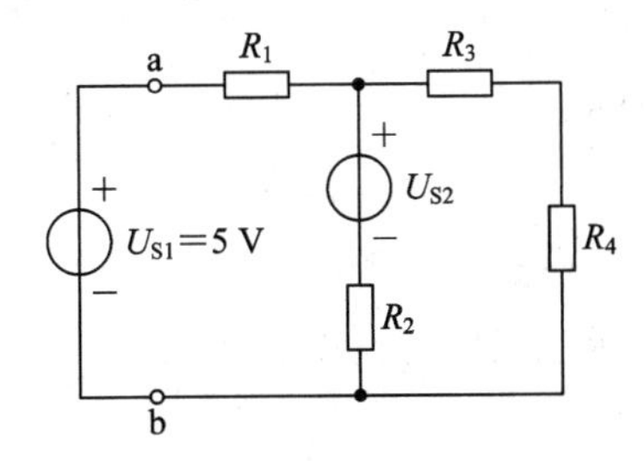

题图 1.2

4. 各电路元件上电压、电流的参考方向如题图 1.3 所示。

(1) 元件 A 吸收功率为 10W，求 U_A。

(2) 元件 B 吸收功率为 10W，求 I_B。

(3) 元件 C 释放功率为 10W，求 U_C。

(4) 求元件 D 释放功率。

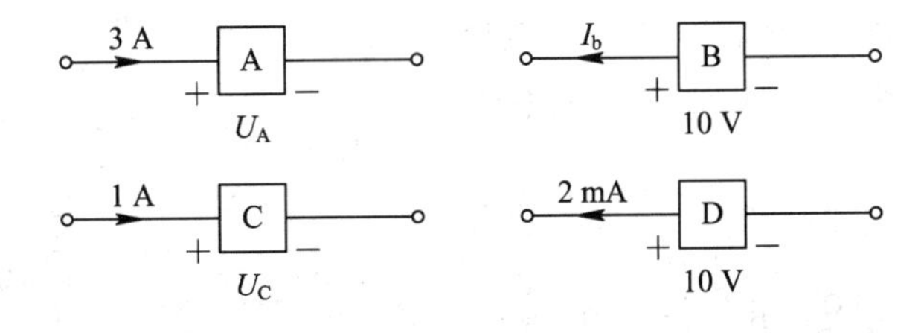

题图 1.3

5. 四个电阻器的额定电压和额定功率分别如下，试计算每个电阻器的电阻大小。

(1) 220 V，40W；

(2) 220 V，100W；

(3) 36 V，100W；

(4) 110 V，100W。

6. 某一实际电压源开路时端电压为 1.5 V，当它与一个 5 Ω 电阻接通时，端电压为 1.25 V。试绘出它的电路模型图，并标明各元件参数。

7. 电路如题图 1.4 所示，已知 $U_S=10$ V，$R_S=1$ Ω。试绘出端电压 U 随电流 I 变化曲线，指出这是哪个元件的伏安特性。

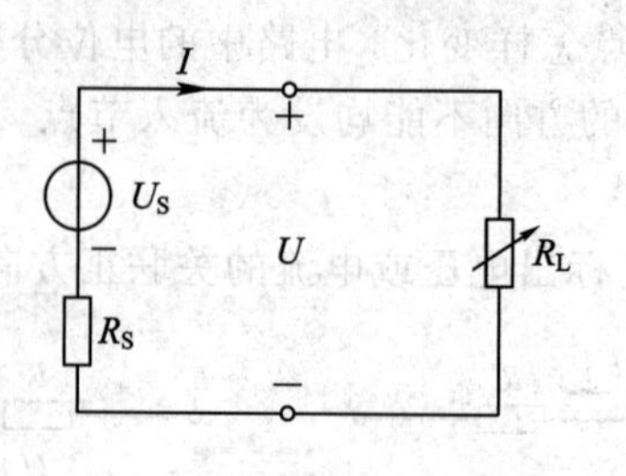

题图 1.4

8. 电路如题图 1.5 所示，求 I_1、I_4。

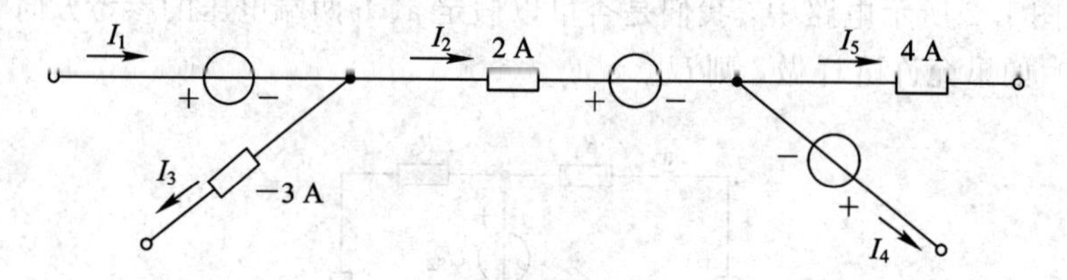

题图 1.5

9. 电路如题图 1.6 所示，求 I_1、I_2、I_3、I_4。

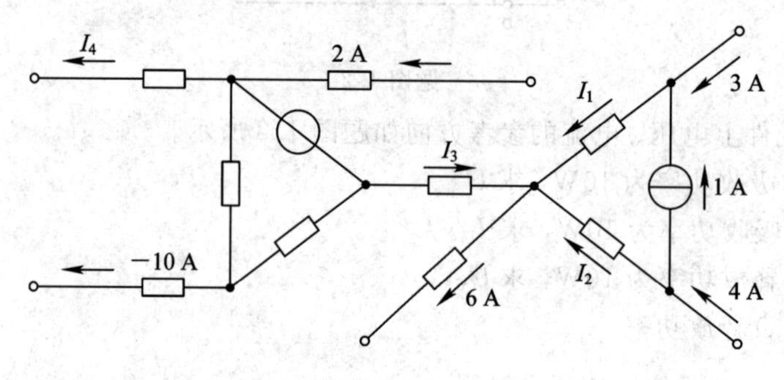

题图 1.6

10. 求题图 1.7 中电路 A、B 两点的电位。

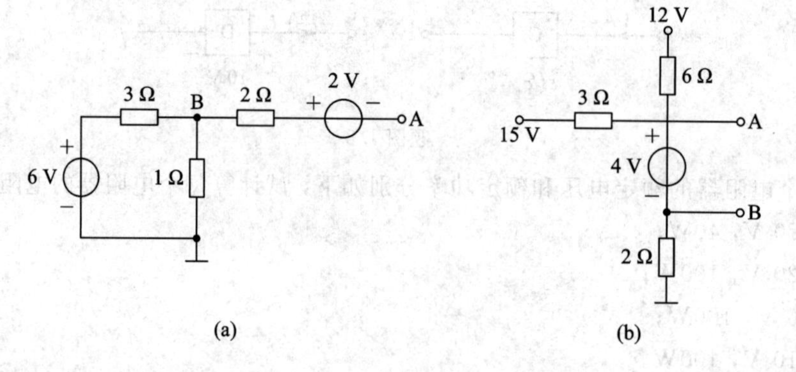

题图 1.7

11. 电路如题图 1.8(a)所示，其电压波形如题图 1.8(b)所示，且 $i(0)=0$，求 t 在 0～3 s 期间的电流 i，并画出波形图。

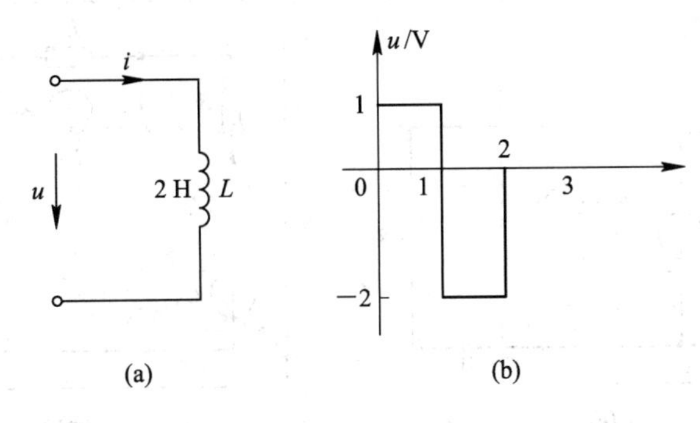

题图 1.8

12. 电路如题图 1.9(a)所示，其电压波形如题图 1.9(b)所示，求电流 i 的波形。

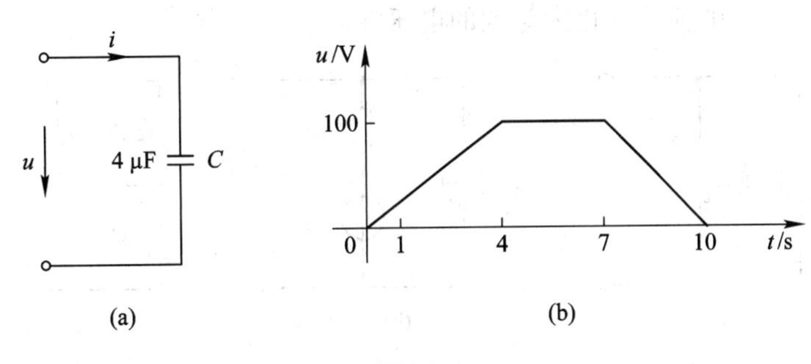

题图 1.9

13. 根据 KVL 列出如题图 1.10 所示的各子电路图中电压 U 和电流 I 的关系式。

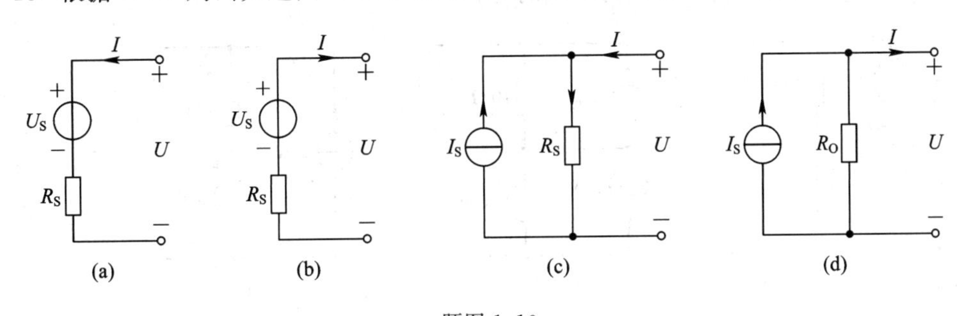

题图 1.10

14. 求题图 1.11 中的电压 U。

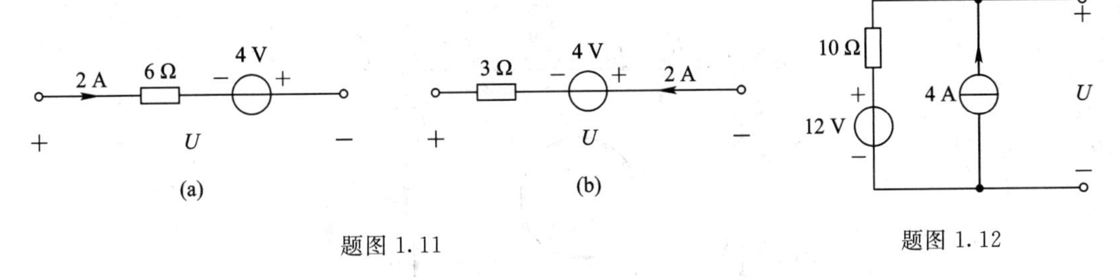

题图 1.11　　题图 1.12

15. 求题图 1.12 中的电压 U。

16. 试化简如题图 1.13 所示的二端网络。

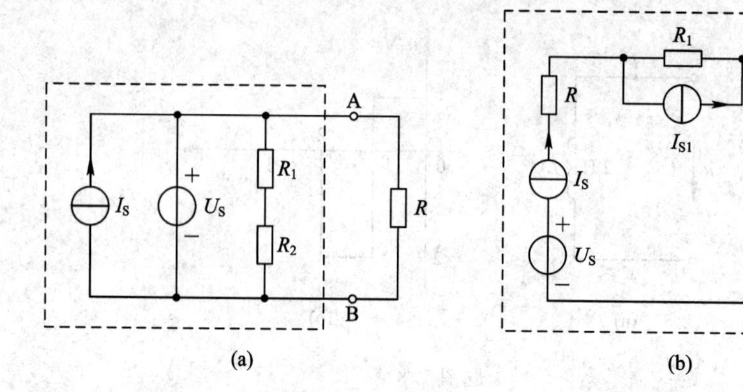

题图 1.13

17. 将题图 1.14 中各子图化为等效的电压源。

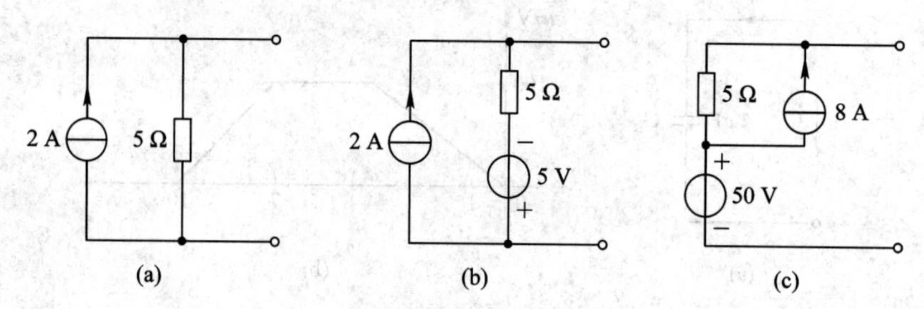

题图 1.14

18. 将题图 1.15 中各子图化为等效的电流源。

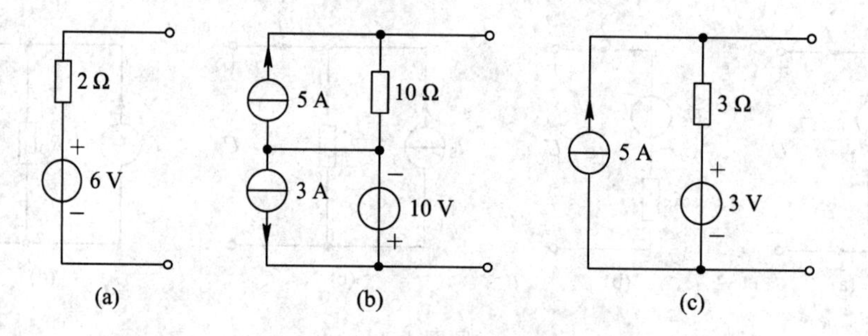

题图 1.15

19. 根据基尔霍夫电压定律列出题图 1.16 所示回路的电压方程。

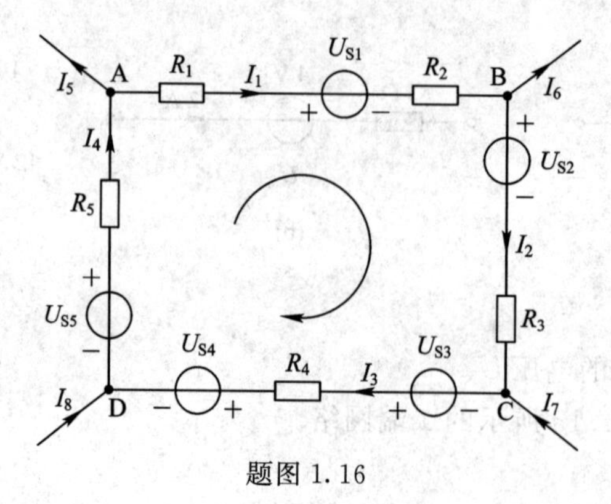

题图 1.16

20. 根据 KVL 求出题图 1.17 所示的电压 U_{AB}，已知 $U_1 = 6$ V，$U_2 = 10$ V，$U_3 = 5$ V。

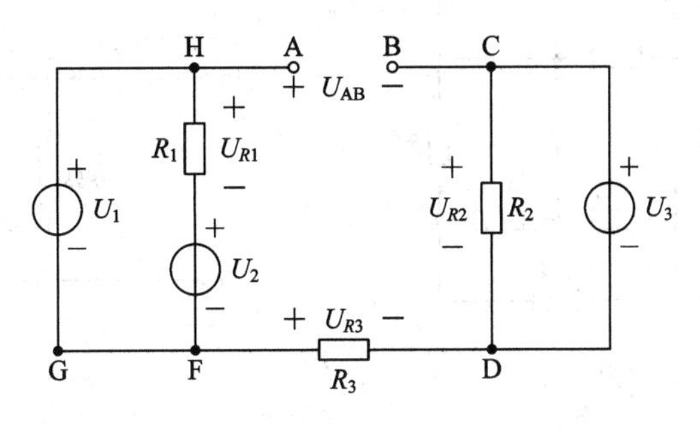

题图 1.17

21. 求如题图 1.18 所示电路中的电流 I。

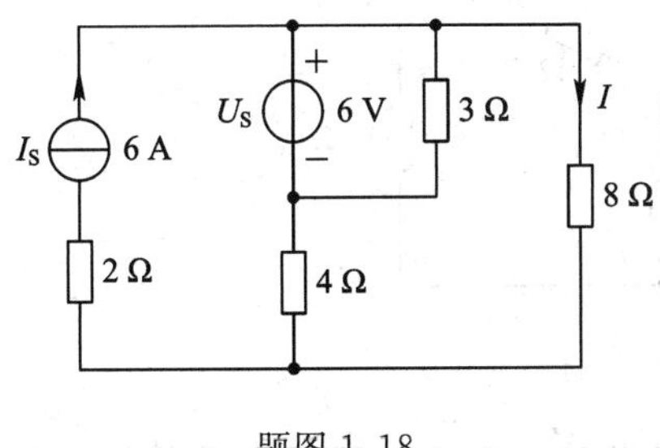

题图 1.18

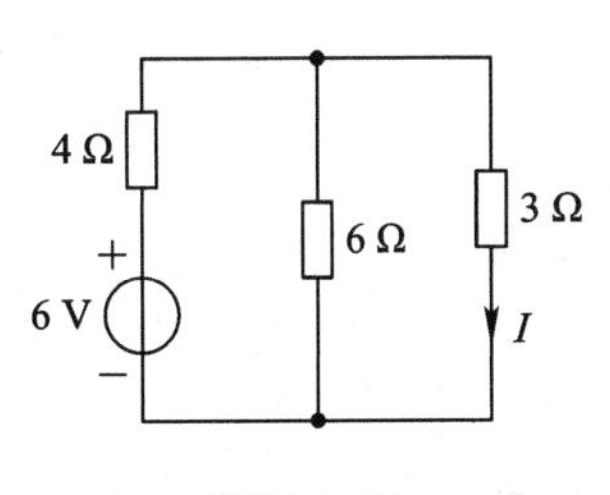

题图 1.19

22. 求如题图 1.19 所示电路中的电流 I。

23. 如题图 1.20 所示，当电阻 R_2 的阻值减小之后，电压 U_{AB} 如何变化？R_2 支路内的电流 I_2 将如何变化？（增加，减小，不改变）

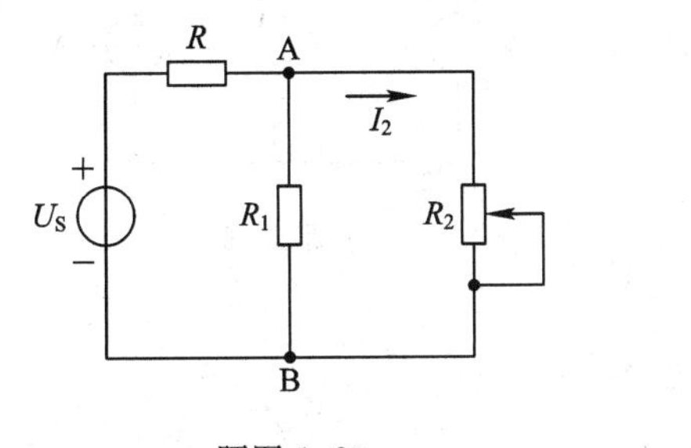

题图 1.20

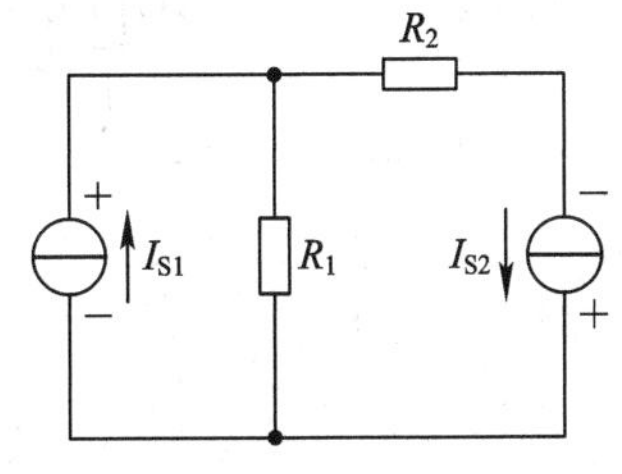

题图 1.21

24. 电路如题图 1.21 所示，求各电流源的端电压和功率，并判断出哪个电流源是输出功率，哪个电流源是吸收功率。已知 $I_{S1} = 0.1$ A，$I_{S2} = 0.2$ A，$R_1 = 20$ Ω，$R_2 = 10$ Ω。

25. 试求如题图 1.22 所示电路中 a、b 间的等效电阻 R_{ab}。

26. 试求题图 1.23 所示 a、b 间的等效电阻 R_{ab}。

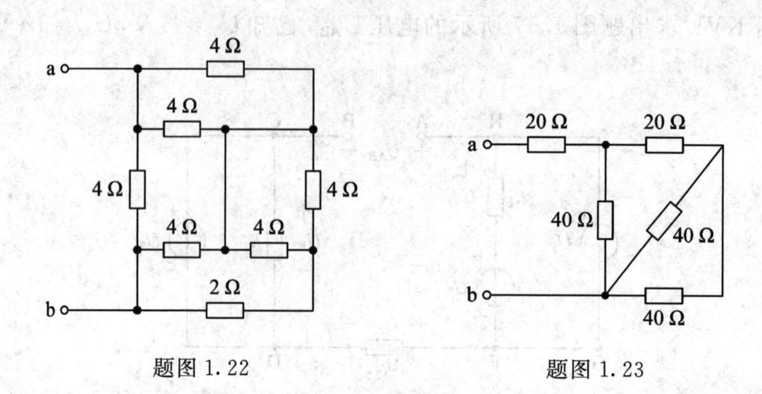

题图 1.22　　题图 1.23

27. 求题图 1.24 中所示电路的输出电阻 R_{AB}。

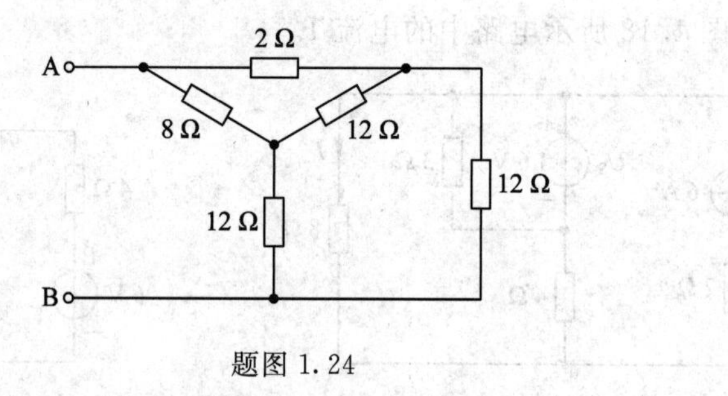

题图 1.24

28. 求题图 1.25 所示电路受控源吸收的功率。

29. 求题图 1.26 两电源的功率。

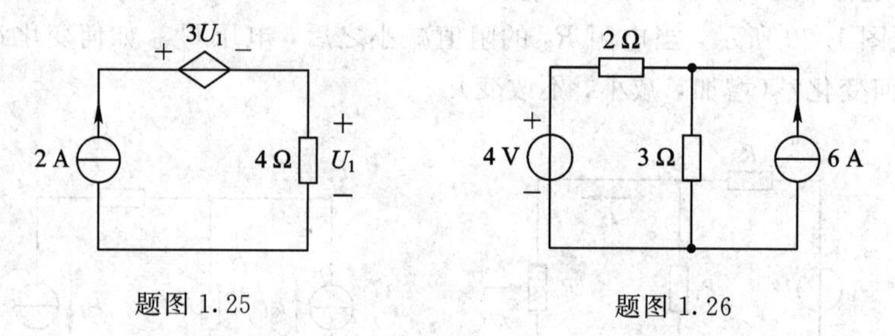

题图 1.25　　题图 1.26

第 2 章　电路的分析方法

内容提要

线性电路的分析计算方法大体上可分为三种：第一种是等效变换法(第一章已经介绍过)，就是运用等效电路的性质将复杂的电路等效化简成简单电路，便于分析；第二种是网络方程法，就是运用电路中设定的变量根据网络的 KCL、KVL 及元件的 VCR 列方程分析电路；第三种是网络定理，即运用线性网络的定理分析电路。这些分析方法及由此得出的一些概念和结论对分析线性电路具有相当的普遍性，是电路分析的主要理论基础。

本章将介绍线性电阻电路分析中的支路电流法、网孔分析法、节点电压法、叠加定理和戴维南定理等几个广泛应用的电路分析方法。

本章介绍的电路基本方法中所应用的一些原则、原理具有普遍的意义，可扩展推广应用到交流电路，非线性电路，时域频域分析等领域之中。因此本章内容是全书重点内容之一。

本章难点

(1) 网孔分析法、节点电压法的方程的建立。

(2) 叠加定理、戴维南定理及其应用。

2.1　支路电流法

实际电路的结构形式是多种多样的，有些电路是单回路的，或是可用串并联的方法简化为单回路，称为简单电路。有些电路是多回路的，而且是不能用串并联的方法简化为单回路的，称为复杂电路，或复杂网络。如图 2-1 所示的电路就属于复杂电路。分析计算复杂电路时要应用欧姆定律和基尔霍夫定律。但要根据电路结构的不同而采用不同的方法，以使计算过程简单。

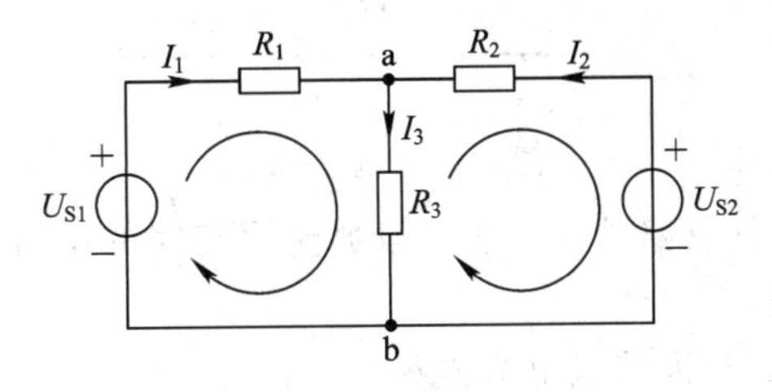

图 2-1　复杂电阻电路

支路电流法就是分析计算复杂电路的一种基本方法。它是以支路电流作为未知量，直接应用基尔霍夫定律列方程，求解各支路电流的方法。

在应用此方法时，必须先选定各支路电流的正方向，再用基尔霍夫定律分别对节点和回路列出方程。所列方程数应等于支路数，而且各方程均应是独立的。若电路中支路数为

b，节点数为 n，则：

(1) 用基尔霍夫电流定律所列独立方程数为 $n-1$ 个(另一个是不独立的)；

(2) 用基尔霍夫电压定律所列独立方程数为 $b-(n-1)$个。通常，按照网孔列出的方程都是独立方程。

将这 b 个独立方程联立，可求出各支路的电流。

例如，图 2-1 的电路中，有三条支路，两个节点和两个网孔。则可用基尔霍夫电流定律列出一个独立的节点电流方程，再用基尔霍夫电压定律分别对左、右两个回路列出两个回路电压方程。

【例 2-1】 在如图 2-1 所示的电路中，已知 $U_{S1}=9\ \text{V}$，$U_{S2}=4\ \text{V}$，$R_1=1\ \Omega$，$R_2=2\ \Omega$，$R_3=3\ \Omega$，用支路电流法求各支路电流。

解. 先列方程.

对节点 a

$$I_1+I_2-I_3=0$$

对左回路按其标定的绕行方向

$$I_1R_1+I_3R_3-U_{S1}=0$$

对右回路按其标定的绕行方向

$$-I_2R_2+U_{S2}-I_3R_3=0$$

代入数据整理得

$$I_1+I_2-I_3=0$$
$$I_1+3I_3=9$$
$$2I_2+3I_3=4$$

解得

$$I_1=3\ \text{A},\ I_2=-1\ \text{A},\ I_3=2\ \text{A}$$

【例 2-2】 电路如图 2-2 所示，求图中各支路电流 I_1，I_2，I_3。

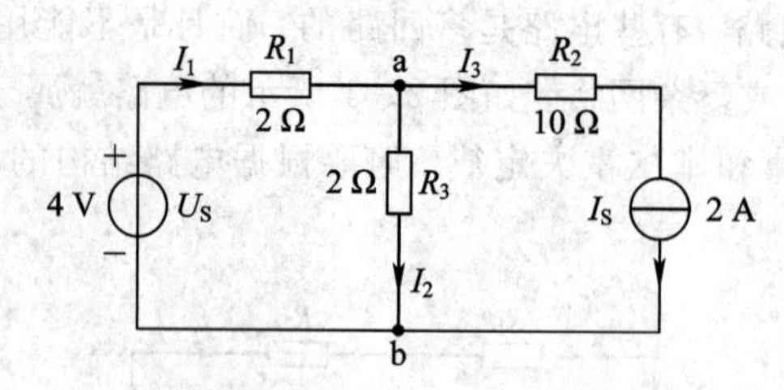

图 2-2 例 2-2 图

解：如图所示电路中的支路数为 3 个，但恒流源支路的电流已知，则未知电流只有 2 个，所以可只列 2 个方程。

(1) 对节点 a 应用 KCL 列节点电流方程

$$I_1-I_2-I_3=0$$

由已知条件得

$$I_3=I_S=2\ \text{A}$$

(2) 应用 KVL 列左回路电压方程

$$2I_1+2I_2=4$$

解得

$$I_1=2\text{A},\ I_2=0$$

练习与思考

如在上题中列右侧回路电压方程，两个方程能否解得此题？

2.2　网孔电流法

应用支路电流法，要求解 b 个独立方程。支路数越多，需要列的方程数就越多，计算也就越繁琐。因此有必要探讨能够减少方程数目的其他方法。网孔电流法和节点电压法就可以达到这一目的。对每个闭合的网孔都可以设想有一个回路电流在流动，以网孔电流作为未知量，依据基尔霍夫电压定律列方程分析电路的方法称为网孔电流法。所谓网孔电流是一种沿着网孔边界流动的假想电流，如图 2-3 中以虚线表示的 I_{M1}、I_{M2}、I_{M3}。下面通过图 2-3 所示电路来说明网孔电流法的建立和求解步骤。

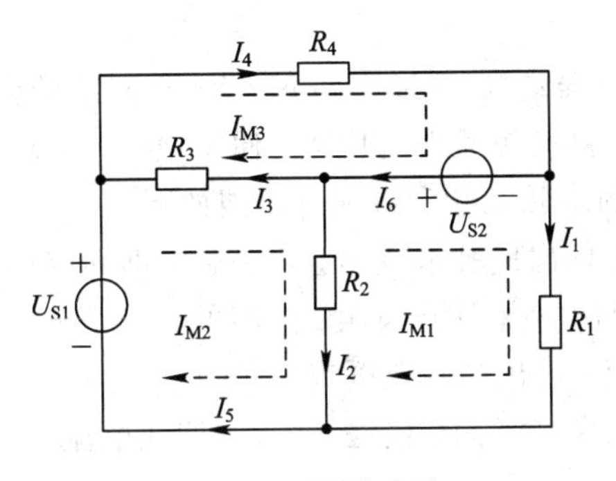

图 2-3　网孔电流

不难看出，各网孔电流不能用 KCL 相联系。因为每一网孔电流沿着网孔流动，当它流经某节点时，从该节点流入，又从该节点流出，在为该节点所列的、以网孔电流表示的 KCL 方程中彼此抵消。因此，网孔电流不能用 KCL 相联系，求解网孔电流所需的方程组只能来自 KVL 和支路的 VCR。

在选定网孔电流后，可为每一个网孔列写一个 KVL 方程，方程中的支路电压可以通过欧姆定律用网孔电流来表示。这样就可以得到一组以网孔电流为变量的方程组，它们必然与待解变量数目相同而且是独立的，由此可解得各网孔电流。通常，在列方程时还把网孔电流的参考方向作为列方程时的回路绕行方向。以网孔电流为变量的方程组称为网孔方程。

根据以上所述，对图 2-3 所示电路进行分析，可得

$$\begin{aligned}&R_1I_{M1}+R_2I_{M1}-R_2I_{M2}+U_{S2}=0\\&R_3I_{M2}+R_2I_{M2}-R_2I_{M1}-R_3I_{M3}-U_{S1}=0\\&R_4I_{M3}+R_3I_{M3}-R_3I_{M2}-U_{S2}=0\end{aligned}\qquad(2-1)$$

经过整理可得

$$\begin{aligned}&(R_1+R_2)I_{M1}-R_2I_{M2}=-U_{S2}\\&(R_3+R_2)I_{M2}-R_2I_{M1}-R_3I_{M3}=U_{S1}\\&(R_4+R_3)I_{M3}-R_3I_{M2}=U_{S2}\end{aligned}\qquad(2-2)$$

已知各电压源及电阻，就可解出网孔电流，各支路电流即可进一步算出。这样，6个未知的支路电流都能求出，且只需解三个联立方程。

为了对任意网络编写出一般方程式，引出普遍的规律，我们把式(2-2)简写成一般回路方程：

$$\begin{cases}R_{11}I_{M1}-R_{12}I_{M2}=U_{S11}\\R_{22}I_{M2}-R_{21}I_{M1}-R_{23}I_{M3}=U_{S22}\\R_{33}I_{M3}-R_{32}I_{M2}=U_{S33}\end{cases}\tag{2-3}$$

式中R_{11}、R_{22}、R_{33}分别称为网孔1、网孔2、网孔3的自电阻，即分别是各自网孔内所有电阻的总和。由于回路绕行方向定为与网孔电流参考方向一致，所以自阻总是正的。例如$R_{11}=R_1+R_2$。

而R_{12}、R_{21}分别称为网孔1与网孔2的互电阻。为了使标准方程整齐，网孔电流的参考方向通常规定都为顺时针(或都为逆时针)，这样互阻总是为负。例如$R_{12}=R_{21}=-R_2$。

U_{S11}、U_{S22}、U_{S33}分别为网孔1、网孔2、网孔3中各电压源电压升的代数和，例如$U_{S11}=-U_{S2}$。

将三个网孔的一般化方程式2-3推广到M个独立回路的电路问题，请同学们自己去思考。由于三个网孔电路的网孔方程普遍应用，便于记忆，所以需重点掌握。

运用网孔电流法解题的步骤及注意事项可归纳如下：

(1) 选择并在电路图上标出网孔电流的参考方向，即回路的绕行方向；

(2) 列出m个独立回路方程，注意自阻、互阻的正负符号；

(3) 联立求解回路方程，得出各网孔电流；

(4) 假定各支路电流的参考方向，根据KCL由网孔电流求得各支路电流，进而求得各支路电压和功率；

(5) 检验：取一个未用过的回路，按KVL列出方程进行校验。

以上讨论的电路中只含有电压源。如果电路中含有电流源，可采用以下两种方法处理：一是只让一个网孔电流通过电流源，该网孔电流就取为电流源电流，从而减少一个未知量，可少列该回路的KVL方程，如图2-4所示；二是设电流源的端电压为变量，这样增加一个变量，当然也就增加一个与电流源电流有关的约束方程，使方程数与变量数相同。

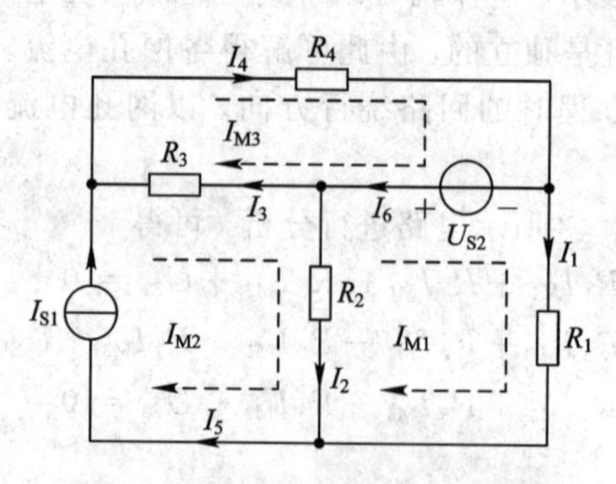

图2-4　含有电流源的网孔电流

如电路中含有受控电流源时，可按上述处理电流的方法处理，但要把控制量用网孔电流表示。

如电路中含有受控电压源时，也应先把控制量用网孔电流表示，暂将受控电压源视为独立电压源。

【例 2-3】 电路如图 2-4 所示，已知 $U_{S2}=4$ V，$I_{S1}=2$ A，$R_1=R_2=R_3=R_4=1\ \Omega$，用网孔电流法求出各支路电流。

解：标出网孔电流参考方向及各支路电流的参考方向，根据网孔电流法列方程

$$(R_1+R_2)I_{M1}-R_2I_{M2}=-U_{S2}$$
$$(R_4+R_3)I_{M3}-R_3I_{M2}=U_{S2}$$
$$I_{M2}=I_{S1}$$

代入数据

$$2I_{M1}-I_{M2}=-4$$
$$2I_{M3}-I_{M2}=4$$
$$I_{M2}=I_{S1}=2\ \text{A}$$

解得

$$I_{M1}=-1\ \text{A},\ I_{M2}=2\ \text{A},\ I_{M3}=3\ \text{A}$$
$$I_1=I_{M1}=-1\ \text{A},\ I_2=I_{M2}-I_{M1}=3\ \text{A},\ I_3=I_{M3}-I_{M2}=1\ \text{A}$$
$$I_4=I_{M3}=3\ \text{A},\ I_5=I_{M2}=2\ \text{A},\ I_6=I_{M3}-I_{M1}=4\ \text{A}$$

【例 2-4】 电路如图 2-5 所示，已知 $I_{S1}=2$ A，$I_6=4$ A，$R_1=R_2=R_3=R_4=1\ \Omega$，用网孔电流法求出各支路电流。

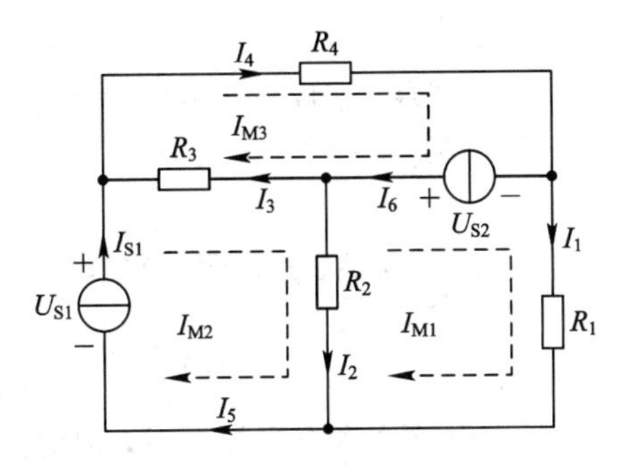

图 2-5　例 2-4 图

解：标出网孔电流参考方向及各支路电流的参考方向，设电流源 I_{S1} 的电压为 U_{S1}，电流源 I_{S2} 的电压为 U_{S2}，根据网孔电流法列方程。

$$(R_1+R_2)I_{M1}-R_2I_{M2}=-U_{S2}$$
$$(R_4+R_3)I_{M3}-R_3I_{M2}=U_{S2}$$
$$I_{M2}=I_{S1}$$

补充方程

$$I_6=I_{M3}-I_{M1}$$

代入可得

$$2I_{M1}-I_{M2}=-U_{S2}$$
$$2I_{M3}-I_{M2}=U_{S2}$$
$$I_{M2}=2\ \text{A}$$

$$I_6 = I_{M3} - I_{M1} = 4$$

解得

$$I_{M3} = 2\ \text{A},\ I_{M1} = -2\ \text{A},\ I_1 = I_{M1} = -2\ \text{A},\ I_2 = I_{M2} - I_{M1} = 2 + 2 = 4\ \text{A}$$
$$I_3 = I_{M3} - I_{M2} = 2 - 2 = 0\ \text{A},\ I_4 = I_{M3} = 2\ \text{A},\ I_5 = I_{M2} = 2\ \text{A}$$

【例 2-5】 电路如图 2-6 所示，已知 $R_1 = 2\ \Omega, R_2 = 6\ \Omega, R_3 = 4\ \Omega, U_S = 8\ \text{V}$，受控电压源的电压为 $0.5U$，试用网孔电流法求各支路电流。

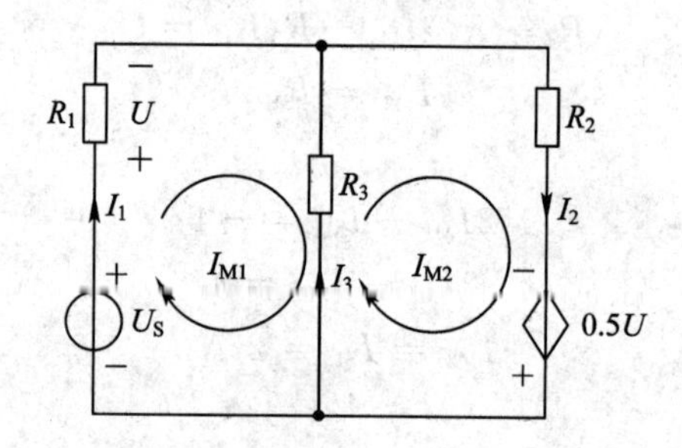

图 2-6 例 2-5 图

解：标出网孔电流及各支路电流的参考方向，根据网孔电流法列方程为

$$(R_1 + R_3)I_{M1} - R_3 I_{M2} = U_S$$
$$(R_2 + R_3)I_{M2} - R_3 I_{M1} = 0.5U$$
$$U = R_1 I_{M1}$$

代入数据得

$$6I_{M1} - 4I_{M2} = 8$$
$$10I_{M2} - 4I_{M1} = I_{M1}$$

解得

$$I_{M1} = 2\ \text{A},\ I_{M2} = 1\ \text{A}$$

进而解得

$$I_1 = I_{M1} = 2\ \text{A},\ I_2 = I_{M2} = 1\ \text{A},\ I_3 = I_{M2} - I_{M1} = -1\ \text{A}$$

结论：由例 2-5 可以看出，当电路中含有受控源时，把受控源当成独立源来用，将控制量用未知量表示出来。

练习与思考

如果将例 2-4 题中的电流源 I_{S1} 被电压源 U_{S1} 替代，I_6 依旧，如何解得网孔电流？

2.3 节点电压法

上一节用网孔电流代替支路电流作为未知量，省去了按 KCL 列出的 $(n-1)$ 个方程，分析计算支路数多网孔少的电路方便很多。本节介绍另一种减少电路未知量的方法，它是以节点电压作为未知量，依据基尔霍夫电流定律列方程分析电路的方法，称为节点电压法。节点电压就是节点到参考点的电压降，即电位。对于具有 n 个节点的电路，首先选择其中任意一个节点作为参考节点，设其电位为零，其余 $(n-1)$ 个节点电压为待求变量。由于节点电位的单值性，它自动满足 KVL，所以只需根据 KCL 列出 $(n-1)$ 个方程，即可解出 $(n-1)$ 个节点电压，进而可求各支路电流和各元件上的电压。

节点电压法不受电路结构的限制，对平面电路和非平面电路都适用，又便于编制程序以便用计算机解题，应用广泛，应熟练掌握。下面通过一个具体电路来介绍节点电压法方程的建立。

图 2-7 所示电路有三个节点 1、2、3，可取节点 3 为参考节点，设 U_{N1} 和 U_{N2} 为节点 1 和 2 对参考点 3 的节点电压。这样，R_1、R_2 支路上的电压就是 U_{N1}，R_5、R_6 支路上的电压就是 U_{N2}。R_3、R_4 支路上的电压为相应节点电压之差，即 $U_{12}=U_{N1}-U_{N2}$。其实这就是 KVL 的体现。或者说，这样指定电压后，对电路中所有回路满足 KVL。节点电压及各支路电流的参考方向如图 2-7 所示。

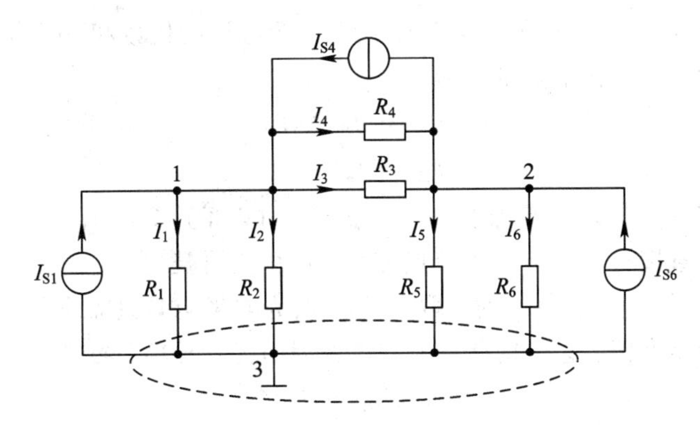

图 2-7　节点电压法

对节点 1
$$I_1+I_2+I_3+I_4-I_{S1}-I_{S4}=0 \tag{2-4}$$
对节点 2
$$I_5+I_6-I_3-I_4+I_{S4}-I_{S6}=0 \tag{2-5}$$
根据欧姆定律，各支路电流可用节点电压表示为

$$I_1=\frac{U_{N1}}{R_1}=G_1U_{N1},\ I_2=\frac{U_{N1}}{R_2}=G_2U_{N1}$$

$$I_3=\frac{U_{N1}-U_{N2}}{R_3}=G_3(U_{N1}-U_{N2}),\ I_4=\frac{U_{N1}-U_{N2}}{R_4}=G_4(U_{N1}-U_{N2})$$

$$I_5=\frac{U_{N2}}{R_5}=G_5U_{N2},\ I_6=\frac{U_{N2}}{R_6}=G_6U_{N2}$$

把上述关系式代入节点方程(2-4)、(2-5)，经整理可得

$$\begin{aligned}(G_1+G_2+G_3+G_4)U_{N1}-(G_3+G_4)U_{N2}&=I_{S1}+I_{S4}\\(G_3+G_4+G_5+G_6)U_{N2}-(G_3+G_4)U_{N1}&=I_{S6}-I_{S4}\end{aligned} \tag{2-6}$$

这就是所需要的以节点电压为未知量，按 KCL 列出的$(n-1)$个节点方程，解出各节点电压后，即可求出和支路电压和电流。

对式(2-6)做进一步考察，发现有明显的规律，我们可以由电路图直接列出求节点电压的$(n-1)$个 KCL 方程组。把式(2-6)写成标准形式：

$$\begin{aligned}G_{11}U_{N1}+G_{12}U_{N2}&=I_{S11}\\G_{22}U_{N2}+G_{21}U_{N1}&=I_{S22}\end{aligned} \tag{2-7}$$

式中 G_{11}、G_{22}分别是节点 1、2 的自电导，即组成该节点的各支路电阻倒数之和。

由于假设节点电压的参考方向总是由非参考节点指向参考节点，所以各节点电压在自导中所引起的电流总是流出该节点的，在该节点的电流方程中这些电流前取“+”号，因而自导总是正的。

$$G_{11} = G_1 + G_2 + G_3 + G_4 \tag{2-8}$$

$$G_{22} = G_3 + G_4 + G_5 + G_6 \tag{2-9}$$

而G_{12}、G_{21}代表节点1和节点2间的互电导，即与该两个节点直接相联的各公共支路电阻倒数之和。由于任一个节点的电压在其公共电导中所引起的电流是流入另一个节点的，所以在另一个节点的电流方程中，这些电流(即节点电压和互导的乘积)前应取“－”号。为使节点方程整齐，我们把负号包含在互导中，所以互导总是负的。

$$G_{12} = G_{21} = -(G_3 + G_4) \tag{2-10}$$

而式(2-7)中I_{S11}、I_{S22}分别代表流入节点1、2电流的代数和。因为在等号右边，所以流入节点的电流为正，流出节点的电流为负。

$$I_{S11} = I_{S1} + I_{S4} \tag{2-11}$$

$$I_{22} = I_{S6} - I_{S4} \tag{2-12}$$

综上所述，式(2-7)为标准化了的一般形式，可以推广到具有$(n-1)$个独立节点的电路，按所给电路图直接写出$(n-1)$个节点方程。这里不再赘述。

当电路只有两个节点($n=2$)时，取一个节点为参考点，只需求另一个节点的节点电压，就可以得到支路电压。这样只有一个节点方程而无互导项。参考式(2-7)得

$$G_{11}U_{N1} = I_{S11}$$

$G_{11} = \sum G$是所有并联支路电导之和。$I_{S11} = \sum I_S$表示所有支路电激流的代数和。这些关系代入上式，整理得

$$U_N = \frac{\sum I_S}{\sum G} \tag{2-13}$$

式(2-13)称为弥尔曼定理。

综上所述，将用节点电压法求解的一般步骤归纳如下：

(1) 画出标准电路，标明各电阻元件的电导值，把电压源与电阻串联支路等效变换为电流源与电导的并联电路；

(2) 选定参考节点，标出其他各节点的代号，标出各支路电流的参考方向；

(3) 求出各自导(正值)和互导(负值)以及流入各节点的电流源的代数和(当电流流向节点时取正号，流出节点时取负号)；

(4) 按式(2-7)标准方程形式列出节点方程并求解；

(5) 按照各支路的VCR求出各支路电流。

【例2-6】 电路如图2-8所示，试用节点电压法求各支路电流。

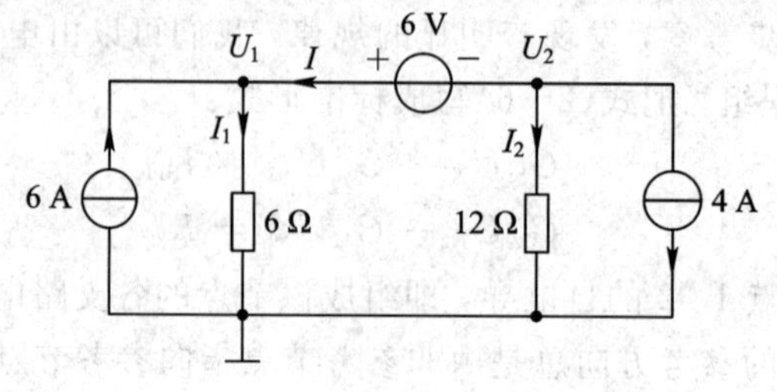

图2-8 例2-6图

解：首先选定参考点，标出各支路电流的参考方向，设节点电压 U_1、U_2。

节点电压方程

$$\frac{1}{6}U_1 = 6 + I$$

$$\frac{1}{12}U_2 = -4 - I$$

两个节点电压方程，三个未知量，所以需追加一方程

$$U_1 - U_2 = 6$$

由以上三个方程解得

$$U_1 = 10\ \text{V},\ U_2 = 4\ \text{V}$$

则

$$I_1 = \frac{10\ \text{V}}{6} = \frac{5}{3}\ \text{A},\ I_2 = \frac{4\ \text{V}}{12} = \frac{1}{3}\ \text{A}$$

根据 KCL 得

$$I = I_1 - 6 = \frac{5}{3} - 6 = -\frac{13}{3}\ \text{A}$$

【例 2 - 7】 电路如图 2 - 9 所示，求 U 和 I。

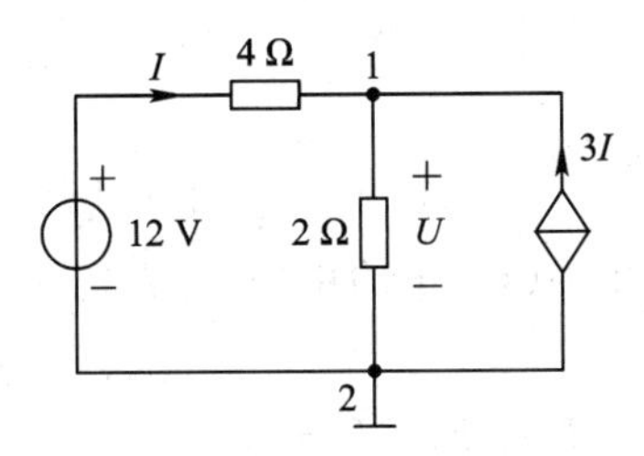

图 2 - 9　例 2 - 7 图

解：电路中有两个节点，可以列一个节点电压方程求解此题，设节点 2 为参考点，列方程有

$$\left(\frac{1}{4} + \frac{1}{2}\right)U = \frac{12}{4} + 3I$$

$$I = \frac{12 - U}{4}$$

联立方程解得

$$U = 8\ \text{V},\ I = 1\text{A}$$

当电路中含有受控源时，把受控源当成独立源来用，将控制量用未知量表示出来。

练习与思考

用节点法求解图 2 - 4 所示电路，与用网孔法求解此电路比较，有什么不同？

2.4　叠加原理

叠加原理是分析和计算线性问题的普遍原理。这一原理可用来分析计算线性电路(电压与电流成正比关系的电路)。电路的叠加原理可表述为：在由多个独立电源共同作用的

线性电路中，任一支路的电流(或电压)等于各个独立电源分别单独作用时在该支路中所产生的电流(或电压)的叠加(代数和)。对不作用电源的处理办法是：电压源用短路线代替，电流源开路，内阻保留。

现以图 2-10 为例，证明叠加原理的正确性。

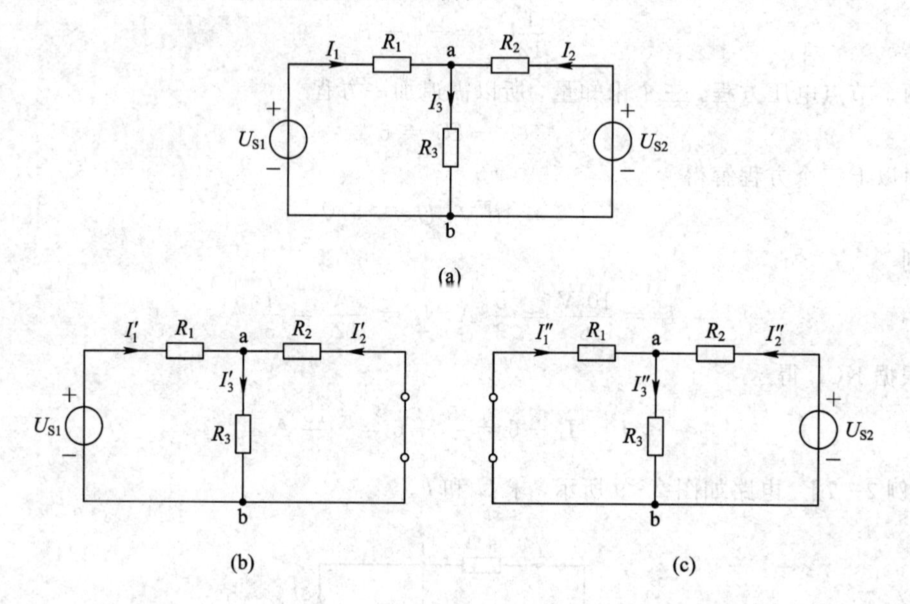

图 2-10　叠加原理图例

我们先用支路电流法求图 2-10(a)电路中的支路电流，根据 KCL 和 KVL 列出的求解各支路电流的方程组为

$$\begin{cases} I_1 + I_2 - I_3 = 0 \\ I_1R_1 + I_3R_3 - U_{S1} = 0 \\ -I_2R_2 + U_{S2} - I_3R_3 = 0 \end{cases}$$

解该方程组求得 I_1 为

$$I_1 = \frac{R_2 + R_3}{R_1R_2 + R_2R_3 + R_3R_1}U_{S1} - \frac{R_3}{R_1R_2 + R_2R_3 + R_3R_1}U_{S2} \tag{2-14}$$

再来看图 2-10(b)、图 2-10(c)所示电路中，当 U_{S1} 和 U_{S2} 单独作用时所产生的电流 I_1' 和 I_1''。根据分流公式有

$$I_1' = \frac{R_2 + R_3}{R_1R_2 + R_2R_3 + R_3R_1}U_{S1}$$

$$I_1'' = -\frac{R_3}{R_1R_2 + R_2R_3 + R_3R_1}U_{S2}$$

显然，式(2-14)中的第一项就是 U_{S1} 单独作用于电路时在 R_1 支路中所产生的电流 I_1'，而式(2-14)中的第二项就是 U_{S2} 单独作用于电路时在 R_1 支路中所产生的电流 I_1''，而总电流 I_1 则是两者的代数和，即

$$I_1 = I_1' + I_1''$$

可见，应用叠加原理解题，是将复杂电路先化为几个简单电路，再进行计算。在求电流的代数和时，分电流与支路总电流的正方向相同，取正号；反之取负号。

如果电路中含有线性受控源，任一支路电流(或电压)仍按独立源单独作用产生的电流(或电压)叠加计算。受控源不能单独作用，不能把受控源用开路或短路代替，而应当始终保留在电路之中。

【例2-8】 用叠加原理求图2-11所示电路中各支路电流。

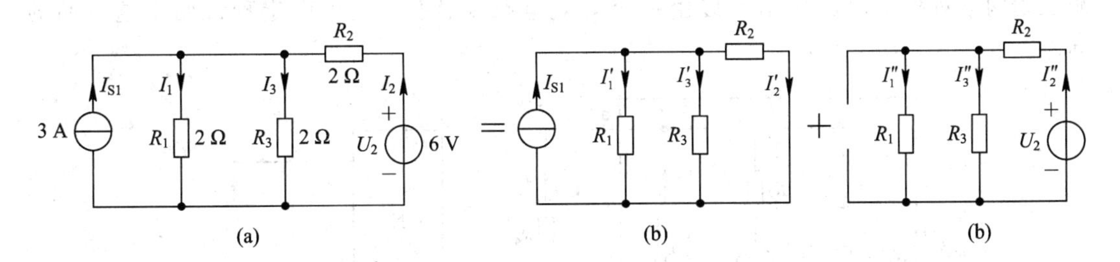

图2-11　例2-8图

解：图2-11(b)为 I_{S1} 单独作用时的电路

因为

$$R_1=R_2=R_3$$

所以

$$I'_1=I'_2=I'_3=\frac{I_{S1}}{3}=\frac{3}{3}=1\ \text{A}$$

图2-11(c)为 U_2 单独作用时的电路

$$I''_2=\frac{U_2}{R_2+\dfrac{R_1R_3}{R_1+R_3}}=\frac{6}{2+\dfrac{2\times2}{2+2}}=2\ \text{A}$$

$$I''_1=I''_3=\frac{I''_2}{2}=\frac{2}{2}=1\ \text{A}$$

则

$$I_1=I'_1+I''_1=1+1=2\ \text{A}$$

$$I_2=-I'_2+I''_2=-1+2=1\ \text{A}$$

$$I_3=I'_3+I''_3=1+1=2\ \text{A}$$

还需指出，叠加原理只适用于线性电路。因为电流与电压成正比，它们之间是线性关系，可以叠加，而功率与电压、电流不成正比（$P=I^2R=\dfrac{U^2}{R}$），不是线性关系，所以不能用上述的叠加方法计算功率。

练习与思考

用叠加法求解图2-4所示电路，与用网孔法求解此电路比较，有什么不同？

2.5　戴维南定理和诺顿定理

2.5.1　戴维南定理

对于一个复杂电路，有时只需要计算其中某一条支路的响应，如图2-12(a)所示的电

流 I_4，此时可以将这条支路划出，而把其余部分看作一个有源二端网络。如图 2－12(a)中虚线框住的部分，就可以用一个内部标以“N”的方框代替，等效为如图 2－12(b)所示的电路。所谓有源二端网络，就是指具有两个出线端的内含独立电源的部分电路。有源二端网络也称有源单口网络。不含独立电源的二端口网络称为无源二端网络，前文已经介绍。有源二端网络对外电路的作用可以由一个等效电路来替代，戴维南定理说明了这方面的问题。

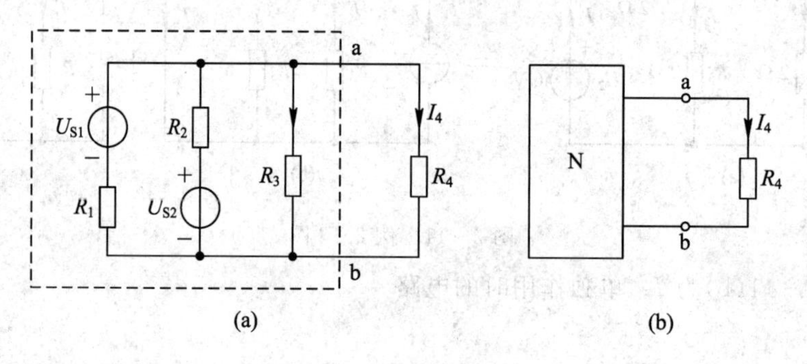

图 2－12 戴维南定理

戴维南定理指出：任何一个线性含源二端网络，对外电路来说，可以用一个理想电压源和电阻串联的组合来等效代替，如图 2－13(a)所示。

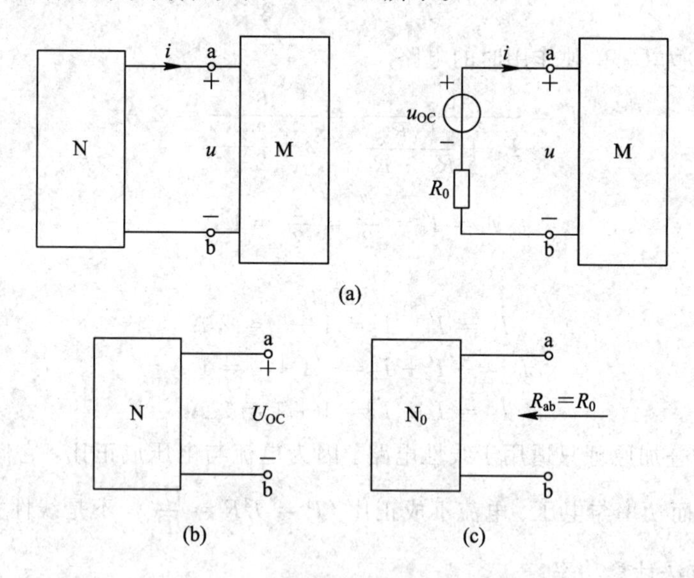

图 2－13 戴维南定理的图解表示

图 2－13(a)中电压源的电压等于含源二端网络的开路电压 U_{OC}，如图 2－13(b)所示，其电阻等于将含源二端网络内各独立源置零(即将电压源用短路线代替，将电流源用开路代替)时的无源二端网络的等效电阻 R_0，如图 2－13(c)所示。这就是说：若含源线性单口网络的端口电压 u 和电流 i 为非关联参考方向，则其 VCR 可表示为

$$u = u_{OC} - R_0 i \tag{2-15}$$

戴维南定理是有关电路结构的定理，注意勿把其中的“含源”与表征电路性能的“有源”两词混用。

根据含源线性单口网络的端口电压、电流约束关系式(2－15)可知：网络的开路电压和戴维南等效电阻是表征单口网络特性的两个参数。

【例 2－9】 电路如图 2－14 所示，已知 $U_{S1}=40$ V，$U_{S1}=20$ V，$R_1=R_2=4$ Ω，$R_3=13$ Ω，试用戴维南定理求电流 I_3。

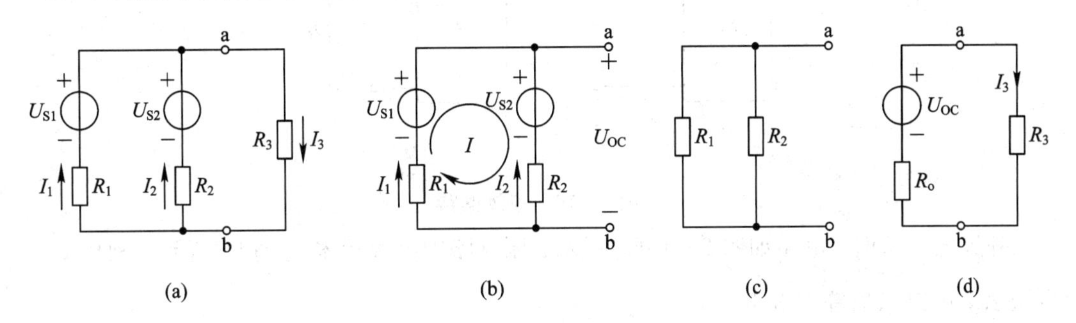

图 2－14　例 2－9 图

解：(1) 电路如图 2－14(b)所示断开，待求支路，设回路电流为 I，求开路电压 U_{OC}。

$$I=\frac{u_{S1}-u_{S2}}{R_1+R_2}=\frac{40-20}{4+4}=2.5\ \text{A}$$

则

$$U_{OC}=u_{S2}+IR_2=20\ \text{V}+2.5\times 4\ \text{V}=30\ \text{V}$$

或

$$U_{OC}=u_{S1}-IR_1=40\ \text{V}-2.5\times 4\ \text{V}=30\ \text{V}$$

(2) 求等效电源的内阻 R_0，如图 2－14(c)所示，除去所有电源(电压源短路，电流源开路)从 a、b 两端看进去，R_1 和 R_2 并联则

$$R_0=\frac{R_1\times R_2}{R_1+R_2}=2\ \Omega$$

(3) 画出等效电路求电流 I_3，如图 2－14(d)所示。

$$I_3=\frac{U_{OC}}{R_0+R_3}=\frac{30}{2+13}\ \text{A}=2\ \text{A}$$

【例 2－10】 电路如图 2－15 所示，已知 $r=1$ Ω，求其戴维南等效电路。

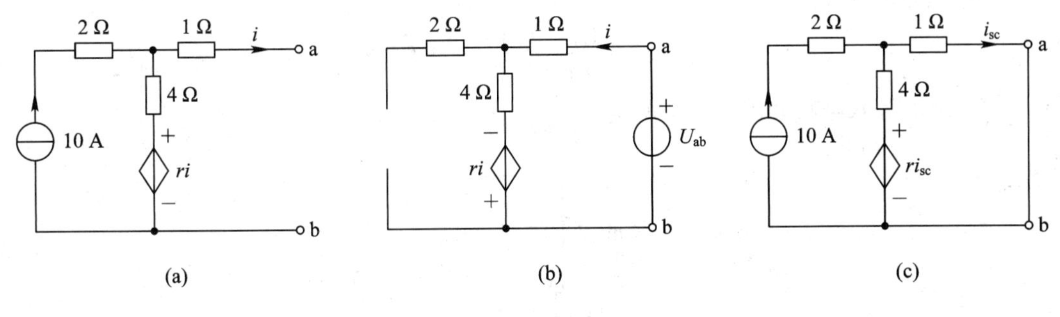

图 2－15　例 2－10 图

解：(1) 求开路电压 U_{OC}

$$U_{OC}=10\ \text{A}\times(4\ \Omega)=40\ \text{V}\quad(因为\ i=0)。$$

(2) 求等效电源的内阻 R_0，因为电路图中有受控源，受控源不是独立源所以不能置

零，我们需要采用外施电压法或短路电流的方法来计算等效内阻。现在分别采用不同的方法计算。

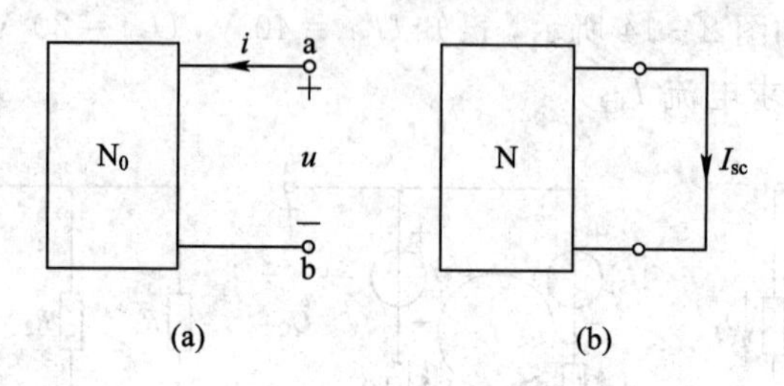

图 2-16 等效电路

外施电源法时，电路如图 2-16(a)所示：原电路中电源置零，受控源保留。利用 $R_0=\frac{u}{i}$ 公式，可以求出等效电阻。

短路电流法时，电路如图 2-16(b)所示：原电路中电源保留，受控源保留。利用 $R_0=\frac{U_{OC}}{I_{SC}}$ 公式，可以求出等效电阻。

图 2-15(b)是将 a、b 端外施一电压源，将 10A 电流源置零，外施电压源 U_{ab}，产生电流 i，此电流也是受控源的控制量，所以改变控制量电流 i 的方向，受控源方向也将发生改变。在回路中列 KVL 方程有

$$U_{ab}=1\times i+4\times i-1\times i=4i$$

解得

$$R_0=\frac{U_{ab}}{i}=4\ \Omega$$

或利用短路电流法，电路如图 2-15(c)所示，将 a，b 端短路，得到短路电流 i_{SC} 后利用网孔法。可得

$$(1+4)i_{SC}-4\times 10=i_{SC}\times 1$$

解得

$$i_{SC}=10\ \text{A}$$

利用公式可得

$$R_0=\frac{U_{OC}}{i_{SC}}=\frac{40}{10}=4\ \Omega$$

(3) 画出等效电路如图 2-17 所示。

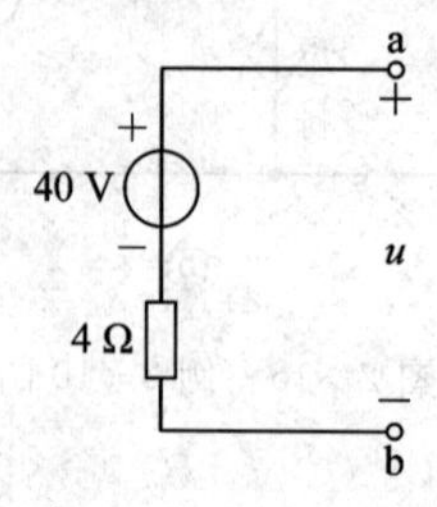

图 2-17 例 2-9 图等效电路

2.5.2　诺顿定理

由于电压源与电阻串联电路同电流源与电阻并联电路可以相互等效，那么，从戴维南定理可以导出诺顿定理，无需另加证明。诺顿定理为任何一个线性含源二端网络 N，对外电路来说，可以用一个电流源和一个电阻并联的等效电源来代替，如图 2-18(a)所示。电流源的电流等于该网络 N 的短路电流 I_{SC}；并联电阻 R_0（或电导 G_0）等于该网络 N 内所有独立源置零时无源二端网络 N_0 的等效电阻 R_{ab}（或电导 G_{ab}），如图 2-18(b)所示。这一电流源并联电阻组合称为诺顿等效电路。

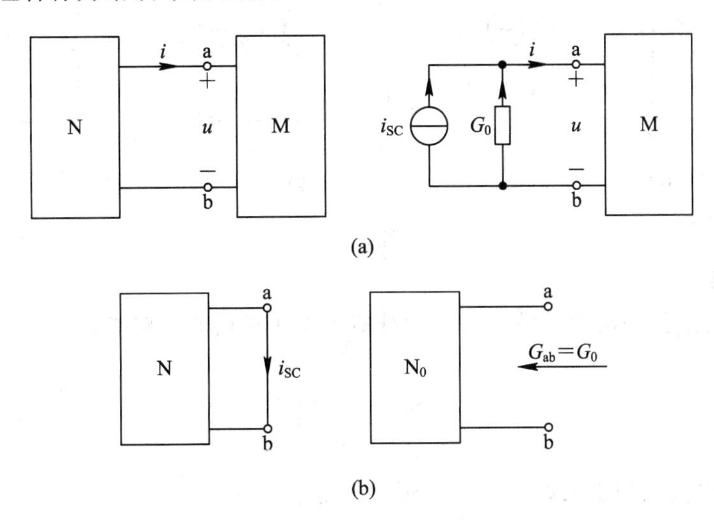

图 2-18　诺顿定理

根据诺顿定理，含源线性单口网络的 VCR 在图 2-18(b)所示的电压、电流参考方向下可表示为

$$i = i_{SC} - G_0 u \tag{2-16}$$

式中的 G_0 可称为诺顿等效电导，为戴维南等效电阻的倒数，即 $G_0 = \frac{1}{R_0}$。

【例 2-11】 电路如图 2-19 所示，试用诺顿定理求 I_3 支路电流。

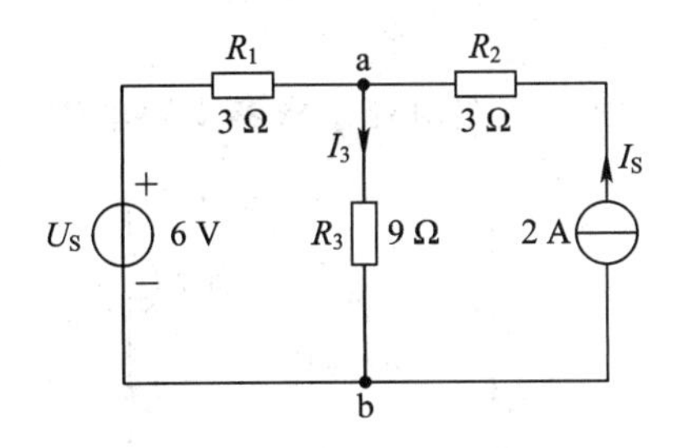

图 2-19　例 2-11 图

解：第一步将待求支路短路，如图 2-20(a)所示，列方程有

$$I_{SC} = I_0 = \frac{U_S}{R_1} + I_S = \frac{6}{3} + 2 = 4\ \text{A}$$

第二步将独立源置零(电压源短路，电流源开路)，如图 2-20(b)所示，从 a、b 端所求

得的等效电阻

$$R_0 = R_1 = 3\ \Omega$$

最后由诺顿等效电路，如图 2-20(c)所示，求得

$$I_3 = \frac{R_0}{R_0 + R_3} I_{SC} = \frac{3}{3+9} \times 4 = 1\ \text{A}$$

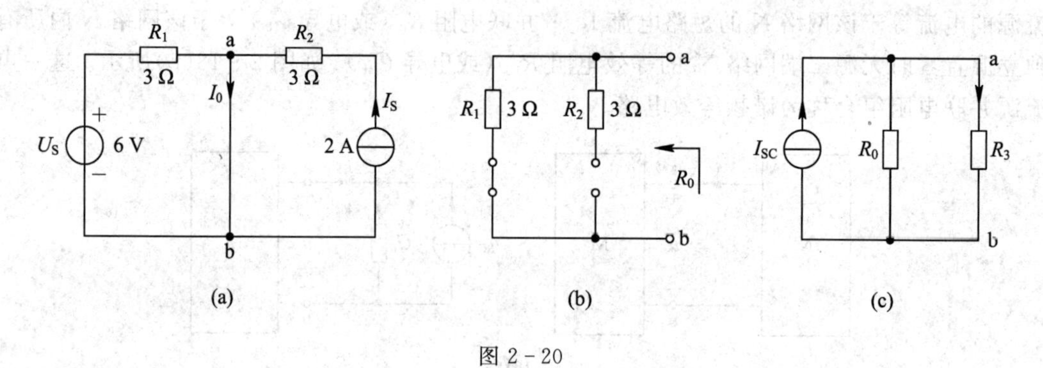

图 2-20

练习与思考

戴维南定理适用于哪些电路的分析和计算？是否对所有电路都适用？

习　题

1. 用支路电流法列出求如题图 2.1 所示电路中 I_b 的方程。

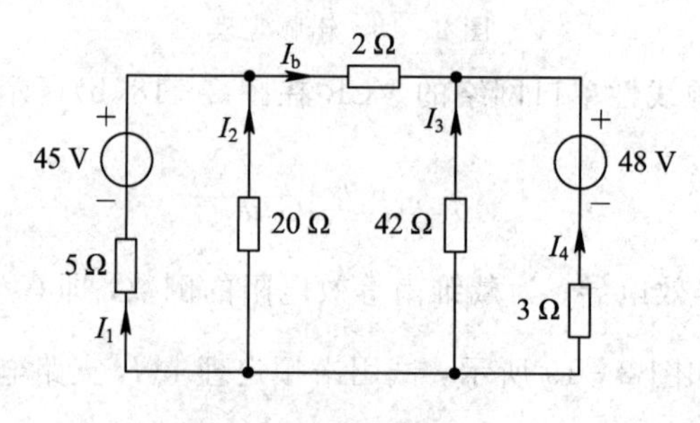

题图 2.1

2. 电路如题图 2.2 所示，试用支路电流法求各支路电流。

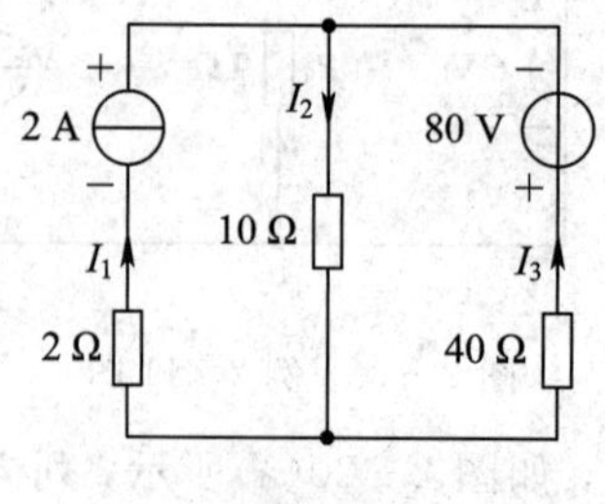

题图 2.2

3. 用网孔电流法求题图 2.2 所示电路的各支路电流。

4. 电路如题图 2.3 所示，已知 $R_1 = R_2 = 2\ \Omega$，$R_3 = 3\ \Omega$，$U_1 = 8\ \text{V}$，$U_2 = 10\ \text{V}$，

$U_3 = 5$ V，试求支路电流 I_1、I_2、I_3。

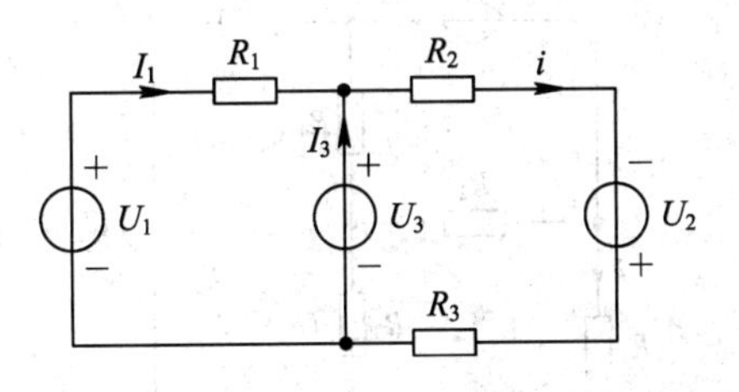

题图 2.3

5. 电路如题图 2.4 所示，$R_1 = 12\ \Omega$，$R_2 = 4\ \Omega$，$R_3 = 4\ \Omega$，$R_4 = 7\ \Omega$，$U_1 = 48$ V，$U_2 = 60$ V，试用网孔电流法求各支路电流。

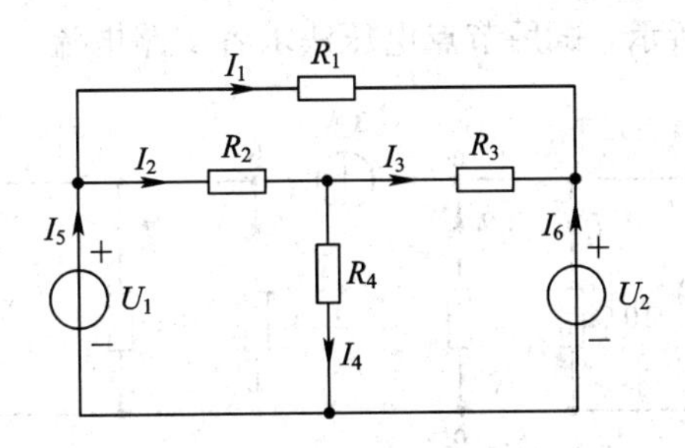

题图 2.4

6. 电路如题图 2.5 所示，已知 $R_1 = R_2 = 1\ \Omega$，$R_3 = 3\ \Omega$，$U_1 = 12$ V，$I_S = 36$ A，试用网孔电流法求各支路电流。

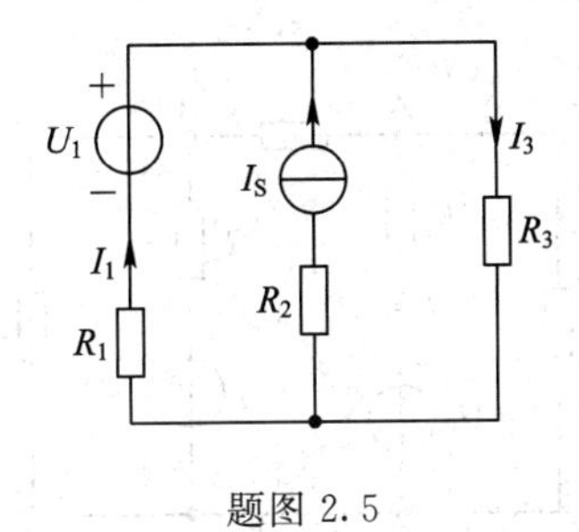

题图 2.5

7. 电路如题图 2.6 所示，试用网孔电流法求电流 I。

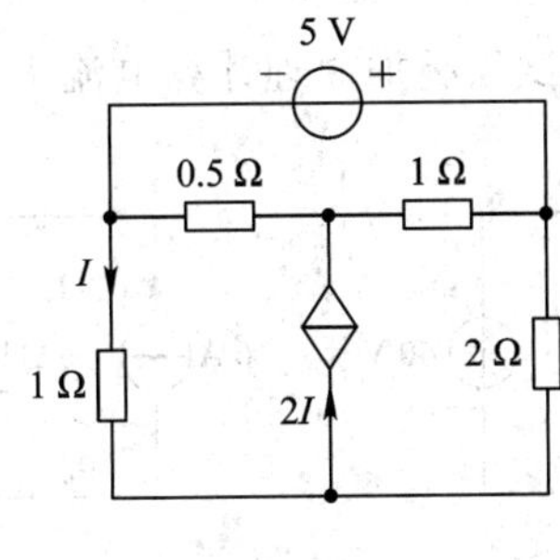

题图 2.6

8. 电路如题图 2.7 所示，已知 $R_1 = R_2 = R_4 = R_5 = 1\ \Omega$，$R_3 = 3\ \Omega$，$U_1 = 5$ V，试用网孔电流法求电流 I。

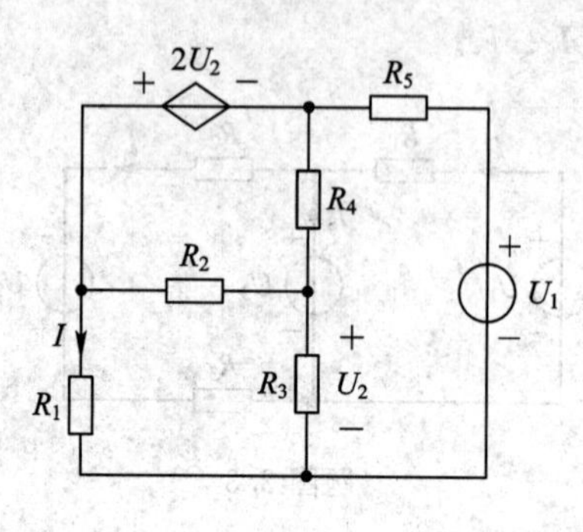

题图 2.7

9. 试用节点电压法重做第 1 题。

10. 电路如题图 2.8 所示，试用节点电压法求各支路电流。

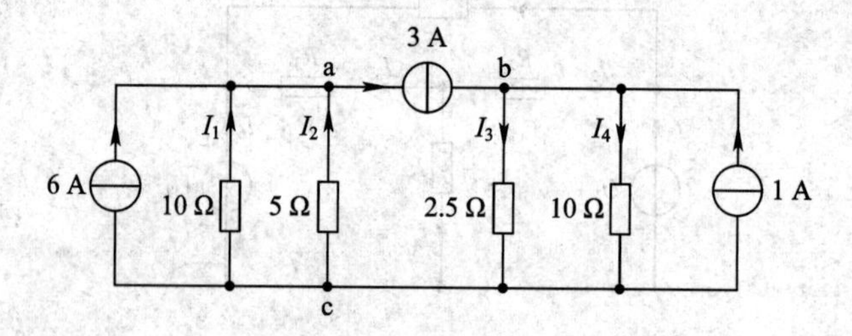

题图 2.8

11. 电路如题图 2.9 所示，已知 $U_1 = 10$ V，$U_2 = 16$ V，$R_1 = R_2 = R_5 = 2\ \Omega$，$R_3 = 3\ \Omega$，$R_4 = 1\ \Omega$，试用节点电压法求 U_A 和 I_1。

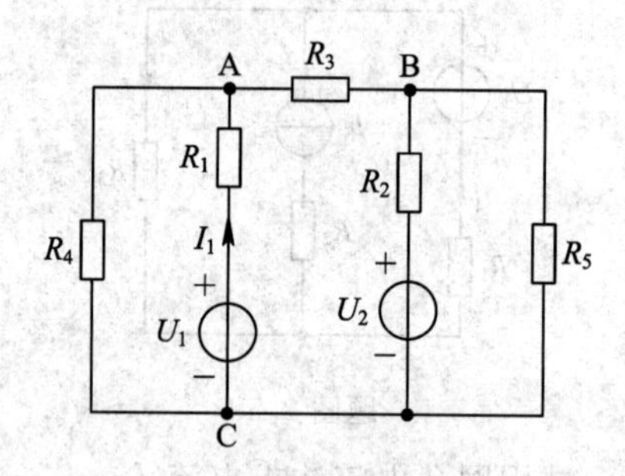

题图 2.9

12. 电路如题图 2.10 所示，试用叠加原理计算电流 I。

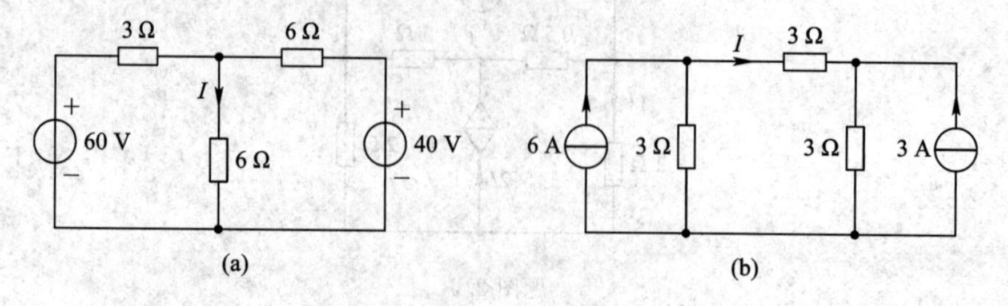

题图 2.10

13. 电路如题图 2.11 所示，试用叠加原理求电流 I。

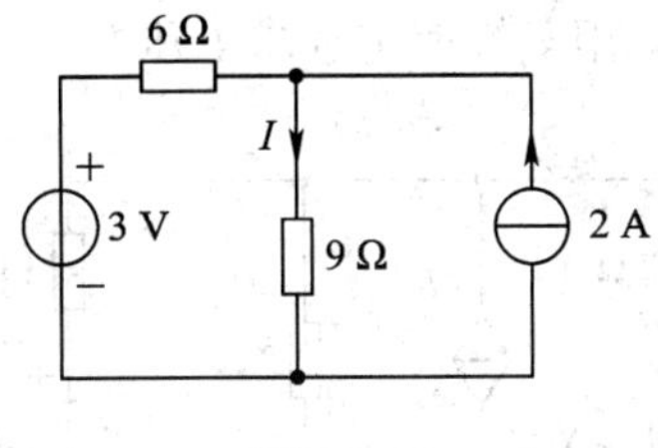

题图 2.11

14. 电路如题图 2.12 所示，利用叠加定理求解电路中的电流 I。

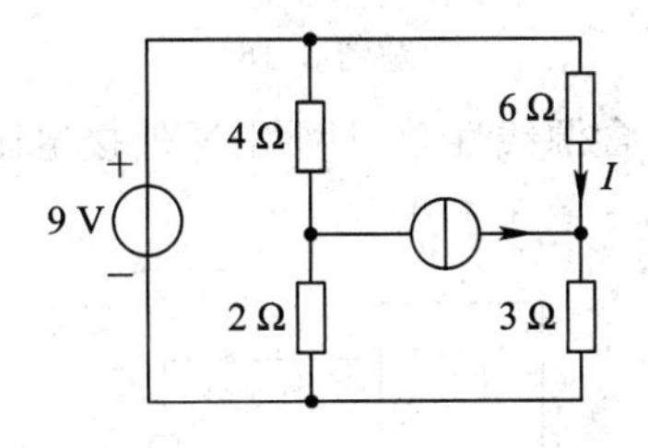

题图 2.12

15. 电路如题图 2.13 所示，试用戴维南定理求电流 I。

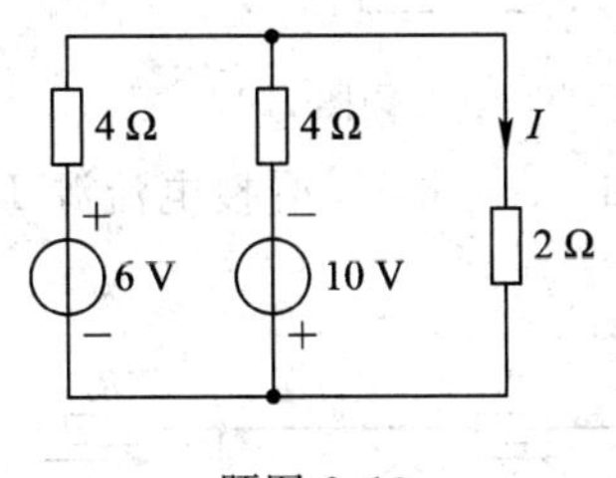

题图 2.13

16. 电路如题图 2.14 所示，试用戴维南定理求电流 I。

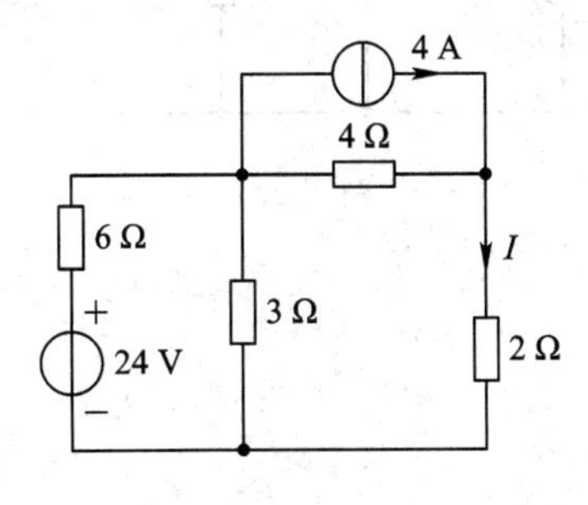

题图 2.14

17. 电路如题图 2.15 所示，求等效电阻 R_{AB}。

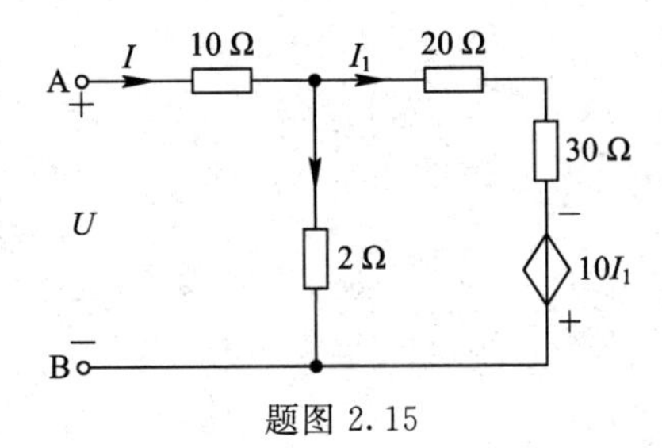

题图 2.15

18. 电路如题图 2.16 所示，用戴维南定理求电压 U。

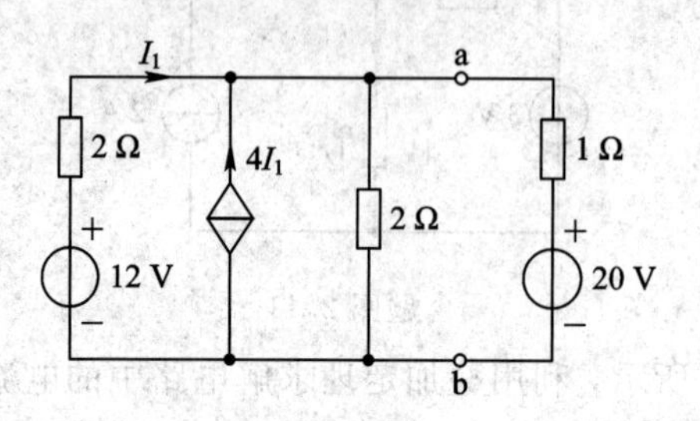

题图 2.16

19. 电路如题图 2.17 所示含源线性单口网络 N 外接电阻 R 为 12 Ω 时，$i=2$ A；R 短路时，$i=5$ A。当 $R=20$ Ω 时，i 等于多少？

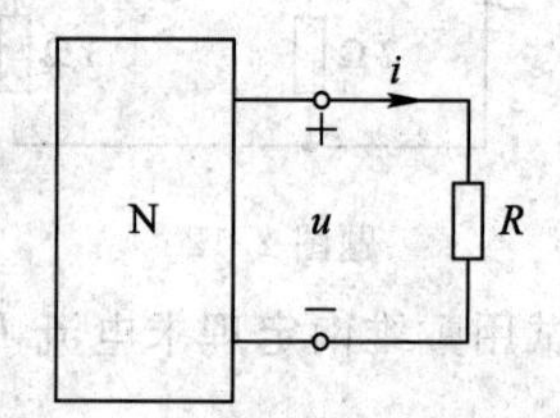

题图 2.17

20. 如题图 2.18 所示，已知 $U_1=6$ V，受控电流源 $I=40I_1$，$U_2=4$ V，$R_1=R_2=2$ kΩ，$R_3=3$ kΩ，求电流 I_2。

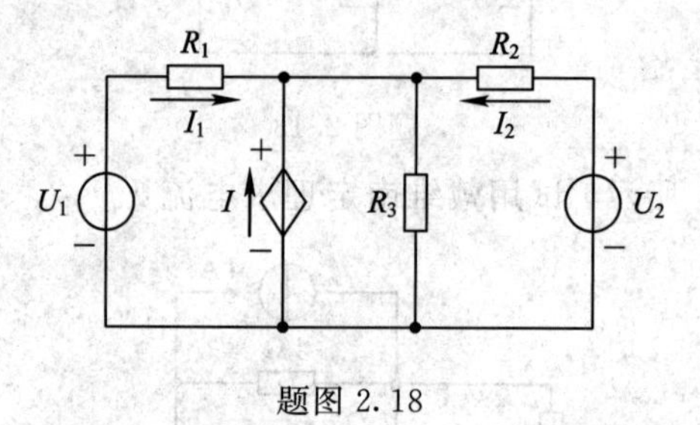

题图 2.18

第 3 章　正弦交流电路

内容提要

本章主要介绍正弦量的概念及引入一种新的分析正弦量的方法——向量法。相量是与正弦量一一对应的一种变量，因此要介绍复数，根据复数来熟悉正弦量的各种表示方法。

前面我们学习了含有电阻元件的直流电路的分析和计算，在实际工程和生活中大量遇到的是发电厂生产出来的电压、电流随时间按正弦规律变化的正弦交流电路，它不仅含有电阻，还含有电容和电感。无论从电能生产的角度还是从用户使用的角度来说，正弦交流电是日常生活和科技领域中应用更广泛也最常见的一种电的形式，因此学习正弦稳态电路中的一些基本知识格外重要。本章将讨论正弦交流电路的基本理论和分析计算方法。

本章介绍的相量法是线性电路正弦稳态分析中的一种简单易行的方法，从而能够解决正弦稳态电路中的新问题，是本课程中的一个重要环节。

本章难点

(1) 正弦量的三要素及其相量的表达形式。

(2) 正弦交流电路的相量分析方法。

(3) 正弦交流电路串并联及谐振电路的分析与计算。

(4) 复杂交流电路的分析与计算。

3.1　正弦交流电的基本概念

随时间按正弦规律变化的电压和电流称为正弦交流电压和电流，它们都属于正弦波。正弦波是周期波形的基本形式，在电路理论中和实际工作中都占有极其重要的地位。正弦电压可由发电机、电子振荡器产生。正弦电压如图 3-1 所示。

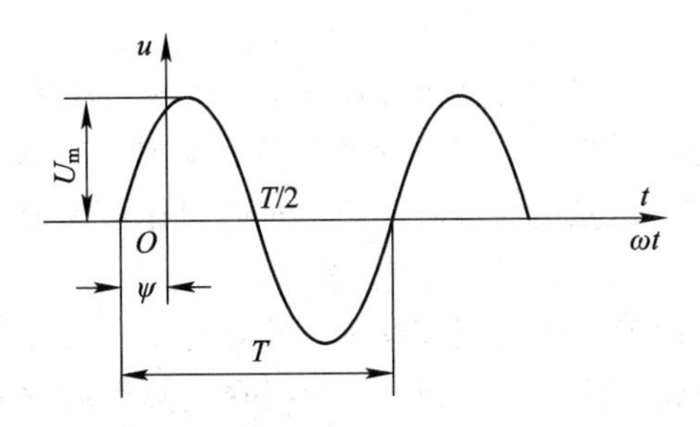

图 3-1　正弦电压波形

所谓正弦规律即简谐规律，该规律既可用时间的 sin 函数表示，也可用时间的 cos 函数表示。本书采用 sin 函数表示。如果不是标准的 sin 函数形式，可应用三角公式表示为 sin 函数形式。

$$-\sin\alpha = \sin(\alpha - 180^\circ)$$
$$\cos\alpha = \sin(\alpha + 90^\circ)$$
$$-\cos\alpha = \sin(\alpha - 90^\circ)$$

以图 3-1 所示正弦电压为例，其瞬时值表达式可表示为

$$u = U_m \sin(\omega t + \psi) \tag{3-1}$$

其中 U_m 为电压的振幅，它是一个常量，是正弦电压在整个变化过程中所能达到的最大值，又称峰值。ω 为角频率，ψ 为初相位。只要知道这三个参数，一个正弦交流电与时间的函数关系即可唯一地确定。因此称频率、幅值和初相位是确定正弦交流电的三要素。

3.1.1 正弦量的三要素

正弦交流电的特性表现在电信号变化的快慢、大小和初始位置三个方面，它们分别用周期(频率、角频率)、幅值(有效值)、初相位来描述。

1. 周期(频率、角频率)

(1) 周期：正弦量重复变化一次所需的时间，称为一个周期，用字母 T 表示。单位为秒(s)。而在单位时间内正弦量变化的周期数称为频率，用字母 f 表示。单位为赫兹(Hz)、千赫兹(kHz)和兆赫兹(MHz)。显然，对于同一个正弦量，其周期和频率是互为倒数的关系，即：

$$f = \frac{1}{T} \tag{3-2}$$

我国工业上使用的标准频率为 50 Hz，简称工频。对应于工频的周期 0.02 秒称为标准周期。

(2) 角频率：正弦交流电在单位时间内变化的角度。其单位是弧度/秒(rad/s)，用字母 ω 表示。正弦交流电变化一个周期，即变化了 2π 个弧度的电角度。ω 与 f、T 的关系为

$$\omega = 2\pi f = \frac{2\pi}{T} \tag{3-3}$$

因为正弦量的周期与角频率之间有对应关系，画正弦交流电的波形图时，横坐标除了可采用时间 t 外，也可用角度表示 ωt，如图 3-1 所示。

2. 幅值(有效值)

正弦交流电的大小用瞬时值、幅值和有效值这三个参数来表示。

正弦量的大小是随时间变化的，它在任意时刻的取值叫作瞬时值。用小写字母表示，如 i、u 分别表示正弦电流、正弦电压。最大的瞬时值叫作最大值，也叫作正弦交流电的幅值。用大写字母加下标来 m 表示，如 I_m、U_m 表示。

周期电流(电压)的瞬时值是随时间变化的，计算时很不方便，因此在实际工程中常采用有效值这个量。一个正弦交流电的有效值，是指在发热做功方面与之等效的直流电的数值，用大写字母 I、U 表示。

有效值是根据电流的热效应定义的。我们以电流为例，来说明有效值的意义。若在电阻 R 上分别通入交流电流 i 和直流电流 I，在相同的时间(如一个周期)内，电阻 R 上发热做功的数值相同，则称直流 I 与交流 i 等效，把直流 I 的数值称为此交流 i 的有效值。由此可列出下式：

$$\int_0^T Ri^2 dt = RI^2 T$$

整理后得

$$I = \sqrt{\frac{1}{T}\int_0^T i^2 dt} \tag{3-4}$$

将 $i = I_m \sin\omega t$ 代入式(3-4)中，可得 $I = \frac{I_m}{\sqrt{2}} = 0.707 I_m$。同理也可得 $U = \frac{U_m}{\sqrt{2}} = 0.707 U_m$。

由式(3-4)可知，有效值又叫均方根值。式(3-4)也称为有效值的定义式。此定义式可用于周期量，但不适用于非周期量。

由于正弦交流电的有效值等于最大值的 $\frac{1}{\sqrt{2}}$ 倍。也就是说，对于正弦交流电，其最大值和有效值是确定的值，所以可用它们来比较交流电的大小。

通常用电设备的铭牌上所标注的电压、电流等额定值都指有效值，一般交流电表所测得的数值也都是有效值。所以，非特殊说明，交流电的数值都是指有效值。

3. 初相位

初相和相位都是表示正弦交流电变化状态的参数。

正弦交流电是随时间变化的，不同时刻的状态(大小、方向、变化趋势)有所不同。而每一时刻的状态都对应着一个角度 $(\omega t+\psi)$，称为正弦交流电的相位角，简称相位。所选定的 $t=0$ 时刻的初始状态所对应的相位角 ψ 称为初相位角，简称初相。相位和初相通常以弧度(rad)为单位，有时也以度(°)为单位。

在波形图上，初相 ψ 是由计时起点($t=0$)到计时前最近的正半周零值起点之间所对应的角度，其值范围为 $0 \leqslant \psi \leqslant 2\pi$。但通常取值范围为 $-\pi \leqslant \psi \leqslant \pi$，即取距离坐标原点($t=0$)最近的正半周波形的起点与原点间的角度作初相。如图 3-1 所示。ψ 在原点左侧，为正值；ψ 在原点右侧，取负值。

3.1.2　相位差

两个同频率的正弦量在同一时刻的相位的差值称为相位差，用字母 φ 表示。由于频率相同，相位差是一个固定的值，它恒等于两个正弦量的初相位之差。

例如两个同频率正弦量分别为

$$u_1 = U_{m1}\sin(\omega t + \psi_1)$$
$$u_2 = U_{m2}\sin(\omega t + \psi_2)$$

它们的相位差为

$$\varphi = (\omega t + \psi_1) - (\omega t + \psi_2) = \psi_1 - \psi_2 \tag{3-5}$$

它们的波形图如图 3-2 所示。

当 $\psi_1 > \psi_2$ 即 $\varphi > 0$ 时，我们称它们的相位关系式 u_1 超前于 u_2，也可称 u_2 滞后于 u_1。由图 3-2 不难看出，当计时起点改变时，u_1、u_2 的初相 ψ_1、ψ_2 都发生了变化，但它们的相位差 φ 不变。

在图 3-3 中，当两个正弦量相位差等于 $2n\pi$，$n=0, 1, 2, \cdots$ 时，它们同时达到零值

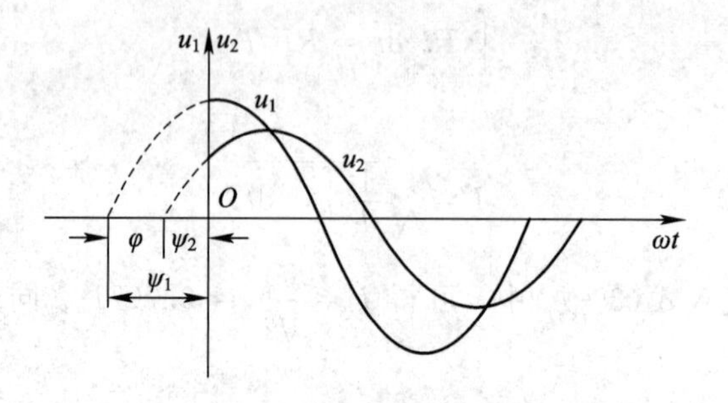

图 3-2 u_1 和 u_2 的初相位不相等

和最大值，则称为同相；当两个正弦量相位差等于 $\pm n\pi$，n 为奇数时，这两个正弦量一个为正值时另一个为负值，称之为反相。当两个正弦量相位差等于 $\pm \frac{n}{2}\pi$，n 为奇数时，称为正交。相位差的取值通常为 $\pi \leqslant \varphi \leqslant \pi$。

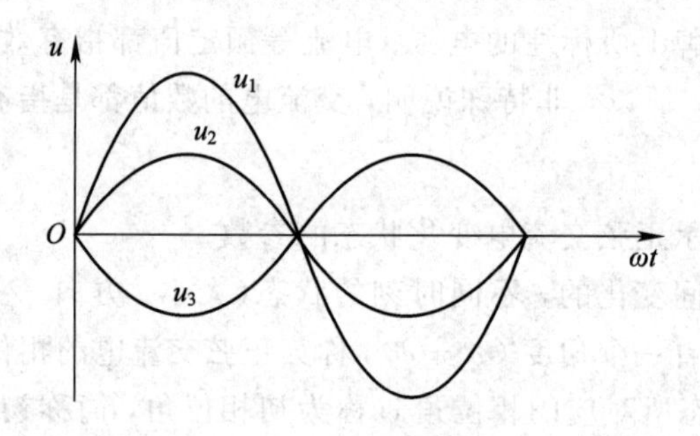

图 3-3 正弦量的同相和反相

练习与思考

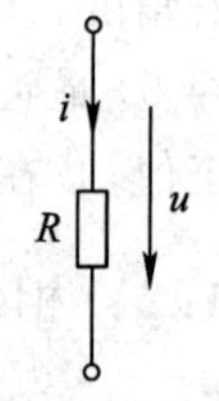

图 3-4 电路

3.1.1 在图 3-4 中，$i = 100\sin(6280t + \frac{\pi}{3})$ mA

(1) 试指出它的频率、周期、角频率、幅值、有效值及初相位各是多少；

(2) 画出波形图。

3.1.2 某正弦电压的频率为 30 Hz，有效值为 $4\sqrt{2}$ V，在 $t = 0$ 时，电压的瞬时值为 4 V，且此时刻电压在增加，求该电压的瞬时值表达式。

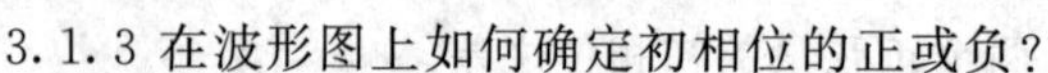

3.1.3 在波形图上如何确定初相位的正或负?

3.1.4 已知 $i_1 = \sin(314t - 120^\circ)$ A，$i_2 = \sin(314t + 30^\circ)$ A，则它们的相位差是多少?

3.1.5 一个正弦电压的初相位为 30°，在 $t = \frac{T}{2}$ 时的值为(−156) V，试求出它的有效值。

3.2 正弦量的相量表示法

如 3.1 节所述，一个正弦量具有幅值、频率及初相位三个特征。而这些特征可以用一些方法表示出来。正弦量的各种表示方法是分析与计算正弦交流电路的工具。

正弦量的表示方法可用三角函数(如式 3-1)或正弦曲线(如图 3-1)来表示。但是，由于正弦交流电路中往往还含有电容、电感等动态元件，需要用微积分方程来描述这类正弦电流电路，求解用三角函数来表示的电流、电压的微分方程是十分繁琐的。所以在正弦电流电路的求解中，通常用相量法。即把正弦量用复数表示，把正弦函数的运算转换为复数运算。

3.2.1　相量表示法

用复数来表示正弦交流电的方法叫作相量表示法。表示正弦量的复数常量叫作相量。用相量表示正弦量之后，正弦量的运算可用比较简便的复数来代替。

设有一正弦电压 $u=U_m\sin(\omega t+\psi)$，其波形如图 3-5 右半边所示，左半边是一旋转有向线段，在直角坐标系中。有向线段的长度代表正弦量的幅值 U_m，它的初始位置（$t=0$ 时的位置）与横轴正方向之间的夹角等于正弦量的初相位 ψ，并以正弦量的角频率 ω 做逆时针方向旋转。可见，这一旋转有向线段具有正弦量的三个特征，故可用来表示正弦量。正弦量在某时刻的瞬时值就可以由这个旋转有向线段于该瞬时在纵轴上的投影表示出来。图 3-5表示了正弦量与旋转矢量的这种对应关系。

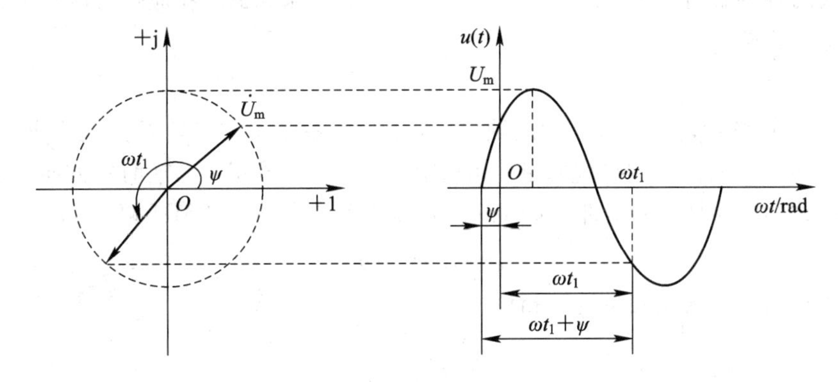

图 3-5　正弦量的相量及其对应的波形图

相量表示法是用复数的辐角来表示正弦量的初相位，用复数的模来表示正弦量的幅值或有效值，分别称为幅值相量或有效值相量。用大写字母上方加点·表示相量，即表示为 $\dot{I}_m$，$\dot{U}_m$ 或 $\dot{I}$、$\dot{U}$。

正弦电压 $u=U_m\sin(\omega t+\psi)$ 的相量如图 3-6 所示，电压的最大值相量记作 $\dot{U}_m$。

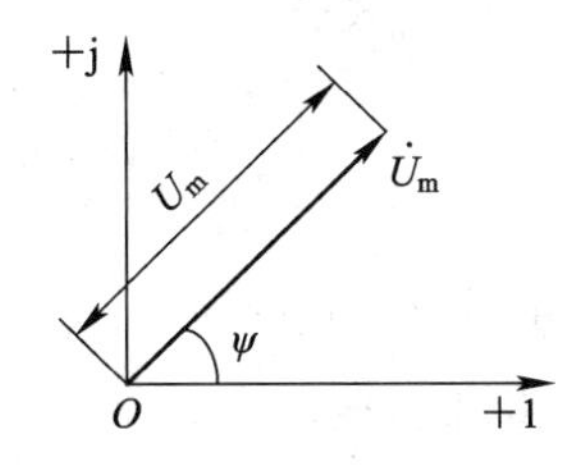

图 3-6　正弦电压的相量

对应于复数的表达形式，相量有两种表示形式：相量图和复数式。

1. 相量图

复数可以用复平面上的有向线段来表示，相量也可以这样表示。复平面直角坐标系的纵轴是虚轴，单位为 $\mathrm{j}=\sqrt{-1}$；横轴是实轴，单位为实数 1。在复平面中画出的表示相量的图形称为相量图。相量图的具体作图方法是用有向线段的长度(即复数的模)来表示正弦量的幅值或有效值；用相量与实轴正向的夹角(即复数的辐角)来表示正弦量的初相位；同时规定它以角速度 ω 逆时针方向旋转。如图 3-6 所示。

由于同频率的正弦量的相位关系是相对固定的，所以在画相量图时，可选其中的一个相量作为参考相量，假定它的初相位为零，其余各相量则按照它们对参考相量的相位差定出它们的初相位。这样可使相量图更加清晰。参考相量的选取是任意的，但要根据具体问题适当选择。如在串联电路中通常选电流相量作为参考相量，而在并联电路中选电压相量为参考相量比较合适。

我们知道正弦量的最大值和有效值之间有确定的比值，如 $I_{\mathrm{m}}=\sqrt{2}I$。而工程上正弦量的大小是用有效值表示的，所以相量的模常取对应正弦量的有效值，这样的相量叫作有效值相量。模等于正弦量最大值的相量叫最大值相量。有效值相量在以后是最常见的。

2. 复数式

用复数的各种解析式来表示的正弦量，也称为相量解析式，相应地有四种形式。

(1) 代数形式：

$$A=a_1+\mathrm{j}a_2 \tag{3-6}$$

式中 A 为任意正弦量；$\mathrm{j}=\sqrt{-1}$ 为虚轴单位，也就是数学中的旋转因子 i，在电工中 i 已表示电流，故改为 j。后面我们可以知道，相量乘上 j 后表示该相量向逆时针方向旋转 90°。a_1 为复数的实部，a_2 为复数的虚部。复数的模 a 即为正弦量的有效值或幅值

$$a=\sqrt{a_1^2+a_2^2} \tag{3-7}$$

复数的辐角 ψ 即为正弦量的初相位

$$\psi=\arctan\frac{a_2}{a_1} \tag{3-8}$$

(2) 三角函数形式：

$$A=a(\cos\psi+\mathrm{j}\sin\psi) \tag{3-9}$$

从复数的几何表示中即可知 $a_1=a\cos\psi$，$a_2=a\sin\psi$，代入式(3-6)中即为上式。

(3) 指数形式：

$$A=a\,\mathrm{e}^{\mathrm{j}\psi} \tag{3-10}$$

根据欧拉公式 $\mathrm{e}^{\mathrm{j}x}=\cos x+\mathrm{j}\sin x$，即可由式(3-9)得到上式。

(4) 极坐标形式：

$$A=a\underline{/\psi} \tag{3-11}$$

式中用符号 $\underline{/\psi}$ 代替 $\mathrm{e}^{\mathrm{j}\psi}$，可将其看作指数形式的缩写。

正弦量的这四种表示形式可以互相转换。

【例 3-1】 已知正弦交流电压 $u=220\sqrt{2}\sin(\omega t+45°)$ V，试写出它的各种相量形式。

解：最大值相量

$$\begin{aligned}\dot{U}_m&=220\sqrt{2}\,\underline{/45°}\\&=220\sqrt{2}\,\mathrm{e}^{\mathrm{j}45°}\\&=220\sqrt{2}(\cos45°+\mathrm{j}\sin45°)\end{aligned}$$

$$= (220 + j220)\ V$$

有效值相量

$$\begin{aligned}\dot{U} &= 220\angle 45^\circ \\ &= 220\,e^{j45^\circ} \\ &= 220(\cos 45^\circ + j\sin 45^\circ) \\ &= (110\sqrt{2} + j110\sqrt{2})\ V\end{aligned}$$

3.2.2　相量计算法

在线性正弦交流电路中，虽然电压、电流等电量都随时间作周期性的变化，但仍然服从电路的基本定律：伏安关系和基尔霍夫定律。即交流电路的分析和计算仍然以这两个定律为理论基础，但公式的形式要写成相应的电流的瞬时值形式或相量形式。以电阻电路为例来说明，见表 3-1。

表 3-1　电阻电路的基本定律

	直流形式	瞬时值形式	相量形式
欧姆定律	$U = RI$	$u = Ri$	$\dot{U} = R\dot{I}$
基尔霍夫电流定律	$\sum I = 0$	$\sum i = 0$	$\sum \dot{I} = 0$
基尔霍夫电压定律	$\sum U = 0$	$\sum u = 0$	$\sum \dot{U} = 0$

从表中得到一个结论，如果瞬时值成立那么相量形式就成立。在后面分析和计算中就可以直接应用这些公式。

对正弦交流电路进行运算时，大多采用复数表示方法，因此有必要介绍一些运算法则。

(1) 复数的加减运算。

设有两个复数 $A = a_1 + ja_2$，$B = b_1 + jb_2$，采用代数形式

$$\begin{aligned}A \pm B &= (a_1 + ja_2) \pm (b_1 + jb_2) \\ &= (a_1 \pm b_1) + j(a_2 \pm b_2)\end{aligned} \tag{3-12}$$

(2) 复数的乘除运算。

设有两个复数 $A = a\angle\psi_a$，$B = b\angle\psi_b$，采用极坐标或指数形式

$$A \cdot B = a\angle\psi_a \cdot b\angle\psi_b = a \cdot b\angle\psi_a + \psi_b \tag{3-13}$$

$$\frac{A}{B} = \frac{a\angle\psi_a}{b\angle\psi_b} = \frac{a}{b}\angle\psi_a - \psi_b \tag{3-14}$$

$$A \cdot B = a e^{j\psi_a} \cdot b e^{j\psi_b} = a \cdot b e^{j(\psi_a + \psi_b)} \tag{3-15}$$

$$\frac{A}{B} = \frac{a e^{j\psi_a}}{b e^{j\psi_b}} = \frac{a}{b} e^{j(\psi_a - \psi_b)} \tag{3-16}$$

在进行交流电路的分析和计算时，应根据具体情况选择合适的形式，一般来说，相量的加减运算经常以代数形式进行，相量的乘除运算经常以指数形式或极坐标形式进行。

相量计算法相应地分为图解法和解析法两种。

1. 相量图法

相量图法实质上就是复平面中的矢量图法。即应用矢量的平行四边形法则(或三角形法则)来求两个同频率正弦量的和或差。显然利用相量图来进行相量的加减运算非常简便，而且各量的大小和相位关系也非常直观形象。

【例 3-2】 在图 3-7(a)所示的电路中，已知 $i_1 = 8\sqrt{2}\sin(\omega t + 60°)$A，$i_2 = 6\sqrt{2}\sin(\omega t - 30°)$A，试用相量图法求解总电流 i。

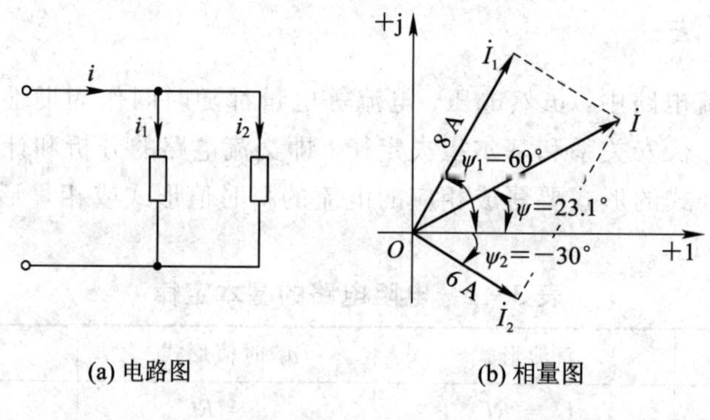

(a) 电路图 (b) 相量图

图 3-7 例 3-2 图

解：如图 3-7(b)所示，先作出已知有效值相量，$\dot{I}_1 = 8\angle 60°$，$\dot{I}_2 = 6\angle -30°$，以 $\dot{I}_1$ 和 $\dot{I}_2$ 为邻边作一平行四边形，所夹对角线即为所求的总电流有效值相量 $\dot{I}$，即 $\dot{I} = \dot{I}_1 + \dot{I}_2$。

其瞬时值表达式为

$$i = 10\sqrt{2}\sin(\omega t + 23.1°)\ \text{A}$$

2. 相量解析法

用相量的四种复数表示式来进行相量的四则运算。其基本步骤为：把正弦量变换为相量，将电路方程变为复数的代数方程，经过复数的四则运算，然后再把复数反过来变换成正弦量的瞬时值表达式。可见，复数的各种表达式的相互变换和四则运算是相量解析式的基本运算。

【例 3-3】 试用相量解析法求解例 3-2。

解：先将已知的两个支路电流分别变换为相量的极坐标形式，再写成代数形式：

$$\dot{I}_1 = 8\angle 60° = 8(\cos 60° + \text{j}\sin 60°)\ \text{A}$$

$$\dot{I}_2 = 6\angle -30° = 6[\cos(-30°) + \text{j}\sin(-30°)]\ \text{A}$$

$$\dot{I} = \dot{I}_1 + \dot{I}_2 = [8\cos 60° + \text{j}8\sin 60° + 6\cos(-30°) + \text{j}6\sin(-30°)]\ \text{A}$$

$$= (9.196 + \text{j}3.928)\ \text{A} = 10\angle 23.1°\ \text{A}$$

最后得其瞬时值表达式为

$$i = 10\sqrt{2}\sin(\omega t + 23.1°)\text{A}$$

从例 3-3 中可以看到，相量解析法是把正弦量的加减运算变为复数的比较简便的代数运算，可不画相量图。但有时为了得到一个清晰的概念，借助相量图能得到更为简便的计算方法，所以仍然经常画出相量图作为辅助手段，将二者结合起来进行分析和计算。

练习与思考

3.2.1 已知复数 $A=-8+j6$ 和 $B=3+j4$，试求 $A+B$、$A-B$、AB 和 A/B。

3.2.2 已知 $\dot{U}=220\angle 45^\circ$，试求 $j\dot{U}$ 的指数表达式。

3.2.3 写出下列正弦电流的相量：

$i_1=5\sqrt{2}\sin(\omega t+46^\circ)$ A；$i_2=10\cos(\omega t-30^\circ)$ A

$i_3=-15\sqrt{2}\sin(\omega t+60^\circ)$ A；$i_4=-6\sqrt{2}\cos(\omega t-60^\circ)$ A

3.2.4 指出下列各式的错误：

$i=5e^{j45^\circ}$；$U=10e^{j60^\circ}$

$U=10\cos(\omega t-30^\circ)$；$I=10\angle 30^\circ$ 。

3.3　单一参数元件的正弦响应

本节着重讨论在正弦交流电路中单一参数元件上，其电压、电流的关系以及消耗功率的情况。由于任何电路的电路模型都是由单一参数的元件和电源组合而成的，所以本节是正弦交流电路分析的基础。

3.3.1　电阻元件的正弦响应

具有单一电阻参数的交流电路如图 3-8(a)所示，电流、电压的正方向已标在图中。

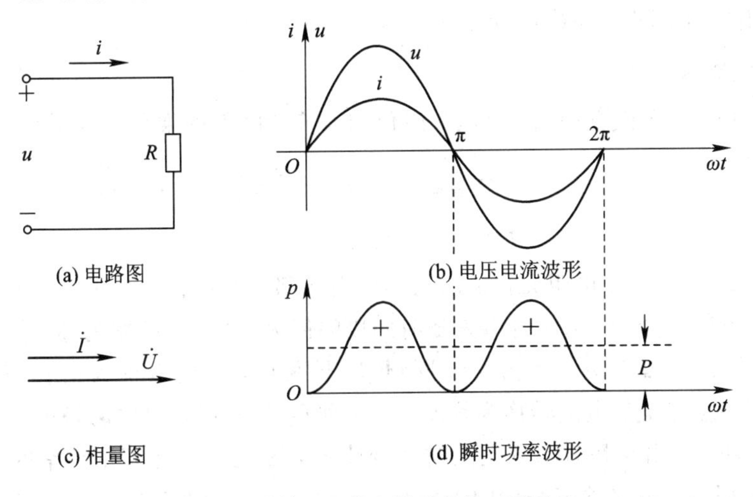

图 3-8　单一参数电阻元件的正弦响应

1. 电压与电流的关系

(1) 瞬时值关系：根据欧姆定律，电阻 R 两端的电压 u 与流过的电流 i 的瞬时值关系式为

$$u=Ri \tag{3-17}$$

设流过电阻的电流为

$$i=I_m\sin\omega t \tag{3-18}$$

代入式(3-17)得

$$u = Ri = RI_m \sin\omega t = U_m \sin\omega t \tag{3-19}$$

比较式(3-18)和(3-19)可知，电阻元件上的电压和电流是同频率、同相位的正弦交流电量，它们的波形图如图 3-8(b)所示。

(2) 大小关系：由(3-19)得

$$U_m = RI_m \tag{3-20}$$

$$U = RI \tag{3-21}$$

或

$$\frac{U_m}{I_m} = \frac{U}{I} = X_R = R$$

由式(3-20)和式(3-21)可知电阻元件上电压和电流的有效值(或最大值)之间的关系，遵循欧姆定律。将电压与电流有效值之比定义为电抗，用字母 X 表示。

(3) 相量关系：若用相量表示电压与电流的关系，则为

$$\dot{U} = U\mathrm{e}^{\mathrm{j}0^\circ};\ \dot{I} = I\mathrm{e}^{\mathrm{j}0^\circ} \tag{3-22}$$

所以

$$\frac{\dot{U}}{\dot{I}} = \frac{U}{I}\mathrm{e}^{\mathrm{j}0^\circ} = R$$

或

$$\dot{U} = R\dot{I} \tag{3-23}$$

它们的相量图如图 3-8(c)所示。

2. 功率和能量

(1) 瞬时功率：在任意瞬间，电压瞬时值与电流瞬时值的乘积称为瞬时功率。即

$$\begin{aligned} p = ui &= U_m I_m \sin^2\omega t = \frac{U_m I_m}{2}(1-\cos 2\omega t) \\ &= UI(1-\cos 2\omega t) \end{aligned} \tag{3-24}$$

从式(3-24)可看出，电阻元件的瞬时功率由两部分组成：一部分为电压电流有效值的乘积，是恒定不变的分量；另一部分是随时间以幅值为 UI 、角频率为 2ω 变化的交变分量 $UI\cos 2\omega$。如图 3-8(d)所示。因为 u、i 同频率、同相位，所以 p 恒为正值。这表明电阻元件是耗能元件，且将全部电能转换为热能，是一种不可逆的能量转换过程。

(2) 平均功率：由于瞬时功率是随时间变化的，因此工程上衡量功率的大小，是用瞬时功率在一个周期内的平均值表示的，称为平均功率或有功功率，用大写字母 P 表示。电阻元件的平均功率为

$$\begin{aligned} P &= \frac{1}{T}\int_0^T p\mathrm{d}t = \frac{1}{T}\int_0^T UI(1-\cos 2\omega t)\mathrm{d}t \\ &= UI = RI^2 = \frac{U^2}{R} \end{aligned} \tag{3-25}$$

可知在交流电路中，电流和电压用有效值表示时，电阻消耗的平均功率表示式和直流电路中的功率表示式相同，单位也用瓦(W)和千瓦(kW)。通常交流用电设备的铭牌上标注的额定功率值，都是指平均功率。

3. 能量的计算

在一个周期内，电阻元件消耗的电能为

$$W = \int_0^T p\mathrm{d}t = Pt \tag{3-25}$$

相当于图 3-8(d)中被瞬时功率波形与横轴所包围的面积。

【例 3-4】 有一个额定值为 220 V，1 kW 的电阻炉，接在 220 V 交流电源上。求通电时电炉的电流和电炉的电阻；若电炉连续用 2 个小时，所消耗的电能是多少？

解：电流 $$I = \frac{P}{U} = \frac{1000}{220} = 4.55\ \mathrm{A}$$

电阻 $$R = \frac{U}{I} = \frac{220}{4.55} = 48.4\ \Omega$$

电能 $$W = Pt = 1000 \times 2 \times 60 \times 60 = 7.2 \times 10^6\ \mathrm{J}$$

或 $$W = Pt = 1 \times 2 = 2\ \mathrm{kWh}$$

【例 3-5】 把一个 100 Ω 的电阻元件接到频率为 50 Hz，电压有效值为 10 V 的正弦电源上，问电流是多少？如保持电压值不变，而电源频率改变为 5000 Hz，这时电流将为多少？

解：因为电阻与频率无关，所以电压有效值保持不变时，电流有效值相等，即

$$I = \frac{U}{R} = \frac{10}{100} = 0.1\ \mathrm{A} = 100\ \mathrm{mA}$$

3.3.2 电感元件的正弦响应

1. 电压与电流的关系

(1) 瞬时值关系：在正弦交流电路中，设已知图 3-9(a)电感元件的参数 L 及其中的电流为

$$i = I_\mathrm{m}\sin\omega t$$

则电感两端的电压

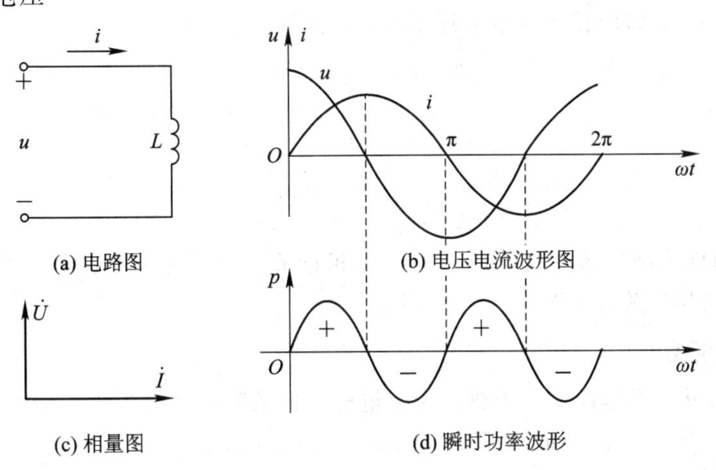

图 3-9　电感元件上的正弦响应

$$u = L\frac{\mathrm{d}i}{\mathrm{d}t} = L\frac{\mathrm{d}(I_\mathrm{m}\sin\omega t)}{\mathrm{d}t}$$
$$= \omega LI\cos\omega t = U_\mathrm{m}\sin(\omega t + 90°) \tag{3-27}$$

从以上各式可知纯电感电路的电流和电压都是同频率的正弦交流电量。相位上的电流比电压滞后 90°。它们的波形如图 3-9(b)所示。

(2) 大小关系:

由于
$$U_\mathrm{m} = \omega LI_\mathrm{m} \tag{3-28}$$

因此
$$\frac{U_\mathrm{m}}{I_\mathrm{m}} = \frac{U}{I} = \omega L \tag{3-29}$$

则
$$X_L = \omega L = 2\pi fL \tag{3-30}$$

ωL 项的单位显然为欧姆(Ω),当电压一定时,电流与 ωL 成反比。可见 ωL 具有与电阻相似的对交流电流呈阻碍作用的物理性质。故称 ωL 为电感的电抗,简称感抗,用 X_L 表示,则感抗 X_L 与电感 L 、频率 f 成正比。

当 L 值一定时,f 越高,X_L 越大,即电感对高频率电流的阻碍作用越大,当 $f\to\infty$ 时,$X_L\to\infty$,电感相当于开路;而对于直流 $f=0$,$X_L=0$,电感相当于短路。感抗与频率的关系如图 3-10 所示。

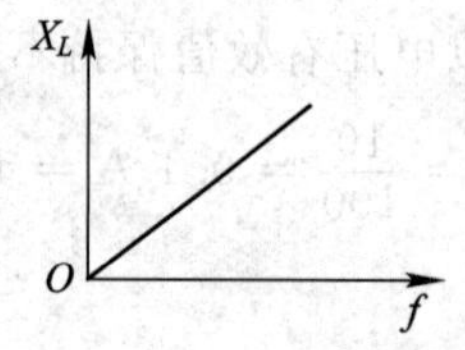

图 3-10 感抗与频率的关系

感抗的倒数称为电感的电纳,简称为感纳,用符号 B_L 表示,即

$$B_L = \frac{1}{X_L} = \frac{1}{\omega L} = \frac{1}{2\pi fL}$$

其单位与电导的单位相同,是西门子(S)。

需要注意的是,所谓感抗、感纳只是对正弦电流才有其意义。

(3) 相量关系:如用相量表示上述电压、电流的关系,则

$$\dot{U} = U\mathrm{e}^{\mathrm{j}90°},\ \dot{I} = I\mathrm{e}^{\mathrm{j}0°} \tag{3-31}$$

$$\frac{\dot{U}}{\dot{I}} = \frac{U}{I}\mathrm{e}^{\mathrm{j}90°} = \mathrm{j}X_L = \mathrm{j}\omega L$$

或
$$\dot{U} = \mathrm{j}X_L\dot{I} = \mathrm{j}\omega L\dot{I} \tag{3-32}$$

式(3-32)即为纯电感电路电压与电流的相量关系式,它同时表示二者的大小和相位的关系,他们的相量关系如图 3-9(c)所示。

2. 功率与能量

(1) 瞬时功率:根据瞬时功率的定义,电感元件的瞬时功率为

$$\begin{aligned} p &= ui = U_\mathrm{m}I_\mathrm{m}\sin(\omega t + 90°)\sin\omega t \\ &= U_\mathrm{m}I_\mathrm{m}\cos\omega t\sin\omega t = \frac{U_\mathrm{m}I_\mathrm{m}}{2}\sin 2\omega t = UI\sin 2\omega t \end{aligned} \tag{3-33}$$

可知瞬时功率 p 是一个幅值为 UI，并以 2ω 的角频率随时间而变化的交变量，其波形图如图 3－9(d)所示。把瞬时功率波形在一个周期内分四段，则每一段分别表示电感元件储能放、能的重复过程。在第一、三段，u，i 同相，p 为正，表示电感元件从电源吸收电能并转换为磁场能储存在线圈的磁场中；在第二、四段，u，i 反相，p 为负，表示电感元件把储存的能量还给电源，可见这是一种可逆的能量转换过程。瞬时功率绝对值的大小决定于该瞬时电压和电流的乘积大小。通过以上讨论，说明在正弦交流电路中电感元件可将电能和磁场能相互进行转换。

(2) 平均功率(有功功率)：

$$P = \frac{1}{T}\int_0^T p\mathrm{d}t = \frac{1}{T}\int_0^T UI\sin 2\omega t\,\mathrm{d}t = 0 \tag{3-34}$$

说明理想电感中没有能量的消耗，只有能量的互换。所以电感元件是储能元件。

(3) 无功功率：无功功率是用来表示电感元件与电源间能量互换的最大速率，用 Q 表示。数值上等于瞬时功率的幅值，即

$$Q = UI = X_L I^2 = \frac{U^2}{X_L} \tag{3-35}$$

无功功率的单位用乏(var)或千乏(kvar)表示。

3. 能量

电流通过电感时没有发热现象，即电能没有转换为热能，在电感里进行的是电能与磁场能量的转换。设 $t=0$ 时，$i=0$，$t=0$ 时开始对电感加电压，到 t_1 时刻电感中的能量为

$$w_L(t_1) = \int_0^{t_1} ui\,\mathrm{d}t = \int_0^{t_1}\left(L\frac{\mathrm{d}i}{\mathrm{d}t}i\,\mathrm{d}t\right) = \int_0^{i(t_1)} Li\,\mathrm{d}i = \frac{1}{2}Li^2(t_1)$$

即

$$w_L = \frac{1}{2}Li^2 \tag{3-36}$$

这就是线圈中电流 i 建立的磁场所具有的能量，即磁场能量。任一时刻电感中这一能量的大小与当时电流的平方成正比。

式(3－36)中 L 的单位为亨利(H)，i 的单位为安培(A)，W 的单位为焦耳(J)。

【例 3－6】 已知 0.1 H 的电感线圈接在 10 V 的工频电源上。求：线圈的感抗；电流的有效值；无功功率；电感的最大储能；设电压的初相位为 0°，求 $\dot{I}$，并画出相量图。

解：(1) 感抗：　$X_L = 2\pi fL = 2\pi\times 50\times 0.1\ \Omega = 31.4\ \Omega$

(2) 电流有效值：$I = \dfrac{U}{X_L} = \dfrac{10}{31.4} = 0.318\ \mathrm{A}$

(3) 无功功率 $Q = UI = 10\times 0.318\ \mathrm{var} = 3.18\ \mathrm{var}$

(4) 最大储能 $WL = \dfrac{1}{2}LI_{\mathrm{m}}^2 = \dfrac{1}{2}\times 0.1\,(\sqrt{2}\times 0.318)^2\ \mathrm{J} = 0.01\ \mathrm{J}$

(5) 设 $\dot{U} = 10\angle 0°\ \mathrm{V}$，则

$$\dot{I} = \frac{\dot{U}}{\mathrm{j}X_L} = \frac{10\angle 0°}{\mathrm{j}31.4}\ \mathrm{A} = 0.318\angle -90°\ \mathrm{A} = -\mathrm{j}0.318\ \mathrm{A}$$

相量图见图 3－11。

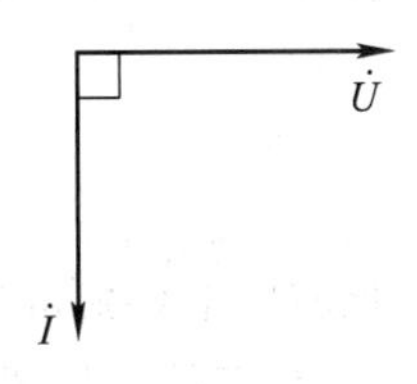

图 3－11　例 3－6 图

3.3.3 电容元件的正弦响应

电容是反映元件和线路中储存电场能量的特性的一种电路参数。具有这种参数的元件为电容器，它是由两组金属极板中间放入绝缘介质构成的。电容电路如图 3-12(a)所示。在电源电压的作用下，电容器的二组极板上充有等量异性的电荷，极板间就出现电位差，介质内就出现了电场，电容器中就储存了电场能量。

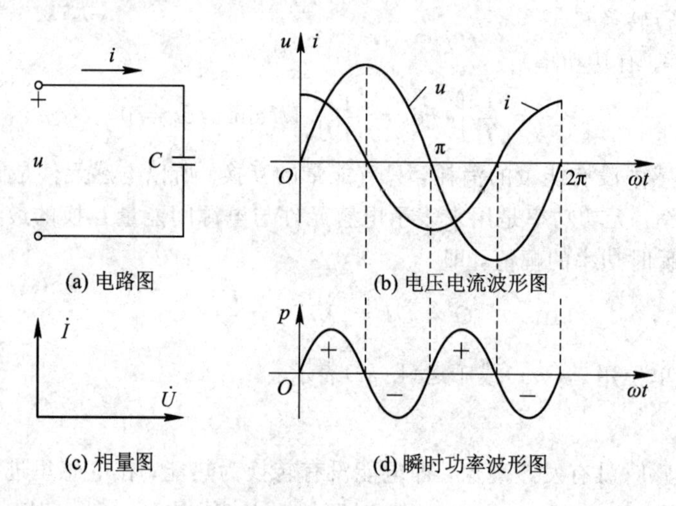

图 3-12 电容电路

线性电容器中，极板上的电荷量正比于极板上的电压，即有

$$C=\frac{q}{u} \tag{3-37}$$

比值 C 称为元件的电容。式中 q 的单位为库仑(C)，u 的单位为伏特(V)，C 的单位为法拉(F)。实际中法拉这个单位太大，经常用到的是微法(μF)和皮法(pF)。

1. 电压和电流的关系

(1) 瞬时值的关系：电流电压随时间不断地变化，电容器上两极板上的电量也随时间作周期性的变化，即不断地充电、放电，电路中便形成周期变化的交流电流。根据电流和电容的定义，按电路图中的正方向，有

$$i=\frac{\mathrm{d}q}{\mathrm{d}t}=C\frac{\mathrm{d}u}{\mathrm{d}t} \tag{3-38}$$

在正弦交流电路中，设电容电压为参考正弦量

$$u=U_{\mathrm{m}}\sin\omega t \tag{3-39}$$

代入式(3-38)则得

$$\begin{aligned} i&=C\frac{\mathrm{d}u}{\mathrm{d}t}=C\frac{\mathrm{d}(U_{\mathrm{m}}\sin\omega t)}{\mathrm{d}t}=\omega CU_{\mathrm{m}}\cos\omega t \\ &=I_{\mathrm{m}}\sin(\omega t+90^\circ) \end{aligned} \tag{3-40}$$

比较以上各式可知，电容电压和电流是同频率的正弦交流电量，相位上电流比电压超前 90°。它们的波形图如图 3-12(b)所示。

(2) 大小关系：

由
$$I_m = \omega C U_m \tag{3-41}$$
因此
$$\frac{U_m}{I_m} = \frac{U}{I} = \frac{1}{\omega C} \tag{3-42}$$
则
$$X_C = \frac{1}{\omega C} = \frac{1}{2\pi f C} \tag{3-43}$$

$\frac{1}{\omega C}$ 的单位显然也是欧姆(Ω)。当 U 一定时，电流与 $\frac{1}{\omega C}$ 成反比。可见 $\frac{1}{\omega C}$ 也具有对电流的阻碍作用，故称之为电容电抗，简称容抗。用 X_C 表示，则容抗 X_C 与电容 C 和频率成 f 反比。

在电容上的电压一定时，电流 $I = \frac{U}{X_C}$，X_C 越大，I 越小，所以说容抗反映电容元件在正弦交流电路中对电流的阻碍作用。即电容元件在不同频率的交流电路中其容抗的大小不同，频率越高，其容抗越小。

当 $f \to \infty$ 时，$X_C \to 0$；$f \to 0$，$X_C \to \infty$。因此电容元件具有“隔直流通交流”的作用。容抗与频率的关系如图 3-13 所示。

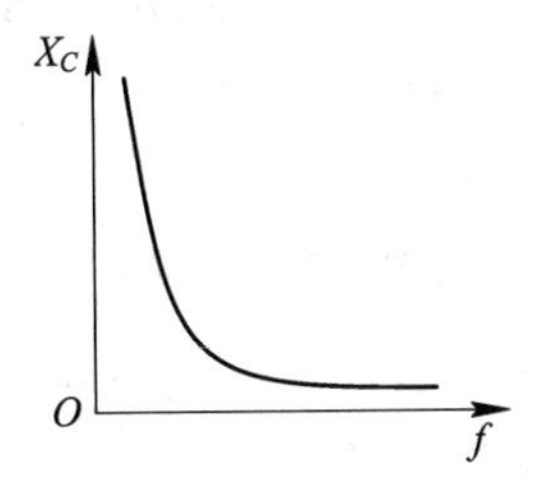

图 3-13　容抗与频率的关系

容抗的倒数称为容纳，用符号 B_C 表示，即
$$B_C = \frac{1}{X_C} = \omega C = 2\pi f C$$

(3) 相量关系：如用相量表示电压电流的关系，则为
$$\dot{U} = U e^{j0°}，\dot{I} = I e^{j90°} \tag{3-44}$$
$$\frac{\dot{U}}{\dot{I}} = \frac{U}{I} e^{-j90°} = -jX_C$$
或
$$\dot{U} = -jX_C \dot{I} = \frac{\dot{I}}{j\omega C} \tag{3-45}$$

式(3-45)即为电容元件的电压、电流关系的相量形式。它们的相量图如图 3-12(c)所示。

2. 功率与能量

(1) 瞬时功率：电容元件的瞬时功率
$$\begin{aligned} p = ui &= U_m I_m \sin\omega t \sin(\omega t + 90°) = U_m I_m \sin\omega t \cos\omega t \\ &= \frac{U_m I_m}{2} \sin 2\omega t = UI \sin 2\omega t \end{aligned} \tag{3-46}$$

可见电容元件的瞬时功率 p 也是一个以为 UI 幅值，以 2ω 的角频率随时间变化的交变量，其波形如图 3-12(d)所示。把一个周期内的瞬时功率波形划分为四段，分别表示了充电、放电，然后又反方向充电、放电的过程。在第一个 1/4 周期里，电容从电源吸收电能并转化为电场能储存起来；到下一个 1/4 周期，电容把储存的电场能转化为电能送还给电源。接着的两个 1/4 周期，在反方向上重复上述过程。这也是一种可逆的能量转换过程。

(2) 平均功率(有功功率)：电容元件在一个周期内的平均功率

$$P = \frac{1}{T}\int_0^T p\,\mathrm{d}t = \frac{1}{T}\int_0^T UI\sin 2\omega t\,\mathrm{d}t = 0 \tag{3-47}$$

说明理想电容元件中也没有能量的消耗，只有能量的互换，所以电容也是储能元件。

(3) 无功功率：电容元件与电源间能量互换的最大速率也用无功功率来衡量：

$$Q = UI = X_C I^2 = \frac{U^2}{X_C} \tag{3-48}$$

单位为乏(var)或千乏(kvar)。

3. 能量

如果 $0\sim t$ 这段时间内，电容电压从零增大到 u，则电容吸收的电能为

$$\int_0^t ui\,\mathrm{d}t = \int_0^t \left(C\frac{\mathrm{d}u}{\mathrm{d}t}u\,\mathrm{d}t\right) = \int_0^u Cu\,\mathrm{d}u = \frac{1}{2}Cu^2$$

即

$$w_C = \frac{1}{2}Cu^2 \tag{3-49}$$

这些能量全部转换为电场能量存储于电容的电场中。式(3-49)中 C 的单位是法拉(F)，u 的单位是(V)，w_C 的单位是焦耳(J)。

【例 3-7】 把一个 25 μF 的电容元件接到频率为 50 Hz，电压有效值为 10 V 的正弦电源上，问电流是多少？如保持电压值不变，而电源频率改为 5 kHz，这时电流将为多少？

解：当 $f = 50$ Hz 时

$$X_C = \frac{1}{2\pi fC} = \frac{1}{2\times 3.14\times 50\times 25\times 10^{-6}} = 127.4\ \Omega$$

$$I = \frac{U}{X_C} = \frac{10}{127.4} = 0.078\text{A} = 78\ \text{mA}$$

当 $f = 5$ kHz 时

$$X_C = \frac{1}{2\pi fC} = \frac{1}{2\times 3.14\times 5\times 10^3\times 25\times 10^{-6}} = 1.274\ \Omega$$

$$I = \frac{U}{X_C} = \frac{10}{1.274} = 7.8\ \text{A}$$

可见，在电压有效值一定时，频率越高，则通过电容元件的电流有效值越大。

【例 3-8】 有一 L、C 并联电路接于 220 V 工频电源上，已知 L=2H，C=4.3 μF，求：电感感抗，电容容抗，$\dot{I}_L$，$\dot{I}_C$，总电流 $\dot{I}$，Q_L，Q_C，总的无功功率；画出相量图。

解：(1) 电感感抗 $X_C = 2\pi fL = 2\times 3.14\times 50\times 2 = 628\ \Omega$

(2) 电容容抗 $X_C = \dfrac{1}{2\pi fC} = \dfrac{1}{2\times 3.14\times 50\times 4.3\times 10^{-6}} = 741\ \Omega$

设电压 $\dot{U} = U\angle 0^\circ = 220\angle 0^\circ$ V，则

(3) $\dot{I}L = \dfrac{\dot{U}}{\mathrm{j}X_L} = \dfrac{220\angle 0^\circ}{\mathrm{j}628} = -\mathrm{j}0.35\ \mathrm{A}$

(4) $\dot{I}_C = \dfrac{\dot{U}}{-\mathrm{j}X_C} = \dfrac{220\angle 0^\circ}{-\mathrm{j}741} = \mathrm{j}0.3\ \mathrm{A}$

(5) $\dot{I} = \dot{I}_L + \dot{I}_C = -\mathrm{j}0.35 + \mathrm{j}0.3 = -\mathrm{j}0.05\ \mathrm{A}$

(6) $Q_L = UI_L = 220 \times 0.35 = 77\ \mathrm{var}$

(7) $Q_C = UI_C = 220 \times 0.3 = 66\ \mathrm{var}$

(8) 当 L 与 C 并联时，这两种元件中的电流是反相的，即一个电流为正值时，另一个电流必然为负值。这就是说，当电感元件吸收功率时，电容元件必然是释放功率；反之亦然。因此，总无功功率应当是 Q_L 和 Q_C 两者之差，即

$$Q = Q_L - Q_C = 77 - 66 = 11\ \mathrm{var}$$

(9) 相量图见图3-14。

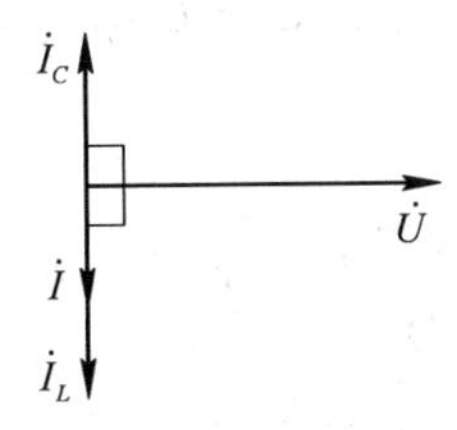

图3-14　例3-8的相量图

练习与思考

3.3.1 如何理解例3-8中总电流要比支路电流小的现象？如果 $X_C = X_L$，将会出现什么现象？如何理解这一现象？

3.3.2 试比较 R、L、C 三个元件在正弦电源激励下各自表现的特性及其关系。

3.4　*RLC* 串联交流电路

在交流电路中，电阻、电感和电容这三种元件经常串联使用，图3-15(a)是 R、L、C 串联的正弦交流电路，图3-15(b)为其相量表示形式。各电流和电压的正方向如图所示。我们应用所讲的单一参数的交流电路的知识来分析。

3.4.1　总电压与总电流的关系

设其中的电流为 $i = I_\mathrm{m}\sin(\omega t + \psi_i)$，根据KVL可列出

$$u = u_R + u_L + u_C$$

各电压相量也满足KVL，即

$$\dot{U} = \dot{U}_R + \dot{U}_L + \dot{U}_C$$

称为相量形式的基尔霍夫电压定律。

上节已经得出了单一参数正弦交流电路中电压与电流的相量关系，将它们代入上式，可得

$$\begin{aligned}\dot{U} &= R\dot{I} + \mathrm{j}X_L\dot{I} - \mathrm{j}X_C\dot{I} \\ &= [R + \mathrm{j}(X_L - X_C)]\dot{I}\end{aligned} \tag{3-50}$$

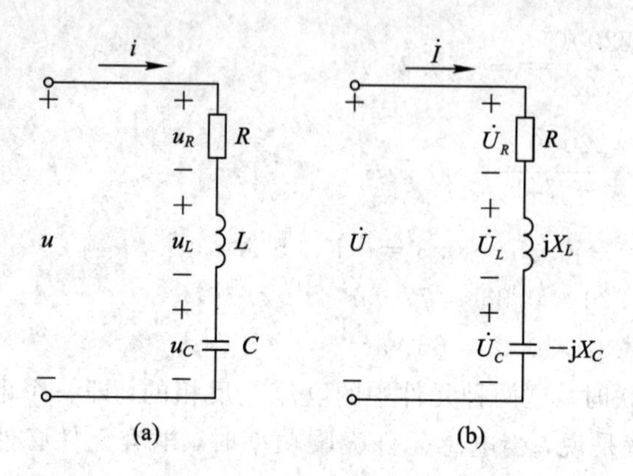

图 3-15　*RLC* 串联电路

电流的相量是 $\dot{I} = I\angle\psi_i$

设电压的初相为 ψ_u，则电压的相量是 $\dot{U} = U\angle\psi_u$。将 $\dot{I}$、$\dot{U}$ 相量代入式(3-50)，并整理得

$$\frac{\dot{U}}{\dot{I}} = \frac{U\angle\psi_u}{I\angle\psi_i} = \frac{U}{I}\angle(\psi_u - \psi_i) = R + \mathrm{j}(X_L - X_C)$$
$$= Z = z\angle\varphi \tag{3-51}$$

式中 $Z = z\angle\varphi = R + \mathrm{j}(X_L - X_C)$ 叫作 R、L、C 串联电路的复阻抗，也可简称为阻抗。其中 $z = \sqrt{R^2 + (X_L - X_C)^2}$ 是复阻抗的模，$\varphi = \arctan\dfrac{X_L - X_C}{R}$ 叫作阻抗角。令 $X = X_L - X_C$，则 X 叫作电路中的电抗，表明感抗和容抗对电流的阻碍性质。从而 $z = \sqrt{R^2 + X^2}$，$\varphi = \arctan\dfrac{X}{R}$。

阻抗虽然是复数，但它不是相量，并不代表正弦量，所以 Z 上不加点。

比较 $\dfrac{U}{I}\angle(\psi_u - \psi_i) = z\angle\varphi$ 等式左右两边可见

$$\frac{U}{I} = z,\ \psi_u - \psi_i = \varphi$$

可见，*RLC* 串联电路两端的电压和电流是同频率的正弦量，电压与电流的最大值或有效值之比等于电路的阻抗，电压与电流的相位差等于电路的阻抗角。

3.4.2　*RLC* 串联电路的性质

根据交流电路中各种参数的值和各量的关系的不同，电路性质可分为三种：电感性、电容性、电阻性。

在串联交流电路中，当 $R \neq 0$ 时，若 $X_L > X_C$，则 $U_L > U_C$，$\varphi > 0$，电路中的电流滞后于电路的总电压。在这种电路中电感参数起主要作用，称之为电感性电路。

当 $X_L < X_C$ 时，$U_L < U_C$，$\varphi < 0$，电路中的电流将超前于电路的总电压，整个电路呈现电容性质，即电容参数起主要作用，称之为电容性电路。

当 $X_L = X_C$ 时，$U_L = U_C$，$\varphi = 0$，电路中的电流将与总电压同相。这种电路中感抗与容抗的作用相平衡，整个电路呈现纯电阻性质，称之为电阻性电路。电路中出现的这个现象称为串联谐振现象，后面章节专门讨论。

3.4.3　电压三角形和阻抗三角形

如前所述，在相量法分析中，我们经常以相量图为辅助，利用各相量间的几何关系，可得出电压三角形和阻抗三角形。

RLC 串联电路中电压与电流的关系，还可以通过图 3-16 所示的相量图来表示。考虑到串联电路中各元件通过同一电流，故选电流 $\dot{I}$ 为参考相量。从相量图可以看出，电压 $\dot{U}$、$\dot{U}_R$ 和（$\dot{U}_L + \dot{U}_C$）三者构成了直角三角形，称为电压三角形。

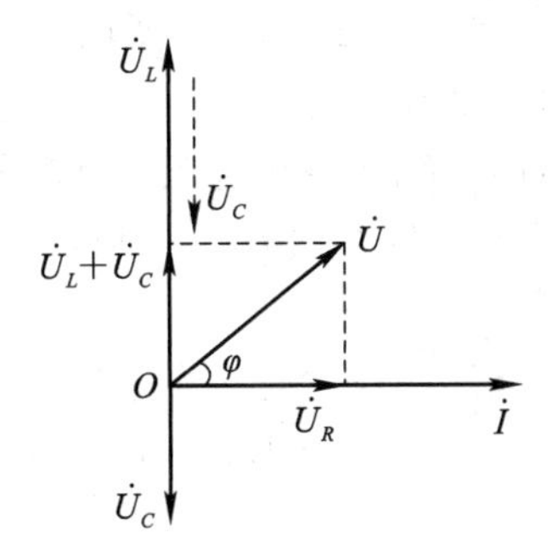

图 3-16　电流与电压的相量图

利用这个电压三角形可求得总电压的有效值，即

$$U = \sqrt{U_R^2 + (U_L - U_C)^2} = \sqrt{(RI)^2 + (X_L I - X_C I)^2}$$
$$= \sqrt{(R)^2 + (X_L - X_C)^2}\, I = |Z| I$$

因为电阻电压与电流同相，所以相量图上总电压相量 $\dot{U}$ 与电阻上电压相量 $\dot{U}_R$ 的夹角 φ 就是总电压与电流的相位差。

由于 R、L、C 串联后，组成的阻抗模 $|Z|$、电阻 R、电抗 X 三者之间符合直角三角形的关系，由此构成的三角形称为阻抗三角形。

可知 Z 是一个复数，其实部为电阻，虚部为电抗。它集中地反映了电路中的三种参数对电流的阻碍作用。要注意它是阻抗的复数形式，不是时间的函数，不是正弦量，也不是相量，与电压、电流的相量形式性质不同，只是复数计算量，用大写字母表示时，上方不打点，画图表示时不带箭头。

电压三角形和阻抗三角形都是直角三角形，且有一个锐角相等，所以它们是相似三角形。但要注意的是：电压三角形的三条边都是相量，所以是相量三角形；而阻抗三角形的三条边都不是相量，所示是非相量三角形。

3.4.4　功率和功率三角形

1）瞬时功率

设电流为参考正弦量，即

$$i = I_m \sin\omega t$$

则

$$\begin{aligned} p &= ui = p_R + p_L + p_C \\ &= u_R i + u_L i + u_C i \\ &= I_m \sin\omega t \cdot U_{Rm}\sin\omega t + I_m \sin\omega t \cdot U_{Lm}\cos\omega t - I_m \sin\omega t \cdot U_{Cm}\cos\omega t \\ &= U_R I(1-\cos 2\omega t) + I_m \sin\omega t(U_{Lm} - U_{Cm})\cos\omega t \\ &= U_R I(1-\cos 2\omega t) + U_{Xm} I_m \cdot \sin\omega t\cos\omega t \\ &= U_R I(1-\cos 2\omega t) + U_X I_X \sin 2\omega t \end{aligned} \tag{3-52}$$

2）平均功率

$$P = \frac{1}{T}\int_0^T p\mathrm{d}t = U_R I = RI^2 = UI\cos\varphi \tag{3-53}$$

式(3-53)比电阻电路平均功率公式(3-25)多了一个因数 $\cos\varphi$，称 $\cos\varphi$ 为功率因数，φ 称为功率因数角。一般地限定 $-90° \leqslant \varphi \leqslant 90°$，所以 $0 \leqslant \cos\varphi \leqslant 1$。式(3-53)说明，整个电路的有功功率就是电路中电阻消耗的功率，它等于总电流有效值 I 乘以总电压有效值与功率因数之积 $U\cos\varphi$，所以 $U\cos\varphi(U_R)$ 叫作电压的有功分量。也可以认为有功功率等于总电压有效值 U 乘以总电流与功率因数之积 $I\cos\varphi$，所以 $I\cos\varphi$ 又叫电流的有功分量。

3）无功功率

电路的无功功率表示电源与储能元件之间交换能量的最大速率。从电压三角形可得出

$$U\cos\varphi = U_R = RI$$

因此有功功率又可表示为

$$P = U_R I = RI^2 = \frac{U_R^2}{R}$$

最后得出无功功率

$$Q = U_L I - U_C I = (U_L - U_C)I = UI\sin\varphi \tag{3-54}$$

式中 $I\sin\varphi$ 叫作电流的无功分量。当 $\varphi > 0$ 时，$Q > 0$，即当电路为感性时无功功率为正；当 $\varphi < 0$ 时，$\varphi < 0$，即当电路为容性时无功功率为负。

4）视在功率

在交流电路中把电流、电压有效值的乘积定义为视在功率，用大写字母 S 表示，即

$$S = UI \tag{3-55}$$

视在功率是在同样的电压和电流值下，电源可能提供的或负载可能取得的最大有功功率，但不是实际消耗的有功功率。为了与有功功率、无功功率相区别，视在功率用伏安(VA)和千伏安(kVA)作单位。

一般的交流电源设备，如交流发电机，变压器等，都是按照安全运行规定的电压和电流设计的，我们把它们的乘积称为额定视在功率，即

$$S_N = U_N I_N \tag{3-56}$$

用它来表示电源设备可以提供的最大有功功率。一般也称为额定容量，简称容量。电源设备铭牌上的功率，统一规定用视在功率标定。

以上我们讨论功率时，没有涉及具体电路，所以得出的有关各计算公式具有普遍意义。即对具有不同参数的、不同连接方式的交流电路都适用。

5）功率三角形

电压(有效值)三角形每边均乘以电流有效值 I，便成为功率三角形。要注意，功率不是

相量，各功率的符号上不加点，画图表示时也不画箭头。如图 3－17 所示。

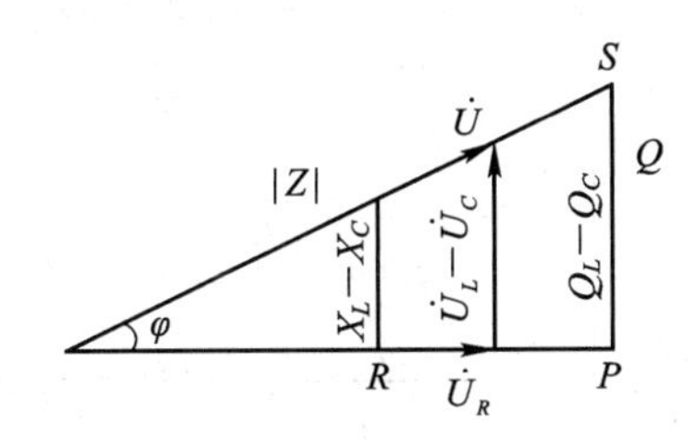

图 3－17　电压、阻抗、功率三角形

由功率三角形可知有功功率 p、无功功率 Q 和视在功率 S 三者在数量上有

$$P = S\cos\varphi \tag{3-57}$$

$$Q = S\sin\varphi \tag{3-58}$$

$$S = \sqrt{P^2 + Q^2} \tag{3-59}$$

说明：φ 角既可看作是相位差角，也可看作是阻抗角和功率因数角。所以电压三角形、阻抗三角形、功率三角形都是相似的。

这三个三角形，用几何图形直观而形象地描绘各阻抗、电压及功率之间的关系，有助于理解和记忆，集中画于图 3－17 中，是分析和计算串联交流电路简便而有效的辅助工具。

综上所述，把串联交流电路中电压和电流关系列于表 3－2 中。

表 3－2　正弦交流电路中电压与电流的关系

电路	一般关系式	相位关系	大小关系	复数式
R	$u=Ri$	$\dot{U}$　$\dot{I}$　$\varphi=0$	$I=\dfrac{U}{R}$	$\dot{I}=\dfrac{\dot{U}}{R}$
L	$u=L\dfrac{\mathrm{d}i}{\mathrm{d}t}$	$\dot{U}$　$\dot{I}$　$\varphi=+90°$	$I=\dfrac{U}{X_L}$	$\dot{I}=\dfrac{\dot{U}}{\mathrm{j}X_L}$
C	$u=\dfrac{1}{C}\int i\mathrm{d}t$	$\dot{I}$　$\dot{U}$　$\varphi=-90°$	$I=\dfrac{U}{X_C}$	$\dot{I}=\dfrac{\dot{U}}{-\mathrm{j}X_C}$
R，L 串联	$u=Ri+L\dfrac{\mathrm{d}i}{\mathrm{d}t}$	$\dot{U}$　φ　$\dot{I}$　$\varphi>0$	$I=\dfrac{U}{\sqrt{R^2+X_L^2}}$	$\dot{I}=\dfrac{\dot{U}}{R+\mathrm{j}X_L}$
R，C 串联	$u=Ri+\dfrac{1}{C}\int i\mathrm{d}t$	φ　$\dot{I}$　$\dot{U}$　$\varphi<0$	$I=\dfrac{U}{\sqrt{R^2+X_C^2}}$	$\dot{I}=\dfrac{\dot{U}}{R-\mathrm{j}X_C^2}$

续表

电路	一般关系式	相位关系	大小关系	复数式
R，L，C 串联	$u=Ri+L\dfrac{\mathrm{d}i}{\mathrm{d}t}+\dfrac{1}{C}\int i\mathrm{d}t$	$\dot{U}$, φ, $\dot{I}$：$\varphi>0$；$\dot{U}$, $\dot{I}$：$\varphi=0$；$\dot{I}$, φ, $\dot{U}$：$\varphi<2$	$I=\dfrac{U}{\sqrt{R^2+(X_L-X_C)^2}}$	$\dot{I}=\dfrac{\dot{U}}{R+\mathrm{j}(X_L-X_C)}$

【例 3-9】 在电阻、电感、电容元件相串联的电路中，已知 $R=30\ \Omega$，$L=127\ \mathrm{mH}$，$C=40\ \mu\mathrm{F}$，电源电压 $u=220\sqrt{2}\sin(314t+20^\circ)$。(1) 求阻抗和阻抗模；(2) 求电流相量、有效值与瞬时值的表示式；(3) 求各部分电压相量；(4) 作相量图；(5) 求功率 P 和 Q。

解：(1) $X_L=\omega L=314\times127\times10^{-3}=40\ \Omega$

$$X_C=\frac{1}{\omega C}=\frac{1}{314\times40\times10^{-6}}=80\ \Omega$$

$$Z=R+\mathrm{j}(X_L-X_C)=30-\mathrm{j}50=50\angle-53^\circ\ \Omega$$

(2) $$\dot{I}=\frac{\dot{U}}{Z}=\frac{220\angle20^\circ}{50\angle-53^\circ}=4.4\angle73^\circ\ \mathrm{A}$$

$I=4.4\ \mathrm{A}$

$i=4.4\sqrt{2}\sin(314t+73^\circ)\ \mathrm{A}$

(3) $\dot{U}_R=R\dot{I}=30\times4.4\angle73^\circ=132\angle73^\circ\ \mathrm{V}$

$\dot{U}_L=\mathrm{j}X_L\dot{I}=\mathrm{j}40\times4.4\times\angle73^\circ=176\angle163^\circ\ \mathrm{V}$

$\dot{U}_C=-\mathrm{j}X_C\dot{I}=-\mathrm{j}80\times4.4\times\angle73^\circ=352\angle-17^\circ\ \mathrm{V}$

注意：$\dot{U}=\dot{U}_R+\dot{U}_L+\dot{U}_C$，但是 $U\neq U_R+U_L+U_C$。

(4) 相量图如图 3-18 所示。

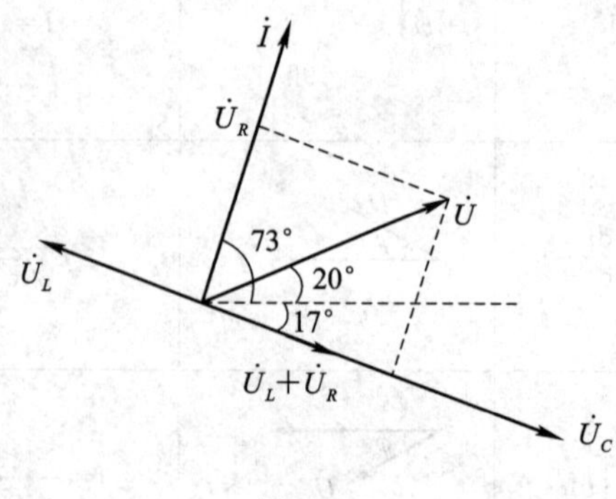

图 3-18

(5) $P=UI\cos\varphi=220\times4.4\times\cos(-53^\circ)=220\times4.4\times0.6=580.8\ \mathrm{W}$

$$Q = UI\sin\varphi = 220 \times 4.4 \times \sin(-53^\circ)$$
$$= 220 \times 44 \times (-0.8) = -774.4 \text{ var(容性)}$$

练习与思考

3.4.1 对于 R、C 串联电路，欲使电容电压 $\dot{U}_C$ 滞后总电压 $\dot{U}$ 60°，应满足什么条件？

3.4.2 求图 3-19 电路中电压表的读数，已知 $U_1 = 60$ V，$U = 100$ V，求 U_2。

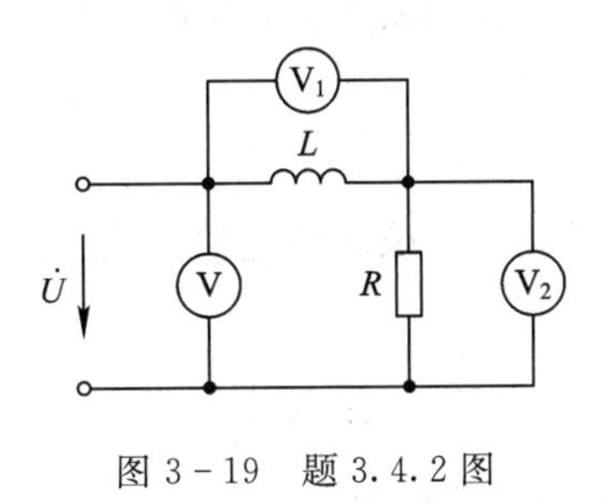

图 3-19　题 3.4.2 图

3.5　*RLC* 并联交流电路

在供电线路上，许多额定电压相同的负载都是并联使用的。电感性负载与电容并联，还可以提高整个电路的功率因数。

3.5.1　总电流与总电压的关系

图 3-20(a)和图 3-20(b)分别为 R、L、C 并联电路的时域模型和相量模型。设 $u = U_m\sin(\omega t + \psi_u)$，$i = I_m\sin(\omega t + \psi_i)$ 电路参数分别用电导 $G=\dfrac{1}{R}$、感纳 $B_L=\dfrac{1}{\omega L}$、容纳 $B_C=\omega C$ 表示。

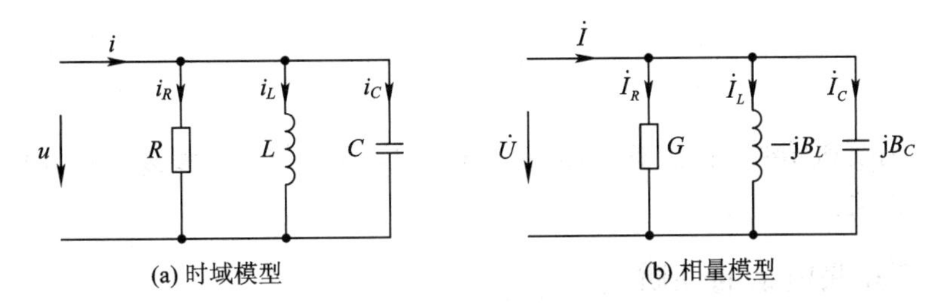

图 3-20　R、L、C 并联交流电路

根据 KCL 可列出

$$i = i_R + i_L + i_C$$

各电流相量也满足 KCL，即

$$\dot{I} = \dot{I}_R + \dot{I}_L + \dot{I}_C$$

相量形式的基尔霍夫电流定律。

$$\dot{I} = \dot{I}_R + \dot{I}_L + \dot{I}_C = G\dot{U} - jB_L\dot{U} + jB_C\dot{U}$$
$$= [G - j(B_L - B_C)]\dot{U} = Y\dot{U} \tag{3-60}$$

设电路的总电压相量是 $\dot{U}=U\angle\psi_u$，总电流相量是 $\dot{I}=I\angle\psi_i$，将 $\dot{U}$、$\dot{I}$ 相量代入式(3-60)，整理得

$$Y=\frac{\dot{I}}{\dot{U}}=\frac{I\angle\psi_i}{U\angle\psi_u}=\frac{I}{U}\angle(\psi_i-\psi_u)=G-\mathrm{j}(B_L-B_C)=G-\mathrm{j}B \tag{3-61}$$

电流相量与电压相量之比，定义为复导纳，也可简称为导纳，即

$$Y=\frac{\dot{I}}{\dot{U}} \tag{3-62}$$

复导纳的单位是西门子，对同一正弦电流电路而言，由阻抗和导纳的定义式可知，它们互为倒数。即

$$Y=\frac{1}{Z}\text{或}Z=\frac{1}{Y} \tag{3-63}$$

由式(3-61)可知，其中 G 为复导纳的实部，B 为复导纳的虚部，它等于感纳和容纳之差，称为电纳，即 $B=B_L-B_C$。

复导纳的极坐标式为

$$Y=\frac{I}{U}\angle(\psi_i-\psi_u)=\frac{I}{U}\angle-(\psi_u-\psi_i)=y\angle-\varphi \tag{3-64}$$

式中的 y 是复导纳的模，简称导纳模，它等于电流与电压有效值(或振幅)之比，$(-\varphi)$是复导纳的辐角，简称导纳角，它等于总电流与总电压的相位差角，即

$$(-\varphi)=\psi_i-\psi_u$$

而 φ 就是同一电路的阻抗角，因此对同一电路来说，导纳角与阻抗角大小相等而符号相反。由式(3-61)、(3-64)可知

$$y=\sqrt{G^2+B^2}=\sqrt{G^2+(B_L-B_C)^2}=\sqrt{G^2+\left(\frac{1}{\omega L}-\omega C\right)^2} \tag{3-65}$$

$$\varphi=\arctan\frac{B}{G}=\arctan\frac{\frac{1}{\omega L}-\omega C}{G} \tag{3-66}$$

可见，导纳模和导纳角同阻抗模和阻抗角一样，都只与元件参数、电源频率有关，而与电流、电压无关。

3.5.2 *RLC* 并联电路的性质

RLC 并联电路的性质，也可用有量图来表示。由于并联电路各支路电压相同，所以一般选电压相量为参考相量。并联电路的性质取决于容纳和感纳的大小，也有三种情况，如图 3-21 所示。

当 $B_L>B_C$ 时，$B=B_L-B_C>0$，感纳的作用大于容纳的作用，电路呈感性，所以总电流滞后于电压 $(\varphi>0)$ 如图 3-21(a)所示。

当 $B_L=B_C$ 时，$B=B_L-B_C=0$，总电流超前于电压($\varphi<0$)，电路呈容性，如图3-21(b)所示。

当 $B_L=B_C$ 时，$B=B_L-B_C=0$，总电流与电压同相($\varphi=0$)，电路呈阻性，如图3-21(c)所示。是 *RLC* 并联电路的一种特殊情况，称为并联谐振，将在以后详述。

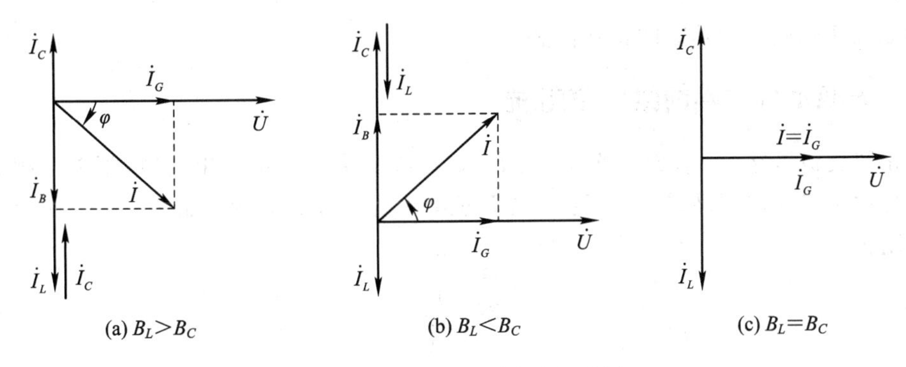

图 3-21　*RLC* 并联电路相量图

在 $B_L \neq B_C$ 的情况下，I_G、I_B、I_L 构成了一个直角三角形，称为电流三角形，由电流三角形可得

$$\varphi = \arctan \frac{I_B}{I_G} = \arctan \frac{I_L - I_C}{I_G} \tag{3-62}$$

将电流三角形各边同除以电压 U，即可得到与电流三角形相似的导纳三角形。

【例 3-10】 在图 3-22 所示的并联电路中，已知

$G = 1\ \text{S}$，$L = 2\ \text{H}$，$C = 0.5\ \text{F}$，$i_S = 3\sqrt{2}\sin 2t\text{A}$，求 u 并判断 u 与 i_S 的相位关系。

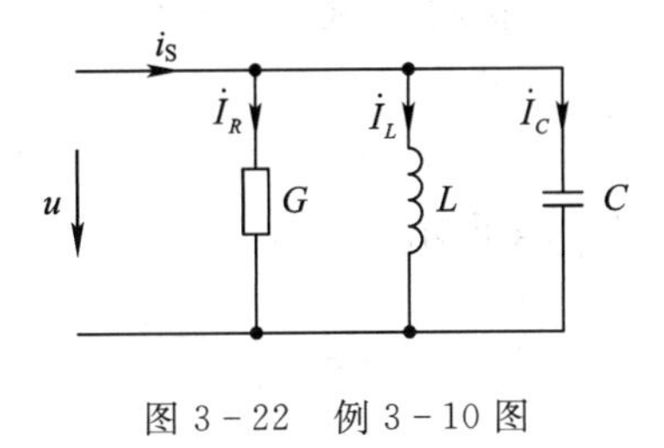

图 3-22　例 3-10 图

解：电路的导纳为

$$Y = G - \text{j}(B_L - B_C) = 1 - \text{j}\left(\frac{1}{2 \times 2} - 2 \times 0.5\right) = 1 + \text{j}0.75 = 1.25\angle 36.87^\circ\ \text{S}$$

总电压相量为

$$\dot{U} = \frac{\dot{I}_S}{Y} = \frac{3\angle 0^\circ}{1.25\angle 36.87^\circ} = 2.4\angle -36.87^\circ\ \text{V}$$

正弦电压为

$$u = 2.4\sqrt{2}\sin(2t - 36.87^\circ)\ \text{V}$$

可见，u 滞后 i_S 36.87°，该电路呈容性。

练习与思考

电路如图 3-22 所示，若用电流表分别测出电阻、电感、电容的电流大小为 3 A、8 A、4 A，方向如图已标出，求总电流的大小。

3.6　复阻抗的串联与并联

本节首先给出复阻抗的概念，然后介绍复阻抗的串、并联等效复阻抗的计算方法，最

后说明无源两端网络的功率的计算问题。

3.6.1 无源单口二端网络的复阻抗

在正弦交流电路中，任意一个由 R、L、C 构成的无源二端网络，其两端电压相量与电流相量之比定义为二端网络的复阻抗，复阻抗有大写字母 Z 表示。如图 3－23 所示二端网络的复阻抗为

$$Z=\frac{\dot{U}}{\dot{I}} \tag{3-68}$$

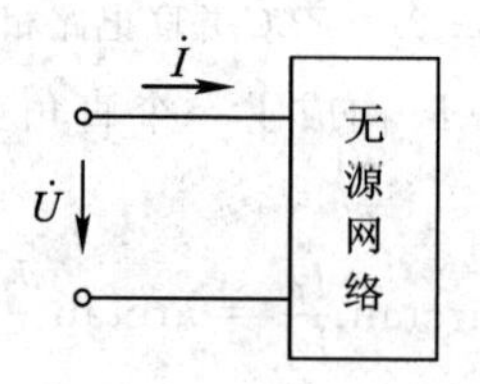

图 3－23 无源二端网络

根据这个定义，电阻的复阻抗为 R，电感的复阻抗为 $j\omega L$，电容的复阻抗为 $-j\frac{1}{\omega C}$，RLC 串联电路的复阻抗为 $Z=R+j(X_L-X_C)$。

3.6.2 复阻抗的串联

两个阻抗串联的电路如图 3－24 所示。

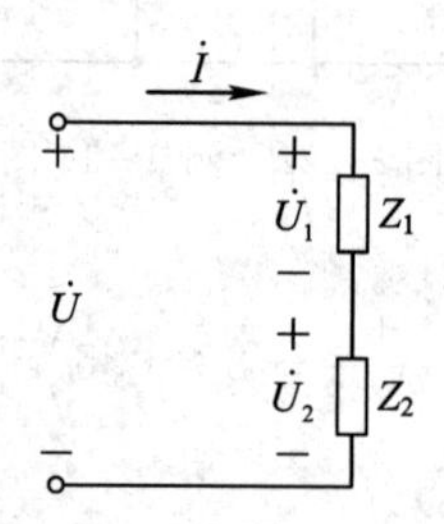

图 3－24 阻抗串联

根据 KVL 可列出电压方程的相量式

$$\dot{U}=\dot{U}_1+\dot{U}_2=Z_1\dot{I}+Z_2\dot{I}=(Z_1+Z_2)\dot{I}=Z\dot{I}$$

串联电路的等效阻抗：

$$Z=Z_1+Z_2 \tag{3-69}$$

注意上式中各项必须是阻抗，不能用阻抗模代替，即

$$|Z|\neq|Z_1|+|Z_2|$$

由此可见：几个复阻抗串联的等效复阻抗等于这几个复阻抗的和。

在图 3－24 所示电路中，若已知 $\dot{U}$、Z_1、Z_2，则

$$\dot{U}_1=\dot{I}Z_1=\frac{\dot{U}}{Z}\cdot Z_1=\dot{U}\cdot\frac{Z_1}{Z_1+Z_2} \tag{3-70}$$

同理

$$\dot{U}2=\dot{U}\cdot\frac{Z_2}{Z_1+Z_2} \tag{3-71}$$

这就是两个复阻抗串联电路的分压公式。由此可得到多个复阻抗的串联分压关系

$$\dot{U}_k = \dot{U} \cdot \frac{Z_k}{Z_1 + Z_2 + \cdots + Z_k} \tag{3-72}$$

式中 Z_k 表示第 k 个复阻抗，$\dot{U}_k$ 表示第 k 个复阻抗上的电压相量。这种分压关系与直流电路中电阻串联的分压关系类似。

【例 3-11】 已知 $Z_1=(10+\mathrm{j}10)\ \Omega$，$Z_2=(20+\mathrm{j}50)\ \Omega$，$Z_3=(10-\mathrm{j}30)\ \Omega$，求三者串联的等效复阻抗。

解：$Z = Z_1 + Z_2 + Z_3 = (10+\mathrm{j}10+20+\mathrm{j}50+10-\mathrm{j}30)$

$= (40+\mathrm{j}30) = 50\angle 36.9^\circ\ \Omega$

3.6.3 复阻抗的并联

两个阻抗并联的电路如图 3-25 所示。

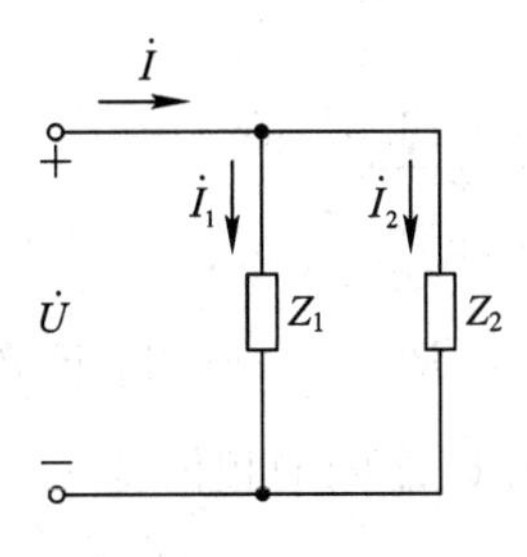

图 3-25　阻抗并联

根据 KCL 可列出电流方程的相量式

$$\dot{I} = \dot{I}_1 + \dot{I}_2 = \frac{\dot{U}}{Z_1} + \frac{\dot{U}}{Z_2} = \left(\frac{1}{Z_1} + \frac{1}{Z_2}\right)\dot{U} = \frac{\dot{U}}{Z}$$

$$\frac{1}{Z} = \frac{1}{Z_1} + \frac{1}{Z_2} \tag{3-73}$$

可得并联电路的等效阻抗：

$$Z = \frac{Z_1 \cdot Z_2}{Z_1 + Z_2} \tag{3-74}$$

注意上式中不能用阻抗模代替，即 $\frac{1}{|Z|} \neq \frac{1}{|Z_1|} + \frac{1}{|Z_2|}$

由此得知：n 个复阻抗并联的等效复阻抗的倒数等于并联的各个复阻抗的倒数的和，即

$$\frac{1}{Z} = \frac{1}{Z_1} + \frac{1}{Z_2} + \cdots + \frac{1}{Z_n} \tag{3-75}$$

在图 3-25 所示电路中，若已知 $\dot{I}$、Z_1、Z_2，则

$$\dot{I}_1 = \frac{\dot{U}}{Z_1} = \frac{\dot{I}}{Z_1} \cdot Z = \frac{\dot{I}\,\frac{Z_1 Z_2}{Z_1 + Z_2}}{Z_1} = \dot{I}\,\frac{Z_2}{Z_1 + Z_2} \tag{3-76}$$

同理

$$\dot{I}_2 = \dot{I}\,\frac{Z_1}{Z_1 + Z_2} \tag{3-77}$$

这就是两个复阻抗并联的分流公式。

【例 3-12】 在图 3-25 所示电路中，$Z_1=3+j4\ \Omega$，$Z_2=8-j6\ \Omega$，它们并联在 $\dot{U}=220\angle 0^\circ$ V 的电源上。求总阻抗和各电流相量，并作相量图。

解：$Z_1=3+j4=5\angle 53^\circ\ \Omega$，$Z_2=8-j6=10\angle -37^\circ\ \Omega$

$$Z=\frac{Z_1Z_2}{Z_1+Z_2}=\frac{5\angle 53^\circ\times 10\angle -37^\circ}{3+j4+8-j6}=\frac{50\angle 16^\circ}{11-j2}=\frac{50\angle 16^\circ}{11.8\angle -10.5^\circ}$$

$$=4.47\angle 26.5^\circ\ \Omega$$

$$\dot{I}_1=\frac{\dot{U}}{Z_1}=\frac{220\angle 0^\circ}{5\angle 53^\circ}=44\angle -53^\circ\ \text{A}$$

$$\dot{I}_2=\frac{\dot{U}}{Z_2}=\frac{220\angle 0^\circ}{10\angle -37^\circ}=22\angle 37^\circ\ \text{A}$$

$$\dot{I}=\frac{\dot{U}}{Z}=\frac{220\angle 0^\circ}{4.47\angle 26.5^\circ}=49\angle -26.5^\circ\ \text{A}$$

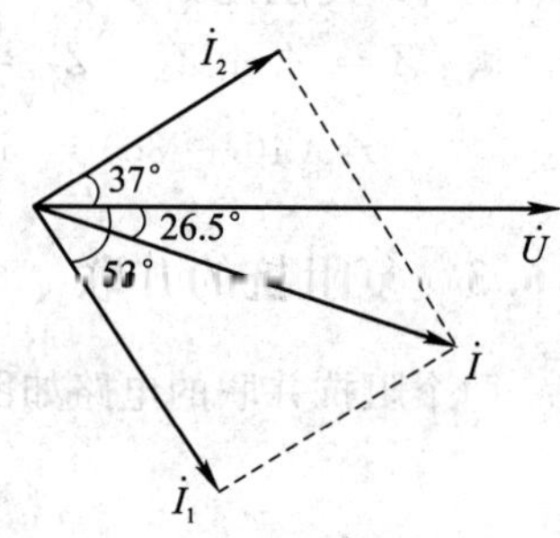

图 3-26　例 3-12 图

此题也可应用分流公式。

【例 3-13】 如图 3-27 所示为 RC 混联电路，已知 $R=X_C=10\ \Omega$，正弦电源电压 $U=9$ V，试求电压 U_2，以及 $\dot{U}_2$ 与 $\dot{U}$ 之间的相位差 φ。

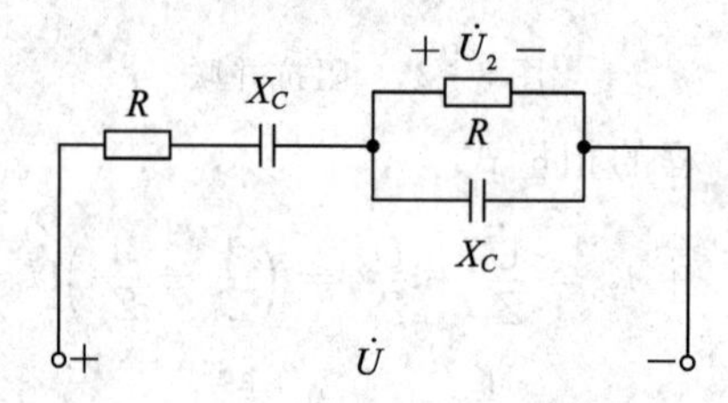

图 3-27　例 3-13 图

解：设 $\dot{U}=9\angle 0^\circ$ V

RC 串联部分的等效阻抗：$Z_1=R-jX_C=10-j10\ \Omega$。

RC 并联部分的等效阻抗：

$$Z_2=R//(-jX_C)=\frac{10\cdot(-j10)}{10-j10}=\frac{-j10}{1-j}$$

$$=\frac{-j10(1+j)}{(1-j)(1+j)}=\frac{10-j10}{2}=5-j5\ \Omega$$

由分压公式

$$\dot{U}_2=\dot{U}\cdot\frac{Z_2}{Z_1+Z_2}=\frac{5-5j}{10-10j+5-5j}\times 9\angle 0^\circ=3\angle 0^\circ\ \text{V}$$

所以 $U_2=3$ V，也就是 $\dot{U}_2$ 与 $\dot{U}$ 的相位差 $\varphi=0^\circ$（同相）。

3.6.4　无源二端网络功率的计算方法

如果一个二端网络由 n 个复阻抗连接而成，那么无论连接方式如何，计算功率时都可采用两种方法：

(1) 先求出各复阻抗的有功功率 P_k 和无功功率 Q_k，应用下列公式计算电路的总有功功率 P，总无功功率 Q 和总视在功率 S：

$$P = P_1 + P_2 + \cdots + P_n = \sum_{k=1}^{n} P_k \tag{3-78}$$

$$Q = Q_1 + Q_2 + \cdots + Q_n = \sum_{k=1}^{n} Q_k \tag{3-79}$$

$$S = \sqrt{P^2 + Q^2} \tag{3-80}$$

(2) 先求出无源两端网络的复阻抗 $Z = z\underline{/\varphi}$，它是由若干复阻抗串并联的等效复阻抗，然后确定两端的电压和电流，在按下式计算功率

$$P = UI\cos\varphi \tag{3-81}$$

$$Q = UI\sin\varphi \tag{3-82}$$

$$S = UI \tag{3-83}$$

这两种方法适用于已知组成网络的各元件参数(各复阻抗)和网络两端电压(电流)或者已知网络两端的电压和电流，要求功率的情况。

练习与思考

3.6.1 对于三个阻抗串联的电路，在什么情况下可以直接应用有效值 $U = U_1 + U_2 + U_3$ 进行计算？

3.6.2 对于三个阻抗并联的电路，在什么情况下可以直接应用有效值 $I = I_1 + I_2 + I_3$ 进行计算？

3.7　复杂正弦交流电路的分析与计算

在前面几节中，我们讨论了用相量表示法对由 R、L、C 元件组成的串、并联交流电路的分析与计算。在此基础上，进一步研究复杂交流电路的计算。

和第二章计算复杂直流电路一样，复杂交流电路也要应用支路电流法、节点电压法、叠加原理和戴维南定理等方法来分析与计算。所不同的是，电压和电流用相量表示，电阻、电感和电容及其组成的电路应以复阻抗或复导纳来表示。下面举例说明。

【例 3-14】 在图 3-28 所示的电路中，已知 $\dot{U}_S = 10\underline{/0°}$ V，$\dot{I}_S = 5\underline{/90°}$ A，$Z_1 = 3\underline{/90°}$ Ω，$Z_2 = 2\underline{/90°}$ Ω，$Z_3 = 2\underline{/-90°}$ Ω，$Z_4 = 1$ Ω。试用戴维南定理求 AB 支路中的电流 $\dot{I}_2$。

解：(1) 将 AB 支路断开，如图 3-28(b)所示，求开路电压 $\dot{U}_{OC}$，

$$\dot{U}_A = \frac{Z_3}{Z_1 + Z_3}\dot{U}_S = \frac{-j2}{j3 - j2} \times 10\underline{/0°} = -20\underline{/0°}\ \text{V}$$

$$\dot{U}_B = Z_4 \cdot \dot{I}_S = 1 \times 5\underline{/90°} = 5\underline{/90°}\ \text{V}$$

所以

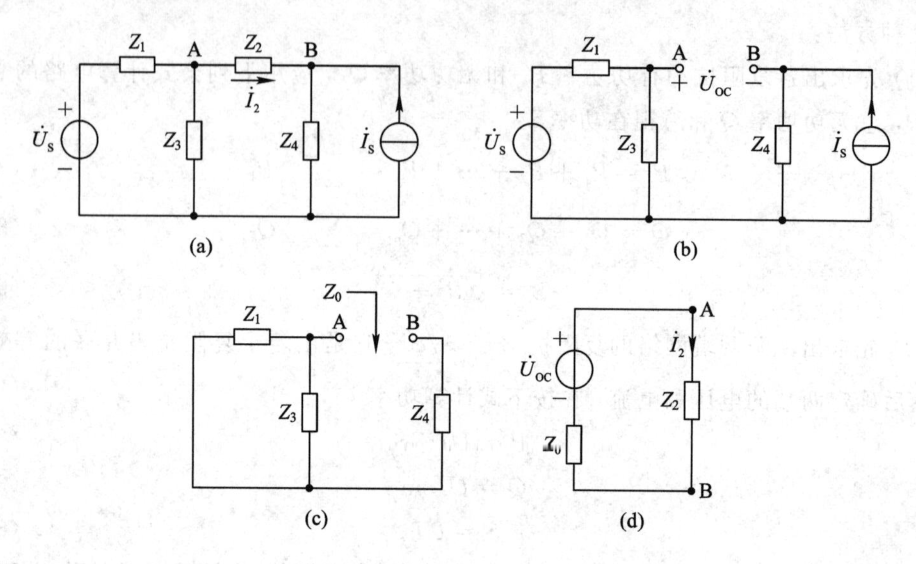

图 3-28 例 3-14 图

$$\dot{U}_{OC}=\dot{U}_{A}-\dot{U}_{B}=-20\angle 0^{\circ}-5\angle 90^{\circ}=20.6\angle -166^{\circ}\ \text{V}$$

(2) 将电流源开路，电压源短路，如图 3-28(c)，求 AB 端看进去的等效输入阻抗即

$$Z_0=Z_4+\frac{Z_1\cdot Z_3}{Z_1+Z_3}=1+\frac{\text{j}3(-\text{j}2)}{\text{j}3-\text{j}2}=1-\text{j}6\ \Omega$$

(3) 画出等效电路图 3-28(d)，则

$$\dot{I}_2=\frac{\dot{U}_{OC}}{Z_0+Z_2}=\frac{20.6\angle -166^{\circ}}{1-\text{j}6+\text{j}2}=\frac{20.6\angle -166^{\circ}}{4.12\angle -76^{\circ}}=5\angle -90^{\circ}\ \text{A}$$

应用相量法后，虽然正弦电流电路的计算公式在形式上与直流电阻电路的相同，但应注意到前者的计算是复数运算，它所具有的特点是后者所没有的。这反映了正弦电流电路中所发生的过程同直流电阻电路中的有所不同。

练习与思考

电路基本定律(欧姆定律、基尔霍夫第一定律和第二定律)的相量形式什么？

3.8 交流电路的频率特性

在交流电路中，引入了感抗、容抗和阻抗的概念，并知道他们都与频率有关，因此如果电路中含有电容元件和电感元件，即使激励信号源的幅值不变，当频率发生变化时，电路各处的电压和电流也会发生变化。这种响应与频率的关系称为电路的频率特性。在电力系统中，频率一般是固定的，但在电子技术和控制系统中，经常要研究在不同频率下电路的工作情况。

本章前面几节所讨论的电压和电流都是时间的函数，在时间领域内对电路进行分析，所以常称为时域分析。本节是在频率领域内对电路进行分析，就称为频域分析。

本节讨论 RC 电路的频率特性和电路中的谐振。

3.8.1 *RC* 串联电路的频率特性

1. 低通滤波电路

如图 3-29 所示，$\dot{U}_1$ 为输入电压，$\dot{U}_2$ 为输出电压，用分压公式可知

$$\dot{U}_2 = \frac{\frac{1}{\mathrm{j}\omega C}}{R+\frac{1}{\mathrm{j}\omega C}}\dot{U}_1 = \frac{\dot{U}_1}{1+\mathrm{j}\omega RC}$$

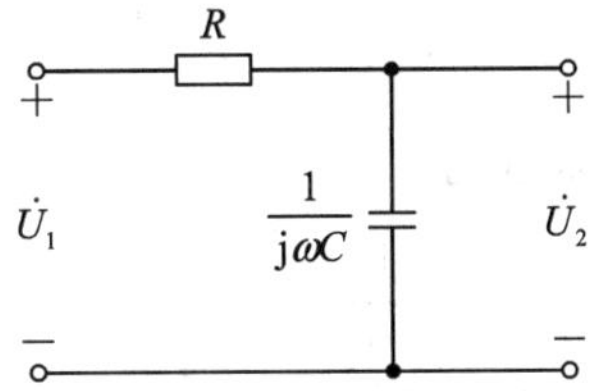

图 3-29　*RC* 低通滤波电路

电路的输出电压与输入电压之比称为电路的传递函数，它是一个复数，用 $H(\mathrm{j}\omega)$ 表示。即

$$H(\mathrm{j}\omega) = \frac{\dot{U}_2}{\dot{U}_1} = \frac{1}{1+\mathrm{j}\omega RC} = \frac{1}{\sqrt{1+(\omega RC)^2}}\angle -\arctan(\omega RC)$$

$$= A(\omega)\angle\varphi(\omega) \tag{3-84}$$

式中

$$A(\omega) = \frac{U_2}{U_1} = \frac{1}{\sqrt{1+(\omega RC)^2}} \tag{3-85}$$

$$\varphi(\omega) = -\arctan(\omega RC) \tag{3-86}$$

$A(\omega)$是传递函数 $H(\mathrm{j}\omega)$ 的模。它就是输出电压与输入电压的幅值比，是角频率 ω 的函数。表示 $A(\omega)$随 ω 变化的特性称为幅频特性。

$\varphi(\omega)$是 $H(\mathrm{j}\omega)$ 的幅角。它就是输出电压与输入电压的相位差，也是角频率 ω 的函数。表示 $\varphi(\omega)$ 随 ω 变化的特性称为相频特性。两者统称为频率特性。它们的曲线如图 3-30 所示。

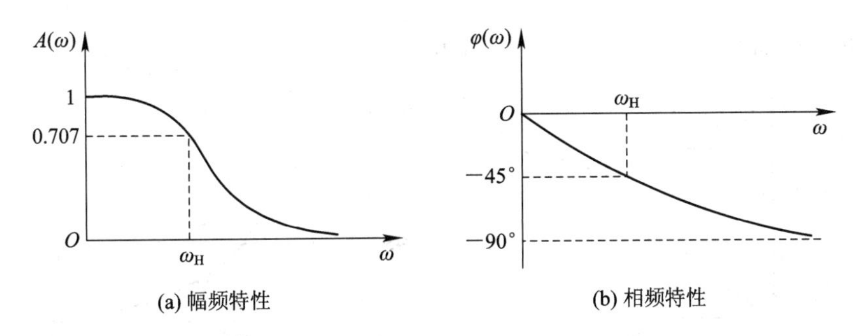

(a) 幅频特性　　(b) 相频特性

图 3-30　频率特性

由幅频特性可知，角频率愈低，$A(\omega)$的值愈大。当 $\omega=0$ 时，$A(\omega)=1$；而 ω 增加时，$A(\omega)$则减小，$\omega\to\infty$，$A(\omega)\to 0$。单调连续下降。低频信号容易通过，高频信号将受到抑制这种电路叫作低通滤波电路。当 $A(\omega)$下降到其最大值的 0.707 时，工程实际中通常将这

一角频率定义为高端截止角频率，常用 ω_{H} 表示。频率范围 $0<\omega\leqslant\omega_H$，称为通频带。

$$\omega_{\mathrm{H}}=\frac{1}{RC} \tag{3-87}$$

对应的高端截止频率为

$$f_{\mathrm{H}}=\frac{1}{2\pi RC} \tag{3-88}$$

由相频特性曲线可知，随着 ω 由 $0\to\infty$，$\varphi(\omega)$ 将由 $0\to-90°$，当 $\omega=\omega_H$ 时，$\varphi(\omega)=-45°$。φ 角总是负值，说明输出电压总是滞后于输入电压。因此，这种电路又称为相位滞后的 RC 电路。

2. 高通滤波电路

如图 3-31 所示电路的传递函数为

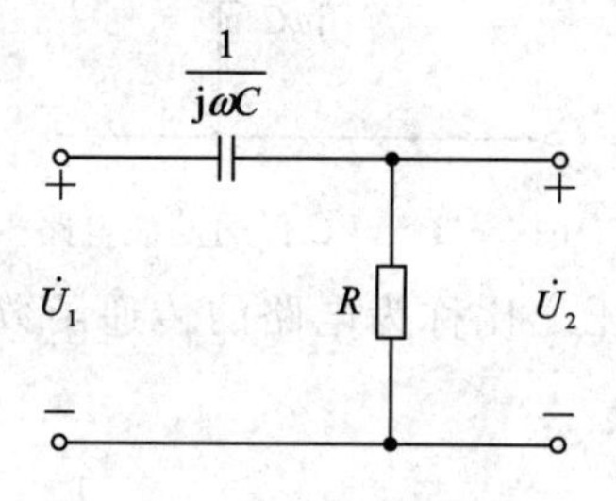

图 3-31　RC 高通滤波电路

$$H(\mathrm{j}\omega)=\frac{\dot{U}_2}{\dot{U}_1}=\frac{R}{R+\frac{1}{\mathrm{j}\omega C}}=\frac{1}{\sqrt{1+\left(\frac{1}{\omega RC}\right)^2}}\angle\arctan\left(\frac{1}{\omega RC}\right)$$

电路的幅频特性为

$$A(\omega)=\frac{U_2}{U_1}=\frac{1}{\sqrt{1+(\frac{1}{\omega RC})^2}} \tag{3-89}$$

相频特性为

$$\varphi(\omega)=\arctan\frac{1}{\omega RC} \tag{3-90}$$

它们相应的曲线如图 3-32(a)、(b)所示。

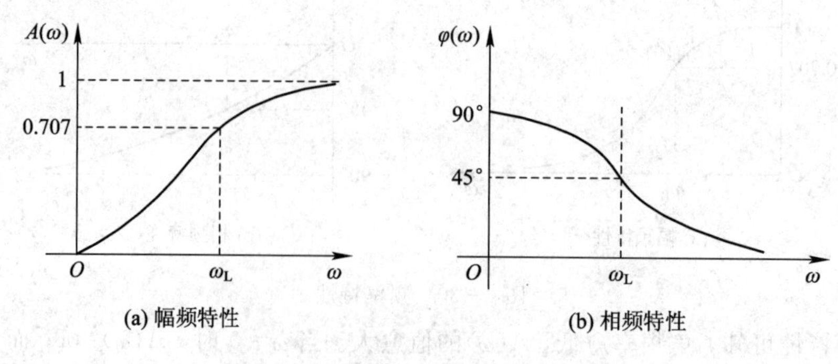

图 3-32　高通滤波电路的频率特性

由幅频特性曲线可知，角频率愈高，输出幅度则愈大。当 $\omega=0$ 时，$A(\omega)=0$，$\omega\to\infty$，

$A(\omega)\to 1$，幅频特性随角频率单调连续增长，所以高频信号容易通过，而低频信号受到抑制，故称这种电路为高通滤波电路。当 $A(\omega)$下降到其最大值的 0.707 时，工程实际中通常将这一角频率定义为低端截止角频率，常用 ω_L 表示。

$$\omega_L = \frac{1}{RC} \tag{3-91}$$

对应的低端截止频率为

$$f_L = \frac{1}{2\pi RC} \tag{3-92}$$

由于在相位上，输出电压总是超前输入电压，所以又称此电路为相位超前的 RC 电路。低通滤波器和高通滤波器常在音响设备中使用，以取得满意的音响效果。

【例 3-15】 图 3-33 所示电路是电子线路中 RC 振荡器的一个重要组成部分。已知 R、C 和输入电压 $\dot{U}_1$，试问当频率 ω 与电路参数之间满足什么关系时输出电压 $\dot{U}_2$ 与输入电压 $\dot{U}_1$ 同相？这时它们的有效值之比是多少？

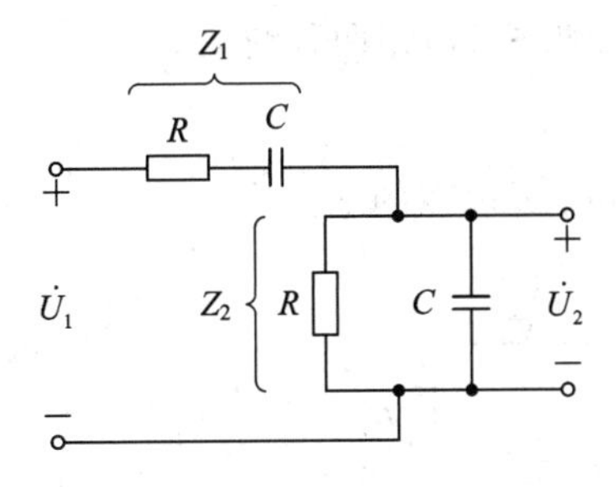

图 3-33　例 3-15 图

解：设 RC 串联电路阻抗为 Z_1，RC 并联电路阻抗为 Z_2，则

$$Z_1 = R + \frac{1}{j\omega C} = \frac{1 + j\omega RC}{j\omega C}$$

$$Z_2 = \frac{R \cdot \frac{1}{j\omega C}}{R + \frac{1}{j\omega C}} = \frac{R}{R + j\omega C}$$

输出电压 $\dot{U}_2$ 与输入电压 $\dot{U}_1$ 的比值，即传递函数为

$$H(j\omega) = \frac{\dot{U}_2}{\dot{U}_1} = \frac{Z_2}{Z_1 + Z_2} = \frac{\frac{R}{1 + j\omega RC}}{\frac{1 + j\omega RC}{j\omega C} + \frac{R}{1 + j\omega RC}}$$

$$= \frac{RC}{(1 + j\omega RC)^2 + j\omega RC} = \frac{1}{3 + j\left(\omega RC - \frac{1}{\omega RC}\right)}$$

$$= \frac{1}{\sqrt{3^2 + \left(\omega RC - \frac{1}{\omega RC}\right)^2}} \angle \arctan\frac{1 - \omega RC^2}{3\omega RC}$$

$$= A(\omega) \angle \varphi(\omega)$$

要使 $\dot{U}_2$ 与 $\dot{U}_1$ 同相，上式相位角应等于零，所以同相的条件是 $\omega RC=\frac{1}{\omega RC}$

由此得

$$\omega=\frac{1}{RC},\ f=\frac{1}{2\pi RC}$$

输出电压与输入电压的有效值之比为 $\frac{U_2}{U_1}=\frac{1}{3}$。

3.8.2 *RLC* 串联谐振

如果电路中同时含有电感和电容元件，由于容抗和感抗的大小随频率作相反变化，所以当改变电源的频率或电路的参数变化时，有可能使它们的作用恰好抵消，使得电路总的阻抗等于常数值(电阻值)，电路中的总电流与总电压相位相同，整个电路呈电阻性，此时电路的工作状态叫作谐振工作状态。这种调节过程称为调谐。电路中的谐振现象，在电子技术中有广泛的应用。但在电力系统中，应注意预防谐振现象可能产生的危害。

根据电路结构有串联谐振和并联谐振两种情况。

1. 谐振条件及频率

在如图 3-34 所示的 *R*、*L*、*C* 串联的电路中

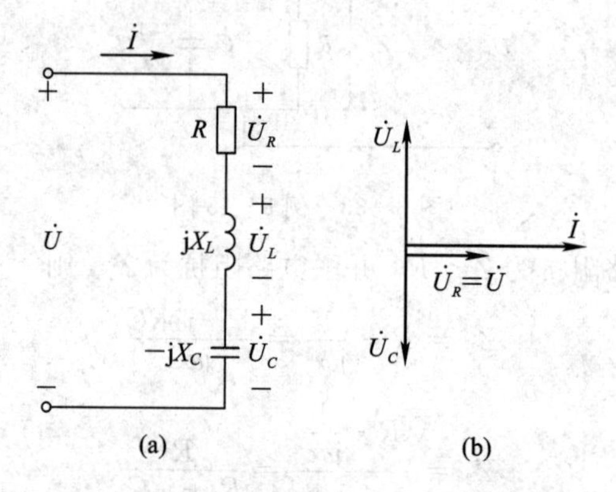

图 3-34 *RLC* 串联电路及谐振时的相量图

当 $X_L=X_C$ 或 $2\pi fL=\frac{1}{2\pi fC}$ 时，则

$$\varphi=\arctan\frac{X_L-X_C}{R}=0$$

即总电压与电流同相，这时电路中发生谐振现象，称之为串联谐振。由串联谐振的条件可得出谐振频率，用 f_0 表示：

$$f_0=\frac{1}{2\pi\sqrt{LC}} \tag{3-93}$$

可见，改变 *L*、*C* 或电源频率 *f* 都能使电路发生谐振。f_0 仅与电路的参数有关，叫作电路的固有频率，而 $\omega_0 L$ 和 $\frac{1}{\omega_0 C}$ 则称为电路的特征阻抗。

2. 串联谐振的基本特征

1）阻抗

我们知道，容抗随频率的增加而成比例地减小，感抗随频率的增加而成比例地增大。如果将 R、X_C、X_L 随频率变化的关系曲线画在同一个坐标系中，如图 3 - 35 所示，则感抗曲线和容抗曲线的交叉点所对应的频率就是谐振频率 f_0，这时 $X_L - X_C = 0$，因此阻抗最小，即

$$|Z_0| = \sqrt{R^2 + (X_L - X_C)^2} = R \tag{3-94}$$

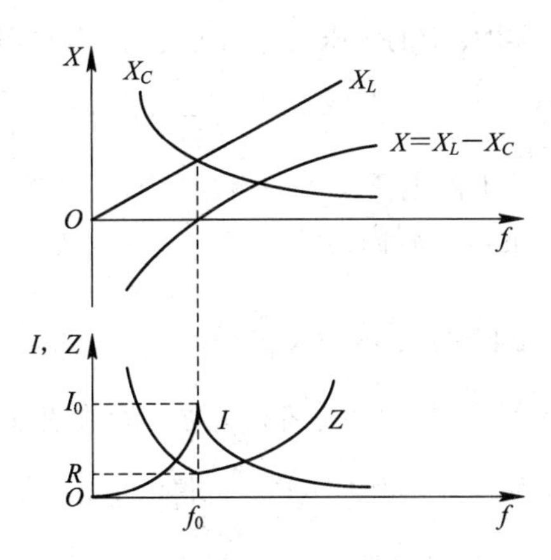

图 3 - 35　电抗阻抗电流与频率的关系

当 $f < f_0$ 时，电路呈现容性，阻抗随频率减低而增大；又当 $f > f_0$ 时，电路呈感性，随频率的升高阻抗增大；当 $f = f_0$ 时，电路发生串联谐振，此时阻抗最小，且等于电路中的电阻。这是串联谐振的特征之一。

2）电流

电路中的电流

$$I = \frac{U}{\sqrt{R^2 + (X_L - X_C)^2}} \tag{3-95}$$

根据如图 3 - 35 所示电流的频率特性曲线，当激励源的频率等于电路的谐振频率时，即 $f = f_0 = \dfrac{1}{2\pi\sqrt{LC}}$ 时，电路得到最强的电流响应，电路处于谐振状态，此时电流用 I_0 表示，即

$$I_0 = \frac{U}{R} \tag{3-96}$$

故串联谐振电流最大，这是串联谐振的又一特征。

3）电压

电压与电流同相（$\varphi = 0$），因此电路总无功功率 $Q=0$。电源提供的电能全部被电阻所消耗，电源与电路之间无能量交换，能量的互换只发生电感和电容之间。串联谐振时，由于 $X_L = X_C$，于是 $U_{L0} = U_{C0}$。而 $\dot{U}_L$ 与 $\dot{U}_C$ 在相位上相反，互相抵消，对整个电路不起作用，因此电源电压 $\dot{U} = \dot{U}_{R0}$，如图 3 - 34(b)所示，但是，U_{L0} 和 U_{C0} 的作用不能忽视，有

$$U_{L0} = \omega_0 L I_0 = \omega_0 L \frac{U}{R} = \frac{\omega_0 L}{R} U \tag{3-97}$$

$$U_{C0}=\frac{1}{\omega_0 C}I_0=\frac{1}{\omega_0 C}\cdot\frac{U}{R}=\frac{1}{\omega_0 CR}U \tag{3-98}$$

当 $X_L=X_C\gg R$ 时，$U_{L0}=U_{C0}\gg U_{R0}=U$。如果电压过高，可能会击穿线圈和电容器的绝缘。因此，在电力工程中一般应避免发生串联谐振。但在无线电工程中则常利用串联谐振以获得较高电压，电容或电感元件上的电压常高于电源电压几十倍或几百倍。所以串联谐振又称电压谐振。

4）品质因数

工程上常把谐振时电容或电感上的电压与总电压之比叫作电路的品质因数。通常用 Q 表示：

$$Q=\frac{U_{L0}}{U}=\frac{U_{C0}}{U}=\frac{\omega_0 L}{R}=\frac{1}{\omega_0 CR}=\frac{X}{R} \tag{3-99}$$

即在谐振时，电容和电感元件上的电压是电源电压的 Q 倍。例如，$Q=100$，$U=6$ V，那么在谐振时电容或电感元件上的电压就高达 600 V。

5）功率

在谐振状态时，电路呈纯电阻性，电源提供的电能全部被电阻所消耗，总的有功功率为 $P=\frac{U^2}{R}$。电路总的无功功率为零，电感和电容彼此之间存在着能量交换。又由于串联谐振时电流最大，而 U_{L0} 和 U_{C0} 又可能远大于电源电压，可得电感和电容之间能量交换的规模为

$$I_0U_{L0}=I_0U_{C0}=\frac{U}{R}QU=Q\frac{U^2}{R} \tag{3-100}$$

可见，串联谐振时电感或电容上的无功功率是电源提供的有功功率的 Q 倍。

3. 应用举例

串联谐振在无线电工程中的应用较多，常用来选择信号和抑制干扰。如果有两个频率不同的信号 f_1，f_2 同时存在，且两个信号的频率比较接近，假如一个信号频率 f_1 落在通频带之内，且在电路中发生谐振；而另一个信号的频率 f_2 远离谐振点，落在通频带之外，此时频率 f_1 的信号在电路中的响应最强，而频率为 f_2 的信号在电路中的响应则明显下降，这样就把两个信号鉴别开来了，这种功能在无线电工程中用于电台的选择。

图 3-36 是收音机的天线输入电路。其作用是将需要收听的信号从天线接收到的不同频率的信号中选择出来，输入电路是由天线线圈 L_1 和互感线圈 L_2 及可变电容 C 组成的串

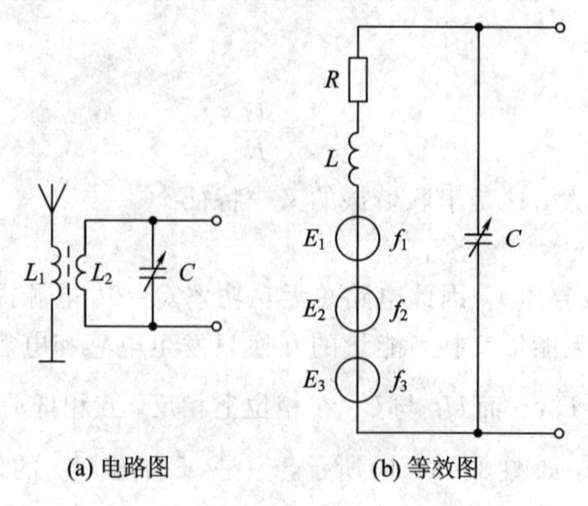

图 3-36 收音机的输入回路

联谐振电路，天线接收到的各种不同频率的信号都会在 LC 谐振电路中感应出电压电流，当信号频率 f 和电路固有频率 f_0 相等时电路中的电流最大，电容 C 两端的电压也就最高。其他频率的信号虽然也被天线接收，但由于它们没有达到谐振，因此在电路中引起的电流很小。如果改变电路的参数，比如调节可变电容 C，就可以使电路对某一个频率产生谐振，从而收到不同电台的广播。这就是收音机的调谐过程。

这里有一个选择性的问题。如图 3-37 所示，当谐振曲线比较尖锐时，稍有偏离谐振频率 f_0 的信号就会被大大减弱。就是说，谐振曲线越尖锐，选择性就越强。此外，引入了通频带的概念，即在电流 I 值等于最大值 I_0 的 70.7%（即$\frac{1}{\sqrt{2}}$）处频率的上下限之间的宽度称为通频带宽度，即

$$\Delta f = f_H - f_L \tag{3-96}$$

通频带宽度越小，表明谐振曲线越尖锐，电路的选择性就越强。谐振曲线的尖锐或平坦同 Q 值有关，如图 3-37 所示。设电路的 L 和 C 值不变，只改变 R 值。R 值越小，Q 值越大，则谐振曲线越尖锐，也就是选择性越强。这是品质因数 Q 的另外一个物理意义。减小 R 值，也就是减小线圈导线的电阻和电路中的各种能量损耗。

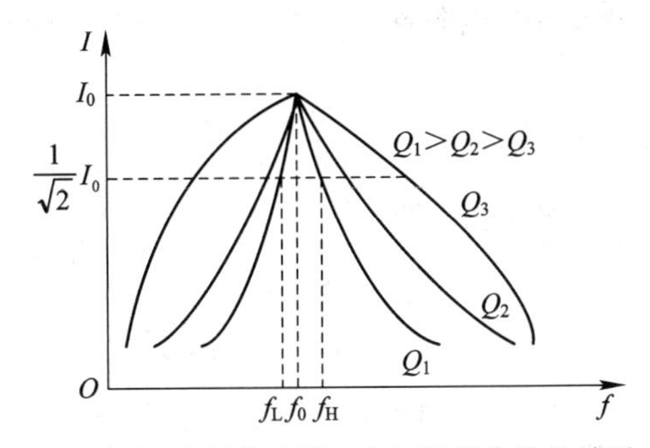

图 3-37　通频带宽度、Q 与谐振曲线的关系

3.8.3　*RLC* 并联谐振

并联谐振电路结构形式很多，我们仅分析图 3-38(a)所示的电感线圈与电容器组成的并联电路。

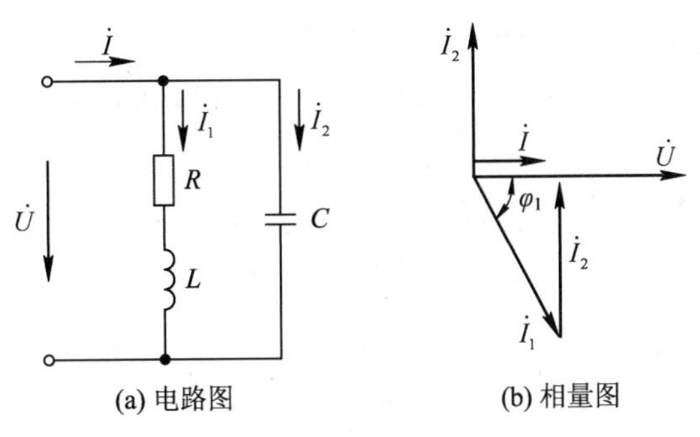

图 3-38　并联谐振电路及相量图

1. 谐振条件及频率

电路的等效阻抗为

$$Z=\frac{\frac{1}{\mathrm{j}\omega c}(R+\mathrm{j}\omega L)}{\frac{1}{\mathrm{j}\omega C}+(R+\mathrm{j}\omega L)}=\frac{R+\mathrm{j}\omega L}{1+\mathrm{j}\omega RC-\omega^2LC}$$

通常要求线圈的电阻很小，当 $R\ll\omega L$ 时，上式可写成

$$Z\approx\frac{\mathrm{j}\omega L}{1+\mathrm{j}\omega RC-\omega^2LC}=\frac{1}{\frac{RC}{L}+\mathrm{j}(\omega C-\frac{1}{\omega L})}\tag{3-102}$$

谐振时，Z 的虚部应为零，由上式可知谐振条件为

$$\omega_0C-\frac{1}{\omega_0L}\approx0\quad 或\quad \omega_0\approx\frac{1}{\sqrt{LC}}\tag{3-103}$$

由此得到谐振频率

$$f_0\approx\frac{1}{2\pi\sqrt{LC}}\tag{3-104}$$

可见并联谐振频率与串联谐振频率近似相等。

2. 并联谐振特点

(1) 谐振时电路阻抗很大且为电阻性。由式(3-102)及式(3-103)可得阻抗模

$$|Z_0|=\frac{1}{\frac{RC}{L}}=\frac{L}{RC}\tag{3-105}$$

(2) 电路中的电流将达到最小值，即

$$I=I_0=\frac{U}{\frac{L}{RC}}=\frac{U}{|Z_0|}\tag{3-106}$$

并联谐振电路电流频率响应曲线如图3-39所示。

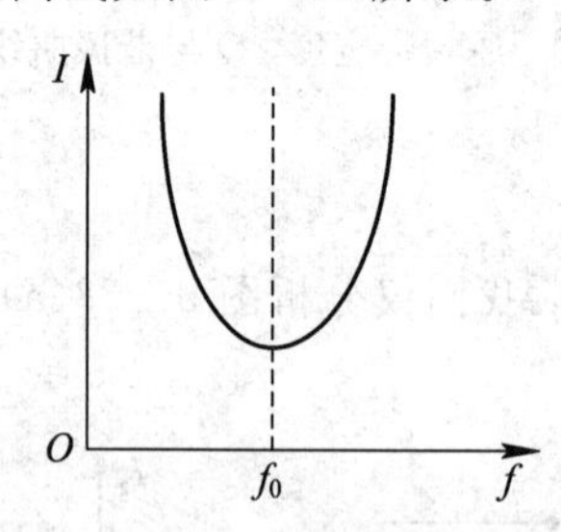

图3-39 并联谐振电路的电流响应曲线

当 $R\ll\omega L$ 时，

$$I_{L0}=\frac{U}{\omega_0L}=QI_0\tag{3-107}$$

同样有

$$I_{C0}=\frac{U}{\frac{1}{\omega_0C}}=U\omega_0C=QI_0\tag{3-108}$$

其中

$$Q=\frac{1}{\omega_0CR}=\frac{\omega_0L}{R}=\frac{1}{R}\sqrt{\frac{L}{C}}\tag{3-109}$$

Q 叫作电路的品质因数。如果 R 很小，Q 值很大，发生并联谐振时流过电感和电容元件的电流有可能远远大于电路总电流，所以并联谐振又称为电流谐振。

并联电路发生谐振时，电路相当于一个高电阻。这样，当电路由恒流源供电时，对于谐振频率电路两端产生的电压最大，对于非谐振频率电路两端的电压较小，这样就起到了选频的作用。如在电子技术的振荡器中，广泛应用并联谐振电路作为选频环节。

3.9 功率因数的提高

大家都知道，直流电路的功率等于电流与电压的乘积，但交流电路则不同。在计算交流电路的平均功率时还要考虑电压与电流间的相位差 φ，即

$$P = UI\cos\varphi$$

上式中的 $\cos\varphi$ 是电路的功率因数。在前面已讲过，电压与电流间的相位差或电路的功率因数决定于电路(负载)的参数。只有在电阻负载(如白炽灯、电阻炉等)的情况下，电压和电流才同相，其功率因数等于1。对其他负载来说，其功率因数介于0与1之间。

当电压与电流之间有相位差时，即功率因数不等于1时，电路中发生能量互换，出现无功功率 $Q = UI\sin\varphi$。这样就引起3.9.1小节的两个问题。

3.9.1 提高功率因数的意义

1. 发电设备的容量不能充分利用

$$P = U_N I_N \cos\varphi \tag{3-110}$$

由上式可见，当负载的功率因数 $\cos\varphi < 1$ 时，而发电机的电压和电流又不允许超过额定值，显然这时发电机所能发出的有功功率减小了。功率因数越低，发电机所能发出的有功功率就越小，而无功功率就越大。无功功率越大，即电路中能量互换的规模就越大，那么发电机发出的能量就不能被充分利用，其中一部分在发电机与负载之间进行互换。

例如容量为1000 kVA的变压器，如果 $\cos\varphi = 1$，即能发出1000 kW的有功功率，而在 $\cos\varphi = 0.7$ 时，则只能发出700 kW的功率。

2. 增加线路和发电机绕组的功率损耗

当电源向负载提供的功率和电压一定时，电源向负载提供的电流 $I = \dfrac{P}{U\cos\varphi}$，显然功率因数越低，$I$ 越大，线路电阻 r 上的功率损失 $\Delta P = rI^2$ 也越大。因此，提高功率因数可以减少线路上的能量损失。

由上述可知，提高电网的功率因数对经济的发展有着极其重要的意义。功率因数的提高，能使发电设备的容量得到充分利用，同时也能大量节约电能。

由于一般的交流负载都是电感性负载，它们除消耗有功功率 P 外，还从线路上取用大量的感性无功功率，而导致功率因数不高。如生产中大量使用的异步电动机，额定负载时的功率因数约在0.5～0.85之间，空载时只有0.2～0.3。因此提高功率因数就具有非常重要的经济意义。

按照供用电规则，高压供电的工业企业的平均功率因数不低于0.95，其他单位不低

于0.9。

3.9.2　提高功率因数的方法和原理

通常用与感性负载并联电容器的方法来提高功率因数。电路图和相量图如图3-40所示。

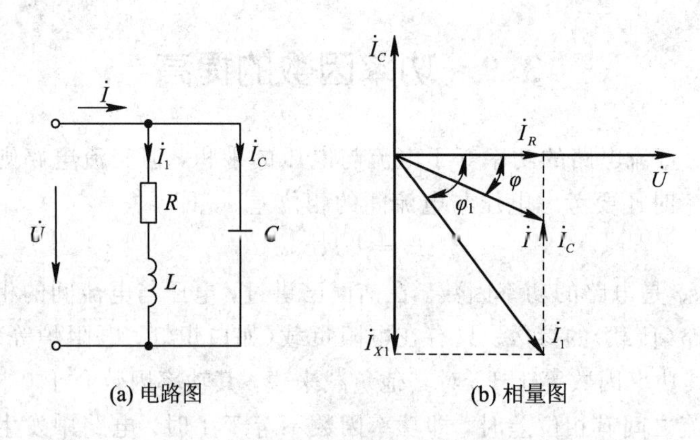

图3-40　提高功率因数的电路图和相量图

其原理是：在感性负载上并联电容器后，感性负载所需的无功功率大部分或全部可由电容器供给，从而减少了电源与负载间的能量互换，而使总无功功率减少，从而提高了供电线路上的功率因数。为了保持原负载的端电压、电流和功率不变，电容器必须与原有感性负载并联。

从图3-40(b)所示的相量图可见，未并联电容前线路上的电流 $\dot{I}$ 就是感性负载电流 $\dot{I}_1$，负载的功率因数即为 $\cos\varphi_1$。并联电容后电源供电电流为 $\dot{I}=\dot{I}_1+\dot{I}_C$，功率因数角为 φ，由相量图可以看出，$\varphi_1>\varphi$ 则功率因数 $\cos\varphi_1<\cos\varphi$，提高了整个电路的功率因数。只要电容值取得恰当，即可达到补偿的要求。

并联电容后，感性负载的电流 $I_1=\dfrac{U}{\sqrt{R^2+X_L{}^2}}$ 和功率因数 $\cos\varphi_1=\dfrac{R}{\sqrt{R^2+X_L{}^2}}$ 均未变化，这是因为所加电压和负载参数没有改变。但电压 u 与线路总电流 i 之间的相位差 φ 变小了，即 $\cos\varphi$ 变大了。这里我们所讲的提高功率因数，是指提高电源或电网的功率因数，而不是提高某个感性负载的功率因数。

感性负载上并联了电容器后，减少了电源与负载之间的能量互换。感性负载所需的无功功率大部分或全部都由电容就近供给(补偿)，而有功功率并没有改变。

3.9.3　并联电容值的计算

设未并联前的电路的无功功率，即感性负载所需的无功功率为

$$Q_L=UI_1\sin\varphi_1=UI_1\,\frac{\cos\varphi_1\sin\varphi_1}{\cos\varphi_1}=P\tan\varphi_1$$

并联电容后电源向感性负载提供的无功功率为

$$Q=UI\sin\varphi=UI\,\frac{\cos\varphi\sin\varphi}{\cos\varphi}=P\tan\varphi$$

并入电容后需要补偿的无功功率为

$$|Q_C| = Q_L - Q = P(\tan\varphi_1 - \tan\varphi)$$

而电容 C 的无功功率又为

$$|Q_C| = X_C I_C{}^2 = \frac{U^2}{X_C} = \omega C \cdot U^2 = 2\pi f C U^2$$

所以将功率因数从 $\cos\varphi_1$ 提高到 $\cos\varphi$ 所需的并联电容值为

$$C = \frac{P}{2\pi f U^2}(\tan\varphi_1 - \tan\varphi) \tag{3-111}$$

【例 3-16】 某变电所低压侧的工作电压为 6.3 kV，频率为 50 Hz，视在功率为 2000 kVA，功率因数为 0.8。若需将功率因数提高到 0.95，试求：(1) 并联电容器的容量；(2) 并联电容后，整个电路的视在功率及总电流。

解：负载的有功功率、工作电流及功率因数分别为

$$P = S\cos\varphi = 2000 \times 10^3 \times 0.8 = 1600\ \text{kW}$$

$$I = \frac{S}{U} = \frac{2000 \times 10^3}{6.3 \times 10^3} = 317.46\ \text{A}$$

$$\varphi_1 = \arccos 0.8 = 36.86°$$

并联电容后，整个电路的功率因数角为

$$\varphi_2 = \arccos 0.95 = 18.19°$$

并联电容器的容量为

$$\begin{aligned} C &= \frac{P}{2\pi f U^2}(\tan\varphi_1 - \tan\varphi_2) \\ &= \frac{1600 \times 10^3}{2 \times 3.14 \times 50 \times (6.3 \times 10^3)^2}(\tan 36.86° - \tan 18.19°) \\ &= 54.07\ \mu\text{F} \end{aligned}$$

并联电容后，整个电路的视在功率及总电流分别是

$$S = \frac{P}{\cos\varphi_2} = \frac{1600 \times 10^3}{0.95} = 1684\ \text{kVA}$$

$$I = \frac{S}{U} = \frac{1684 \times 10^3}{6.3 \times 10^3} = 267\ \text{A}$$

从例 3-16 中可知，在功率因数已经接近 1 时如果再继续提高，则所需的电容值是很大的，即增加了较大的成本。因此在实际中一般不要求提高到 1。又考虑到感性负载电路中常会有一定的变动，所以设计并联电容值时，一般提高到 0.9 左右为宜。

练习与思考

3.9.1 某变压器额定容量为 60 kVA，出线端额定电压为 230 V，额定电流为 261 A。若变压器在供电功率因数为 0.5 的情况下额定运行，求此时变压器输出的有功功率和无功功率。

3.9.2 对于感性负载，能否采取串联电容器的方式提高功率因数？

习 题

1. 已知一正弦电压的有效值为 10 V，周期为 1 ms，初相位 $-\frac{\pi}{6}$，写出该正弦电压的

瞬时值表达式，并画出其波形图。

2. 一个正弦电流的初相为 30°，在 $t=\dfrac{T}{2}$ 时的电流值为 −10 A，试求它的有效值。

3. 已知 $u_1=10\sqrt{2}\sin(62t-45°)$ V，$u_2=10\sqrt{2}\sin(62t+35°)$ V

(1) 画出它们的波形图，并比较它们的相位关系；

(2) 若把 u_1 的参考方向改变，则它们的相位关系如何？

4. 写出下列正弦电压与电流的相位差

(1) $u=10\sin(314t+45°)$ V，$i=220\sqrt{2}\sin(314t+60°)$ A；

(2) $u=220\sqrt{2}\cos(314t+30°)$ V，$i=-2\sqrt{2}\sin(314t+30°)$ A；

(3) $u=10\sqrt{2}\sin(314t-20°)$ V，$i=-2\sqrt{2}\cos(314t-45°)$ A。

5. 已知正弦量 $i_1=220\sqrt{2}\sin(314t+45°)$ A，$i_2=-10\sqrt{2}\sin(314t+60°)$ A，试写出其相量式，画出相量图及波形图。

6. 已知相量式，且 $\omega=628$ rad/s，$\dot{U}_2=22\,e^{j60°}$，$\dot{I}=-5\angle -30°$，试画出相量图，并写出相应瞬时值表达式。

7. 如题图 3.1 所示，已知 $i_1=6\sqrt{2}\sin(314t+60°)$ A，$i_2=4\sqrt{2}\sin(314t+30°)$ A，用相量法求 i_3。

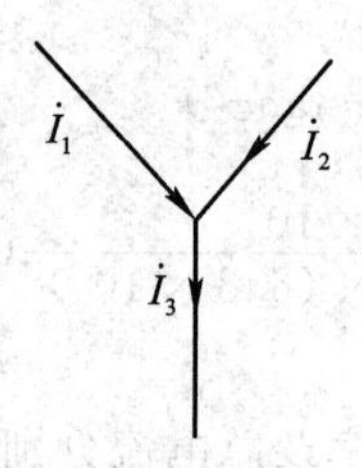

题图 3.1

8. (1) 在题图 3.2(a)中，已知 $u_L=U_{Lm}\sin(\omega t-30°)$ V，试确定 i、u_R 及 u_C 初相位；

(2) 在题图 3-2(b)中，已知 $i_C=I_{Cm}\sin(\omega t+60°)$ A，试确定 u、i_C 及 i_L 的初相位。

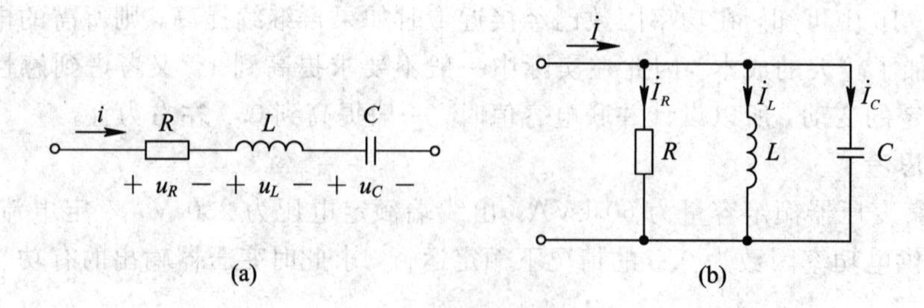

题图 3.2

9. 在题图 3.3 图示电路中，若端电压 $U=25$ V，Ⓥ1表读数为 15 V，Ⓥ2表读数为 80 V，则Ⓥ3表的读数是多少？

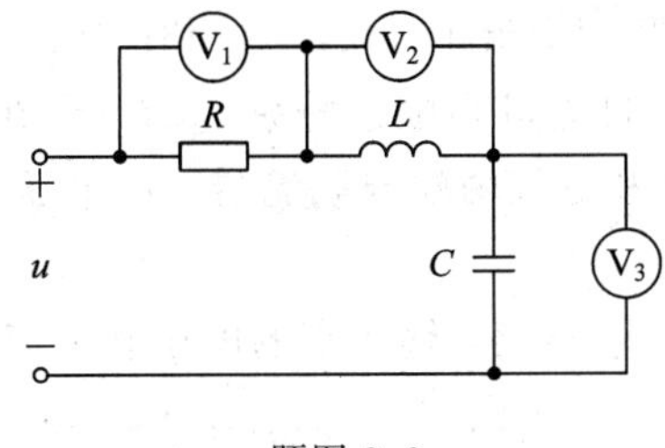

题图 3.3

10. 在 RLC 串联电路中，若已知 $u=100\sqrt{2}\sin 20t$ V，$R=10\ \Omega$，$L=1$ H，$C=0.005$ F。

(1) 求各元件的复数阻抗、电压和电流相量，画出电路的相量模型；

(2) 写出 i、u_R、u_L、u_C 的瞬时表达式；

(3) 画相量图表明 i 与 u 的相位关系，并分析电路呈什么性质？

11. 在题图 3.4 所示的 RC 串联电路中，已知 $C=0.005\ \mu$F，$R=500$ kΩ。

(1) 当输入电压 $\dot{U}=7\angle 0^\circ$，频率为 $f_1=63$ Hz 时，求输出电压 $\dot{U}_0$，并画出相量图说明 $\dot{U}_0$ 与 $\dot{U}$ 的相位关系；

(2) 当频率为 $f_2=630$ Hz 时，$\dot{U}_0$ 与 $\dot{U}$ 的相位差为多少？

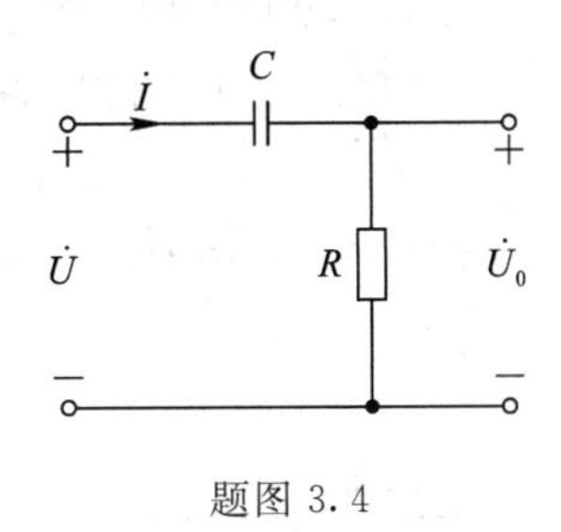

题图 3.4

12. 在题图 3.5 所示电路中，已知 $\dot{U}_S=100\angle 0^\circ$ V，$\dot{U}_L=50\angle 60^\circ$ V，试确定复阻抗 Z 的性质。

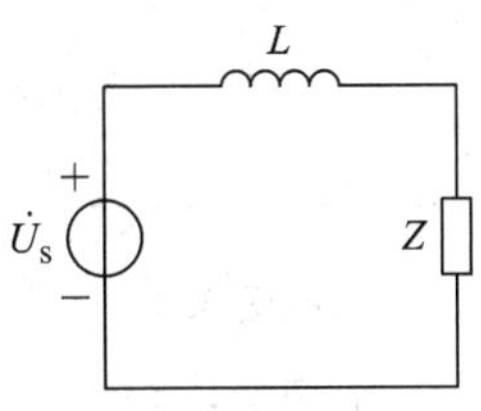

题图 3.5

13. 在题图 3.6 中，欲使电感和电容上的电压有效值相等，试求 R 值及各支路电流。

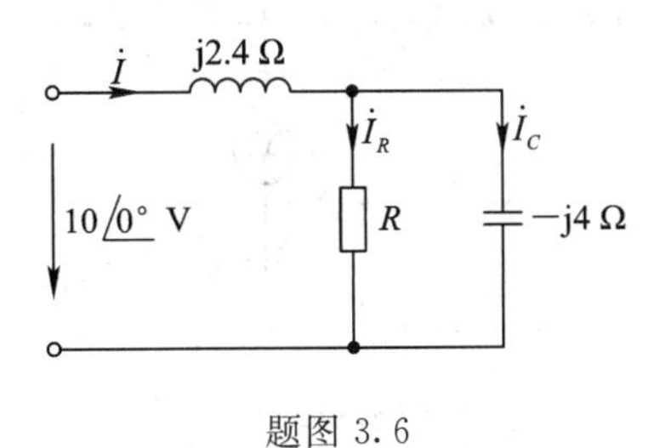

题图 3.6

14. 日光灯管与镇流器串联到交流电压上，可看作为 RL 串联电路。如已知某灯管的等效电阻 $R_1=280\ \Omega$，镇流器的电阻和电感分别为 $R_2=20\ \Omega$，$L=1.65\ \mathrm{H}$，电源电压 $U=220\ \mathrm{V}$，试求电路中的电流和灯管两端与镇流器上的电压。这两个电压加起来是否等于 220 V？电源频率为 50 Hz。

15. 在题图 3.7 中，无源二端网络，输入端的电压和电流为

$$u=220\sqrt{2}\sin(314t+20°)\ \mathrm{V}$$

$$u=4.4\sqrt{2}\sin(314t-33°)\ \mathrm{A}$$

试求此二端网络的等效电路和元件参数值，并求二端网络的功率因数及输入的有功功率和无功功率。

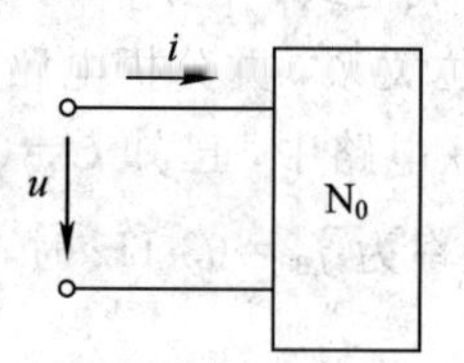

题图 3.7

16. 有一 RC 串联电路，电源电压为 u，电阻和电容上的电压分别为 u_R 和 u_C，已知电路阻抗为 2 kΩ，频率为 1 kHz，并设 u_R 和 u_C 之间的相位差为 30°，试求 R、C，并说明在相位上 u_C 比 u 超前还是滞后。

17. 在题图 3.8 中，已知 $U=220\ \mathrm{V}$，$R_1=10\ \Omega$，$X_1=10\sqrt{3}\ \Omega$，$R_2=20\ \Omega$ 试求各个电流和平均功率。

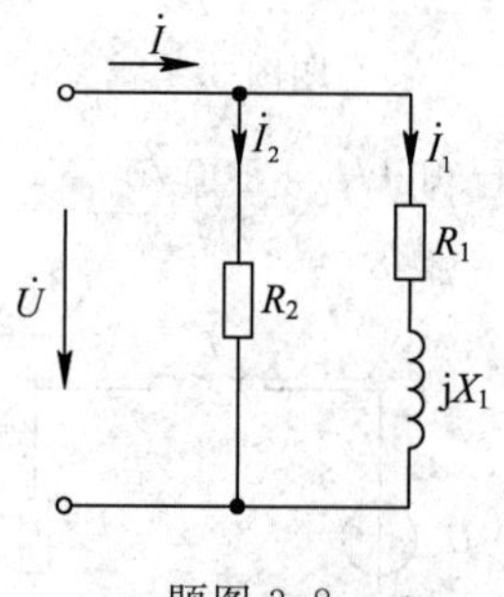

题图 3.8

18. 在题图 3.9 中，已知 $u=220\sqrt{2}\sin 314\ \mathrm{V}$，$i_1=22\sin(314t-45°)\ \mathrm{A}$，$i_2=11\sqrt{2}\sin(314t+90°)\ \mathrm{A}$，试求各表读数及电路参数 R、L 和 C。

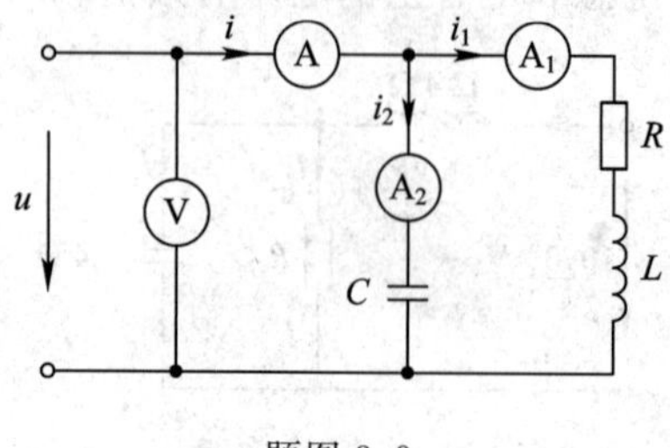

题图 3.9

19. 求题图 3.10 所示电路的复阻抗 Z_{ab}。

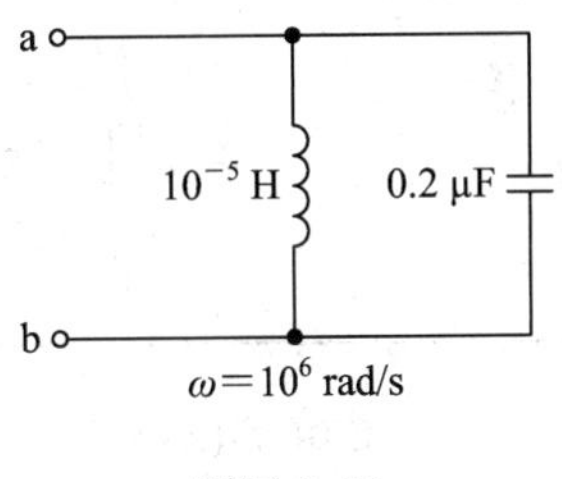

题图 3.10

20. 求题图 3.11 所示电路中的电流 $\dot{I}$。

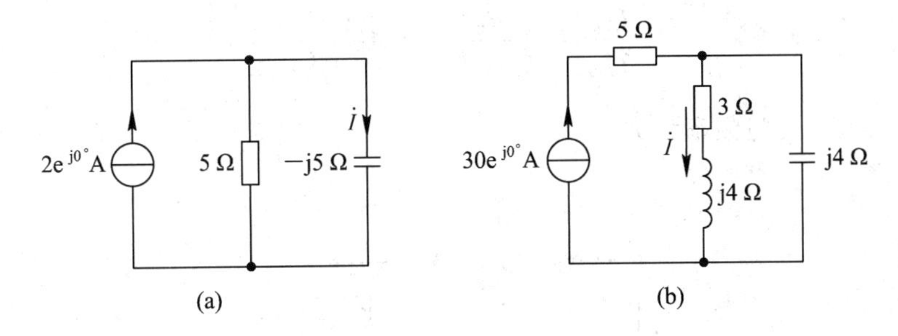

题图 3.11

21. 应用戴维南定理，将题图 3.12 所示的电路中的虚线框部分转化成等效电源。

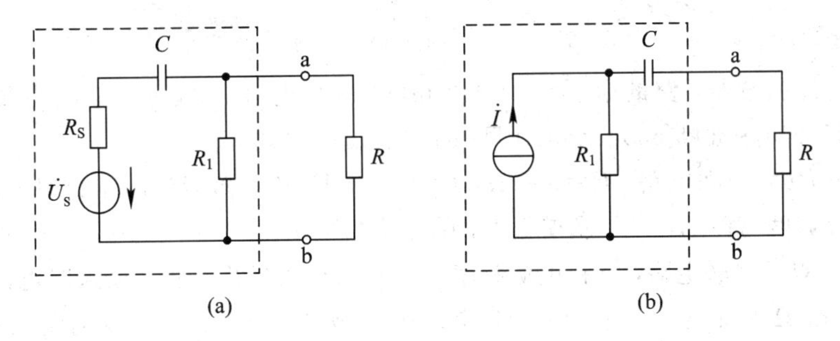

题图 3.12

22. RLC 串联电路中，已知 $R=10\ \Omega$，$L=0.1$ H，$C=10\ \mu$F，试通过计算说明：

(1) 当 $f=50$ Hz 时，整个电路呈现的是电感性还是电容性；

(2) 当 $f=200$ Hz 时，整个电路呈现的是电感性还是电容性；

(3) 如使电路呈现电阻性，频率 f_0 应为多少？

23. 有一 RLC 串联电路，已知 $R=300\ \Omega$，$L=0.7$ H，$C=4.3\ \mu$F，$u=100\sqrt{2}\sin(314t+20^\circ)$V。求：(1) 复阻抗；(2) 电流的相量及瞬时值；(3) $\dot{U}_R$、$\dot{U}_L$、$\dot{U}_C$；(4) 画出相量图；(5) 求P、Q、S 值。

24. 相量模型如题图 3.13 所示，已知 $\dot{U}_S=10\angle 0^\circ$，试求 $\dot{I}_1$、$\dot{I}_2$、$\dot{I}_3$ 和 $\dot{U}_1$，$\dot{U}_2$；已知 $\omega=1$ rad/s，试求 i_1、i_2、i_3 和 u_1、u_2。

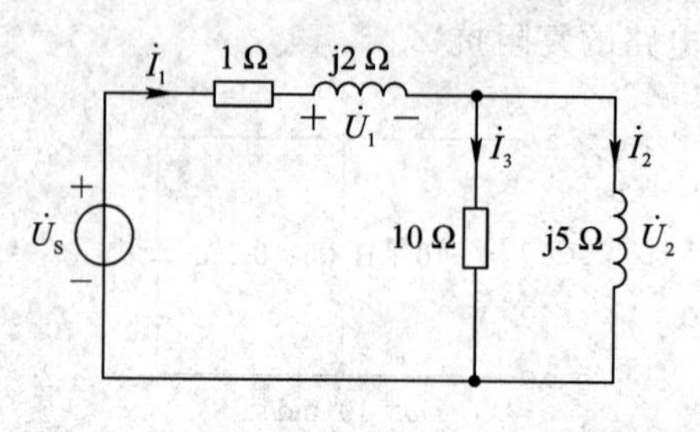

题图 3.13

25. 题图 3.14 所示的是在电子仪器中常用的补偿分压电路。试证明当满足 $R_1C_1 = R_2C_2$ 时，有

$$\frac{\dot{U}_2}{\dot{U}_1} = \frac{R_2}{R_1 + R_2} - \frac{C_1}{C_1 + C_2}$$

即 $\dot{U}_2$ 与 $\dot{U}_1$ 同相，且与频率无关。

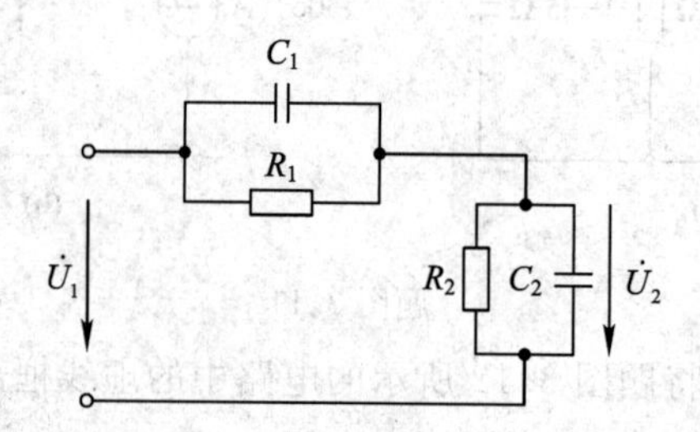

题图 3.14

26. 某收音机输入电路的电感约为 0.3 mH，可变电容器的调节范围为 25～360 pF。试问能否满足收听中波断 535～1605 kHz 的要求。

27. 有一 RLC 串联电路，R=500 Ω，L=600 mH，C=0.053 μF。试计算电路的谐振频率，通频带宽度 $\Delta f = f_2 - f_1$ 及谐振时的阻抗。

28. 有一 RLC 串联电路，它在电源频率 f=500 Hz 时发生谐振。谐振时电流 I=0.2 A，容抗 X_C = 314 Ω 并测得电容电压 U_C 为电源电压 U 的 20 倍。试求该电路的电阻 R 和电感 L。

第4章　三 相 电 路

内容提要

当今世界上绝大多数电力系统采用的都是交流三相制系统，该系统已经标准化、规范化。三相交流电路是由(发电厂输出)三相电源、(用户端)三相负载和三相输出电路三部分组成。三相制系统在工业生产上得到了广泛应用，这是因为三相交流电与单相交流电相比有如下主要优点：

(1) 制造三相发电机和变压器比制造同容量的单相发电机和变压器节省材料。

(2) 在输电距离、送电功率、负载的线电压、输电损失及输电材料都相同的情况下，用三相输电所需电线的金属用量仅为单相输电的75%。

(3) 三相正弦交流电流能产生旋转磁场，从而能制成结构简单、性能良好的三相异步电动机、同步电动机等。

通常，发电厂发出三相交流电，经过三相三线或三相四线传送到电网，然后经过配电装置送至各电力用户。因此，学习和掌握三相电路具有重要的实际意义。

本章难点

(1) 三相交流电电路连接方式

(2) 三相交流电的分析

4.1　三 相 电 源

4.1.1　三相对称电动势的产生

三相正弦交流电动势由三相发电机产生。三相发电机主要组成部分是电枢和磁极，图4-1是三相发电机的原理示意图。

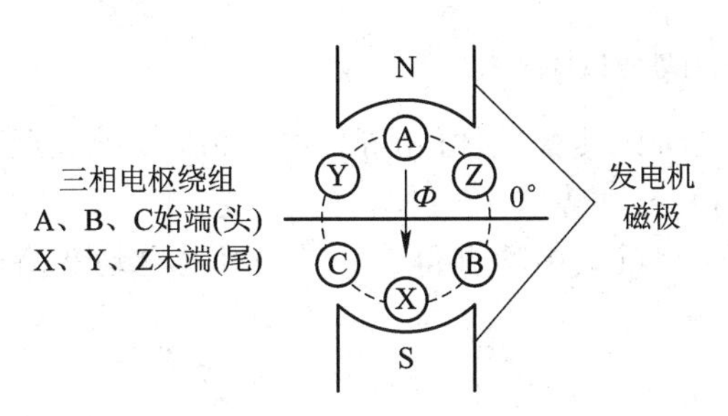

图4-1　三相发电机的原理示意图

电枢是固定的，又称定子。定子铁芯的内圆周表面冲有槽，用以放置三相电枢绕组。每组绕组是同样的，它们的首端(头)标以A、B、C，末端(尾)标以X、Y、Z。每个绕组放置在相应的定子铁芯的槽内，但要求绕组的始端之间或末端之间都彼此相隔120°。

磁极是转动的，又称转子。转子铁芯上绕有励磁绕组，用直流励磁。选择合适的极面形状和布置适当的励磁绕组，可使空气隙中产生的磁感应强度沿磁极表面按正弦规律分布。

当原电动机带动转子，并以角速度 ω 匀速按顺时针方向转动时，每相绕组依次切割磁力线，将产生频率相同、幅值相等的正弦电动势，分别记作 e_A、e_B 及 e_C。电动势的正方向选定为自绕组的末端指向始端。

当磁极的轴线正转到 A 处时，A 相的电动势达到正的幅值。经过 120°后 S 极轴线转到 B 处，B 相的电动势达到正的幅值。同理，再由此经过 120°后，C 相的电动势达到正的幅值。周而复始。所以 e_A 比 e_B 在相位上越前 120°，e_B 比 e_C 也越前 120°，而 e_C 又比 e_A 越前 120°。如以 A 相为参考，则可得出

$$
\begin{aligned}
e_A &= E_m \sin\omega t \\
e_B &= E_m \sin(\omega t - 120°) \\
e_C &= E_m \sin(\omega t - 240°) = E_m \sin(\omega t + 120°)
\end{aligned}
\tag{4-1}
$$

也可以用相量表示：

$$
\begin{aligned}
\dot{E}_A &= E\angle 0° = E \\
\dot{E}_B &= E\angle -120° = E\left(-\frac{1}{2} - \mathrm{j}\frac{\sqrt{3}}{2}\right) \\
\dot{E}_C &= E\angle 120° = E\left(-\frac{1}{2} + \mathrm{j}\frac{\sqrt{3}}{2}\right)
\end{aligned}
\tag{4-2}
$$

如果用相量图和正弦波来表示，则如图 4-2、图 4-3 所示。

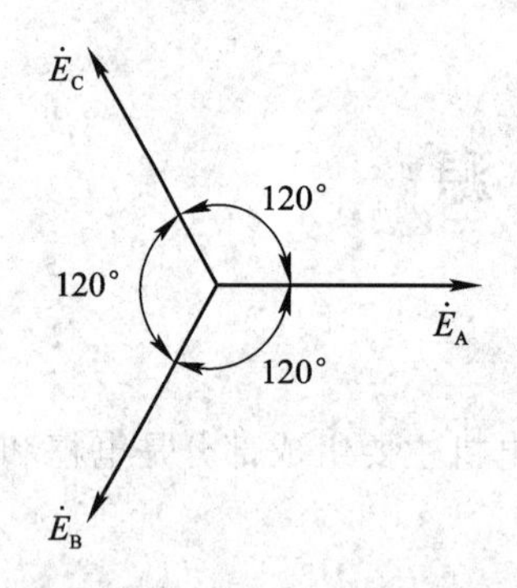

图 4-2 三相电动势的相量图

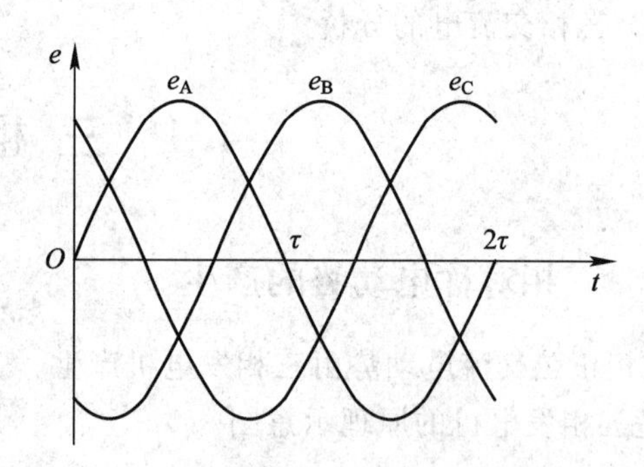

图 4-3 三相电动势的波形图

由此可见，这三相电动势具有“幅值相等、频率相同、彼此间相位互差 120°”的特点。这种电动势称为“三相对称电动势”。

从波形图、相量图或相量式中均可得出：三相对称电动势瞬时值之和或相量之和为零，即

$$
\begin{aligned}
e_A + e_B + e_C &= 0 \\
\dot{E}_A + \dot{E}_B + \dot{E}_C &= 0
\end{aligned}
\tag{4-3}
$$

三相电动势达到最大值的先后次序称为相序。在图 4-1 中，当磁极顺时针旋转时，相序为 A—B—C—A，称为顺相序（正相序）；若磁极逆时针旋转时，相序为 A—C—B—A，称为逆相序（负相序）。

4.1.2 三相电源绕组的连接

三相电源绕组的连接方式有两种：Y 连接和△连接。

三相绕组的 Y 连接如图 4-4 所示，即将三个绕组的末端连接在一起，这一连接点称为中点或零点，用 N 表示，该连接法又称为“星形连接”。从中点引出的导线称为中线或零线。工程上它是接地的，故也称为地线。从各绕组的首端，即 A、B、C 端引出的导线称为相线或端线，俗称火线。

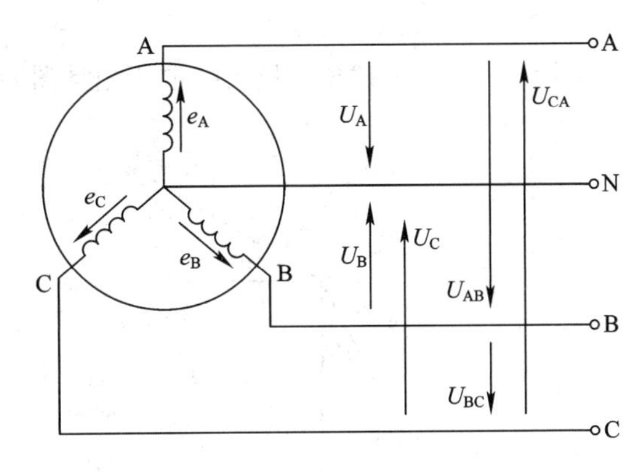

图 4-4 三相绕组的 Y 连接

每相绕组的首端与末端之间的电压，即相线与中线之间的电压称为相电压，分别记作 U_A、U_B、U_C，其有效值一般用 U_P 表示。而任意两相线之间的电压，即两火线之间的电压称为线电压，分别记作 U_{AB}、U_{BC}、U_{CA}，其有效值一般用 U_L 表示。

各相电动势的正方向，如前所述，选定为自绕组的末端指向始端。相电压的正方向，选定为自首端指向末端(中线)；线电压的参考方向由其下标表示，例如 U_{AB}，是自 A 线指向 B 线。

由于三相电源绕组的内阻抗相等，而且内阻抗上的电压降与输出电压相比可以忽略不计，所以三相电源的相电压基本上等于电源电动势，因此三个相电压也是对称的。以 A 相电压为参考量，则有

$$\begin{aligned}\dot{U}_A &= U_P\angle 0^\circ = U_P\\ \dot{U}_B &= U_P\angle -120^\circ = U_P\left(-\frac{1}{2}-\mathrm{j}\frac{\sqrt{3}}{2}\right)\\ \dot{U}_C &= U_P\angle 120^\circ = U_P\left(-\frac{1}{2}+\mathrm{j}\frac{\sqrt{3}}{2}\right)\end{aligned}\tag{4-4}$$

如图 4-4 所示，三相绕组 Y 连接时，相电压和线电压显然是不相等的，那么，相电压和线电压的关系表示为

$$\begin{aligned}\dot{U}_{AB} &= \dot{U}_A-\dot{U}_B\\ \dot{U}_{BC} &= \dot{U}_B-\dot{U}_C\\ \dot{U}_{CA} &= \dot{U}_C-\dot{U}_A\end{aligned}\tag{4-5}$$

将式(4-4)代入式(4-5)，可以得到

$$\dot{U}_{AB}=U_P-U_P\left(-\frac{1}{2}-j\frac{\sqrt{3}}{2}\right)=\sqrt{3}U_P\angle 30°$$

$$\dot{U}_{BC}=U_P\left(-\frac{1}{2}-j\frac{\sqrt{3}}{2}\right)-U_P\left(-\frac{1}{2}+j\frac{\sqrt{3}}{2}\right)=\sqrt{3}U_P\angle -90° \qquad (4-6)$$

$$\dot{U}_{CA}=U_P\left(-\frac{1}{2}+j\frac{\sqrt{3}}{2}\right)-U_P=\sqrt{3}U_P\angle -150°$$

由此可见，三相电源的线电压也是对称的，其有效值是相电压的$\sqrt{3}$倍，相位超前于相应的相电压 30°。

以上结论，也可通过相量图看出。上述相电压与线电压相量图如图 4-5 所示。

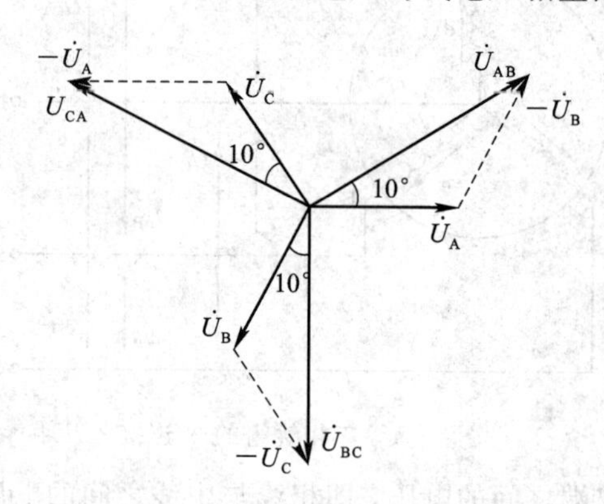

图 4-5 三相电源 Y 连接的电压相量图

因此，相电压和线电压之间的数值关系表示为

$$U_L=\sqrt{3}U_P \qquad (4-7)$$

上述分析表明，Y 连接的三相电源采用三相四线制供电时，能为负载提供两种电压：相电压和线电压。在我国，低压配电系统大都采用三相四线制，相电压是 220 V，线电压则为 380 V。

三相绕组的△连接如图 4-6 所示，即将三个绕组的始、末端依次连接成一个回路，即 A 相绕组的末端 X 与 B 相绕组的始端 B 相连，B 相绕组的末端 Y 与 C 相绕组的始端 C 相连，C 相绕组的末端 Z 与 A 相绕组的始端 A 相连，从这 3 个连接点处引出三条端线的连接方式称为“三角形连接”。三相电源的三角形连接只有 3 个连接点，没有中点，不能引出中线，这三条端线就是火线。显然三相电源的三角形连接属于三相三线制。

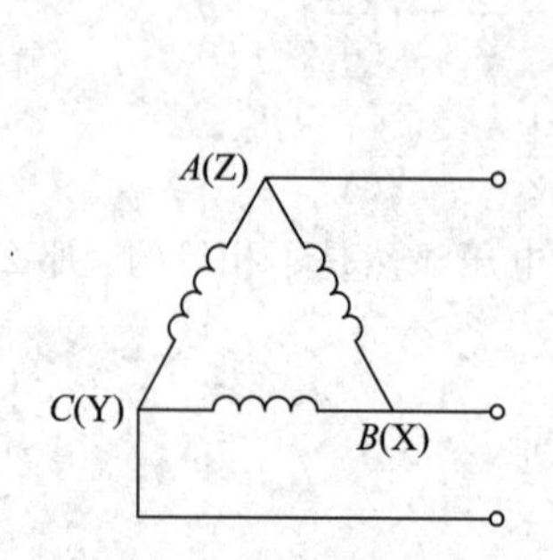

图 4-6 三相绕组的△连接

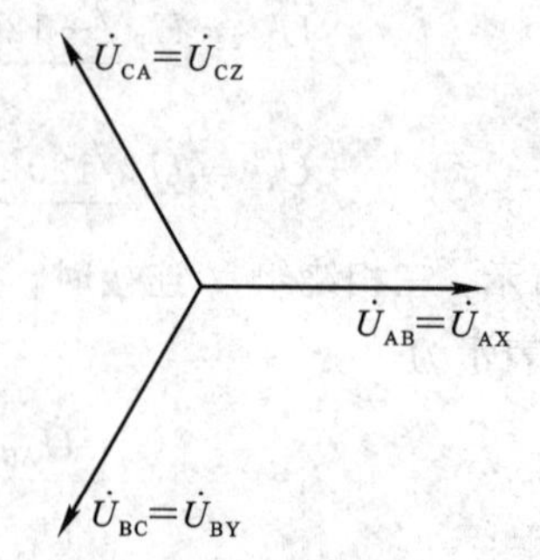

图 4-7 三相电源△连接的电压相量图

如图 4-6、图 4-7 所示，三相电源采用△连接时，则有

$$\dot{U}_{AB}=\dot{U}_{AX}$$
$$\dot{U}_{CB}=\dot{U}_{BY} \tag{4-8}$$
$$\dot{U}_{CA}=\dot{U}_{CZ}$$

因此，相电压和线电压之间的数值关系表示为

$$U_L=U_P \tag{4-9}$$

当三相电源△连接时，回路中的电压代数和为零，即

$$\dot{U}_{AB}+\dot{U}_{BY}+\dot{U}_{CZ}=0 \tag{4-10}$$

对于三角形连接，发电机的三相绕组构成一个闭合回路，三相绕组电压代数和为零。由于回路内部阻抗很小，因此电源内部无环流。值得注意的是当三相电源采用三角形连接时，如果误将其中某一相反接，将会在绕组回路产生较大环流，进而有可能烧毁电机，所以三相电源三角形连接时绝对不允许接错。当将一组三相电源连接成三角形时，应先不完全闭合，测量回路中的总电压是否为零，如果电压为零，说明连接正确，否则连接错误。

练习与思考

4.1.1 欲将发电机的三相绕组连成星形时，如果误将 X、Y、C 连成一点(中点)，是否也可以产生对称三相电动势？

4.1.2 当发电机的三相绕组采用星形连接时，试写出相电压 u_A 的三角函数式。(设线电压 $u_{AB}=380\sqrt{2}\sin(\omega t-30°)$ V)

4.2 负载星形连接的三相电路

分析三相电路和分析单相电路一样，首先也应画出电路图，并标出电压和电流的正方向，而后应用电路的基本定律找出电压和电流之间的关系。知道了电压和电流的关系，再确定三相功率。

三相负载可以是三相电器，如三相交流电动机等，也可以是单相负载的组合，如电灯。三相负载的连接方式也有两种：Y 连接和△连接。本节先讨论 Y 连接的三相电路。

负载的 Y 连接与电源的 Y 连接类似，例如三相电动机内部三个绕组的 Y 连接，就是将三个末端连在一起，三个首端分别接于电源的三根相线上。像照明电灯一类的单相负载应尽量均匀地分成三组，分别接在三条相线与中线之间，如图 4-8 所示。

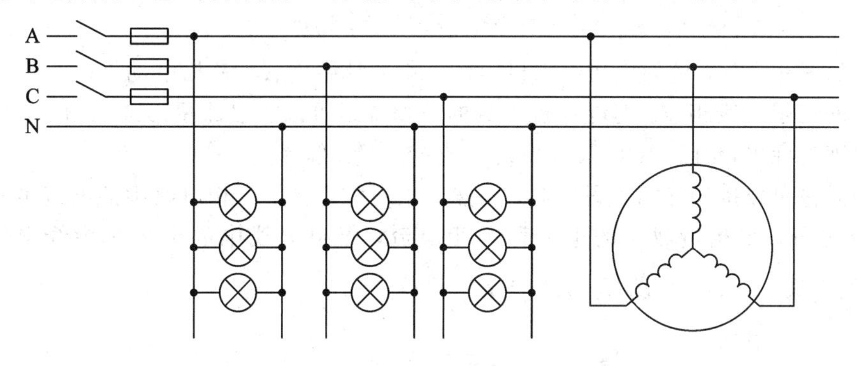

图 4-8 负载的星形连接

通常电灯(单相负载)的额定电压为220 V，因此要接在火线与中线之间。电灯负载是大量使用的，不能集中地接在一相之中，从总的线路来说，它们应当比较均匀地分配在各相之中。至于其他单相负载(如单相电动机、电炉、继电器吸引线圈等)，该接在火线之间还是火线与中线之间，应视额定电压是380 V还是220 V而定。如果负载的额定电压不等于电源电压，则需用变压器。

负载Y连接的三相四线制电路可用图4-9所示电路表示。三相负载阻抗分别为Z_A、Z_B、Z_C，各电压电流方向如图4-9所示。若忽略导线阻抗，则它们承受电源的相电压分别为$\dot{U}_A$、$\dot{U}_B$、$\dot{U}_C$，各相负载中流过的电流分别是

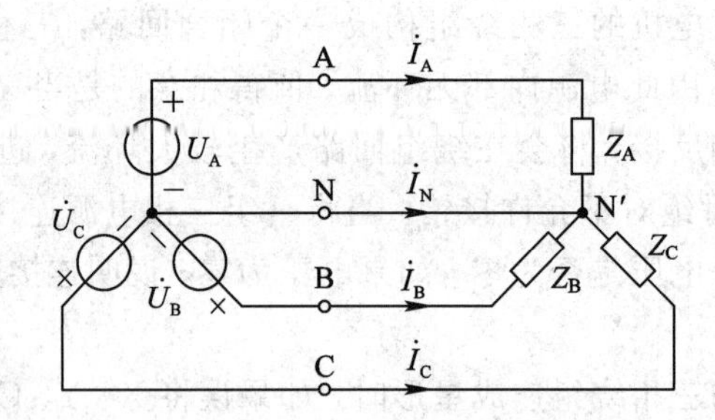

图4-9　三相四线制电路

$$\dot{I}_A = \frac{\dot{U}_A}{Z_A},\ \dot{I}_B = \frac{\dot{U}_B}{Z_B},\ \dot{I}_C = \frac{\dot{U}_C}{Z_C} \tag{4-11}$$

我们称这种流过每相负载的电流为相电流，它们的有效值用I_P表示；称流过每根相线的电流为线电流，其有效值用I_L表示。显然，当负载Y连接时，各线电流就是对应的相电流，即

$$I_L = I_P \tag{4-12}$$

根据基尔霍夫电流定律，中线电流

$$\dot{I}_N = \dot{I}_A + \dot{I}_B + \dot{I}_C \tag{4-13}$$

在实际应用中，三相负载可归纳为两种类型：对称负载和不对称负载。下面分别对两类负载进行讨论。

4.2.1　对称负载星形连接的三相电路

所说的对称负载，就是三相负载阻抗完全相同，即

$$Z_A = Z_B = Z_C = |Z|\underline{/\varphi} \tag{4-14}$$

一般的三相设备，例如三相电动机等，都属于对称负载。三相电动机的三个接线端总是与电源的三根火线相连。但电动机本身的三相绕组可以连接成星形或三角形。它的连接方法在铭牌上标出，例如380 V、Y接法，或380 V、△接法。

三相对称负载接于三相对称电源，必然产生对称电流。三相电路中的电流也有相电流与线电流之分，每相负载中的电流称为相电流，每根火线中的电流称为线电流。将式(4-11)代入式(4-4)，并设$\dot{U}_A$为参考量，可得

$$\dot{I}_A = \frac{\dot{U}_A}{Z_A} = \frac{U_P}{|Z|\underline{/\varphi}} = I_P\underline{/-\varphi}$$

$$\dot{I}_{B} = \frac{\dot{U}_{B}}{Z_{B}} = \frac{U_{P}\angle -120^{\circ}}{|Z|\angle \varphi} = I_{P}\angle(-\varphi - 120^{\circ})$$
$$\dot{I}_{C} = \frac{\dot{U}_{C}}{Z_{C}} = \frac{U_{P}\angle 120^{\circ}}{|Z|\angle \varphi} = I_{P}\angle(-\varphi + 120^{\circ}) \quad (4-15)$$

由此可见，三相对称负载电路中，三个相电流也对称。根据这个特点，计算时只需求出一相电流，其余两相可根据对称关系直接写出来。

因为三相电流对称，所以中线电流等于零，即

$$\dot{I}_{N} = \dot{I}_{A} + \dot{I}_{B} + \dot{I}_{C} = 0 \quad (4-16)$$

中线内既然没有电流通过，就不需要中线了。因此图4-10所示的电路，就是三相三线制电路。三相三线制电路在生产上的应用极为广泛，因为生产上的三相负载一般都是对称的。去掉中线后的电路，工作状态没有改变，负载中点N′与电源中点N仍然等电位，即$U_{N'N} = 0$。

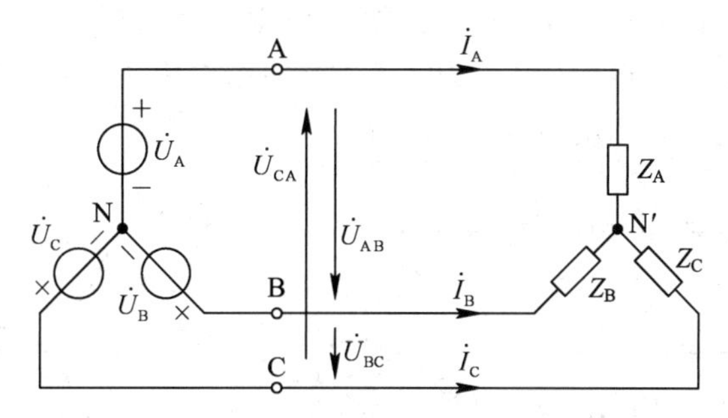

图4-10 对称负载星形连接的三相三线制电路

【例4-1】 有一星形连接的三相对称负载，每相电阻R=30 Ω，感抗X_L=40 Ω，电源线电压$u_{AB} = 380\sqrt{2}\sin(\omega t + 30^{\circ})$ V，试求三相电流并作相量图。

解：由题意可知，$\dot{U}_{AB} = 380\angle 30^{\circ}$ V

所以对应A相的相电压，$\dot{U}_{A} = 220\angle 0^{\circ}$ V = 220 V

因为负载对称，所以每相复阻抗，$Z = 30 + j40 = 50\angle 53.1^{\circ}$ Ω

则A相电流，$\dot{I}_{A} = \frac{\dot{U}_{A}}{Z} = \frac{220\ \text{V}}{50\angle 53.1^{\circ}\ \Omega} = 4.4\angle -53.1^{\circ}$ A

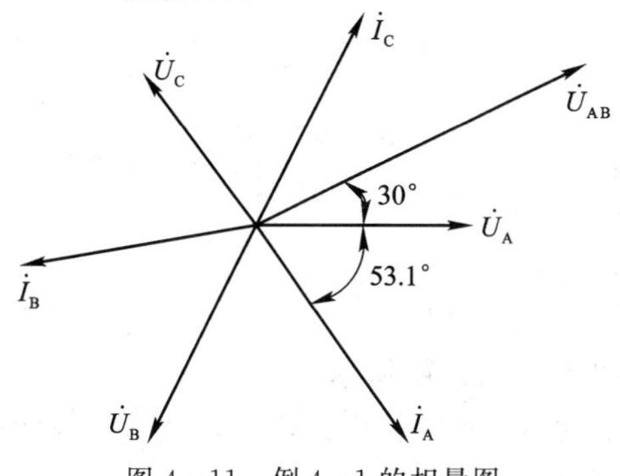

图4-11 例4-1的相量图

根据电流对称关系，其他两相电流可直接写出，

$$\dot{I}_B=\dot{I}_A\angle{-120^\circ}=4.4\angle{-173.1^\circ}\ \text{A}$$

$$\dot{I}_C=\dot{I}_A\angle{120^\circ}=4.4\angle{66.9^\circ}\ \text{A}$$

三相电路的相量图可视题目要求画得更简洁一些。比如本题中只要画出三相电流及求解过程中所涉及的电压相量 $\dot{U}_{AB}$、$\dot{U}_A$，而其余两相电压 $\dot{U}_B$、$\dot{U}_C$ 因对称关系不再画出。

4.2.2 不对称负载星形连接的三相电路

不完全相同的三相负载称为不对称负载。

不对称负载 Y 连接时，应采用三相四线制，如图 4-9 所示。这样可以把不对称的三相负载看成三个单相负载，三相电流和中线电流可利用式(4-11)、式(4-13)分别计算出来。

关于负载不对称的三相电路，我们举下面几个例子来分析。

【例 4-2】 在如图 4-12(a)所示三相电路中，设电源电压对称，且相电压 $U_P=220$ V，负载为电灯组，电灯额定电压为 220 V，各相电阻为 $R_A=5\ \Omega$，$R_B=22\ \Omega$，$R_C=10\ \Omega$。试求负载的相电压、相电流和中线电流。

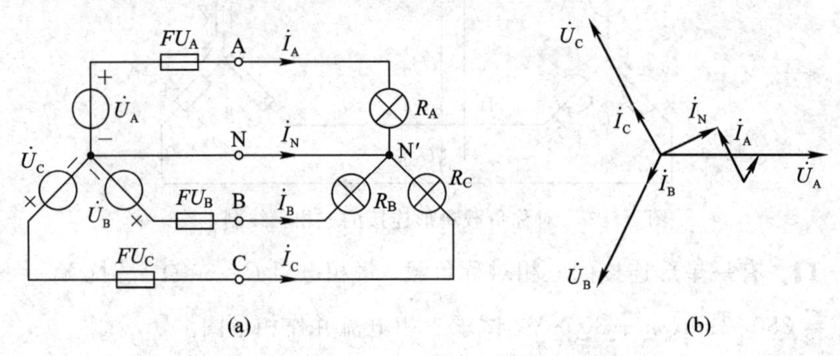

图 4-12 例 4-2 图

解：尽管负载不对称，但在有中线的情况下，若导线压降忽略不计，负载的相电压就等于电源相电压，也是对称的，有效值为 220 V，这与电灯的额定电压相符。

设以 $\dot{U}_A$ 为参考量，则各相电流为

$$\dot{I}_A=\frac{\dot{U}_A}{R_A}=\frac{220\angle{0^\circ}\ \text{V}}{5\ \Omega}=44\angle{0^\circ}\ \text{A}$$

$$\dot{I}_B=\frac{\dot{U}_B}{R_B}=\frac{220\angle{-120^\circ}\ \text{V}}{22\ \Omega}=10\angle{-120^\circ}\ \text{A}$$

$$\dot{I}_C=\frac{\dot{U}_C}{R_C}=\frac{220\angle{120^\circ}\ \text{V}}{10\ \Omega}=22\angle{120^\circ}\ \text{A}$$

中线电流

$$\dot{I}_N=\dot{I}_A+\dot{I}_B+\dot{I}_C=44\ \text{A}+10\angle{-120^\circ}\ \text{A}+22\angle{120^\circ}\ \text{A}=29.87\angle{20.4^\circ}\ \text{A}$$

各电压、电流相量图如图 4-12(b)所示。

由上例可见，当三相负载不对称时，中线电流不为零，因此中线不能省去。下面的例题可使我们进一步了解中线的重要作用。

【例 4-3】 对上例电路进行事故分析：① A 相负载断路或短路；② 中线断开；③ 中线断开后，A 相断路或短路。

解：① A 相负载断路，$I_A=0$；A 相负载短路即 A 相负载短接，这时将产生很大的短路电流，将 A 线熔断器 FU_A 熔断。但因中线的存在，B、C 两相不受 A 相事故影响，仍能正常工作。

② 中线断开。因负载不对称，负载中点 N′ 和电源中点 N 不再等电位，用弥尔曼定理可算出两点间电位差为

$$\dot{U}_{N'N}=\left(\frac{\dot{U}_A}{R_A}+\frac{\dot{U}_B}{R_B}+\frac{\dot{U}_C}{R_C}\right)\Big/\left(\frac{1}{R_A}+\frac{1}{R_B}+\frac{1}{R_C}\right)$$

代入数据得

$$\dot{U}_{N'N}=\frac{29.87\angle 20.4^\circ}{\frac{1}{5}+\frac{1}{22}+\frac{1}{10}}\text{ V}=86.47\angle 20.4^\circ\text{ V}$$

由基尔霍夫电压定律知各相负载的相电压

$$\dot{U}_{AN'}=\dot{U}_A-\dot{U}_{N'N}=142\angle -12^\circ\text{ V}$$

$$\dot{U}_{BN'}=\dot{U}_B-\dot{U}_{N'N}=292\angle -131^\circ\text{ V}$$

$$\dot{U}_{CN'}=\dot{U}_C-\dot{U}_{N'N}=249\angle 140^\circ\text{ V}$$

可见，此时负载相电压已不再等于对应电源的相电压。A 相电灯承受电压 $U_{RA}=142$ V，小于其额定值，因此不能正常工作，而 B 相、C 相电灯承受的电压分别为 $U_{RB}=292$ V，$U_{RC}=249$ V，都超过了额定值，电灯将受到损害，也不能正常工作。

③ 中线断开且 A 相短路时，电路如图 4-13(a)所示。

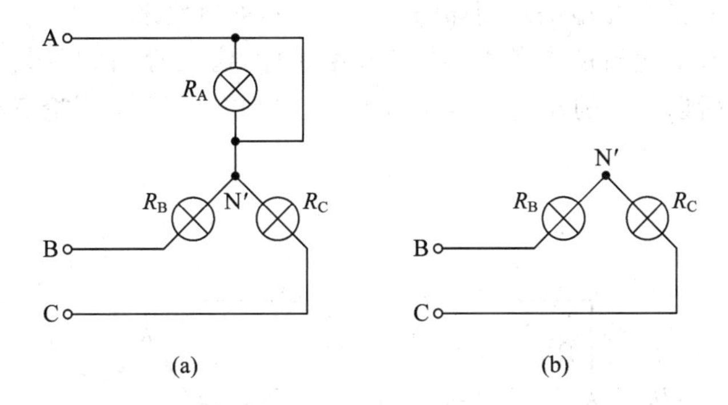

图 4-13　例 4-3 图

A 端被短接至点 N′，使 B、C 两相负载承受电源线电压

$$U_{RB}=U_{AB}=380\text{ V}$$

$$U_{RC}=U_{CB}=380\text{ V}$$

这都大大超过了电灯的额定电压，电灯会很快被烧坏。

当中线和 A 线同时短路时，电路如图 4-11(b)所示，R_A 和 R_B 串联共同承受线电压 $\dot{U}_{BC}$，此时

$$U_{RB}=\frac{U_{BC}}{R_B+R_C}R_B=\frac{380\text{ V}}{(22+10)\ \Omega}\times 22\ \Omega=261.25\text{ V}>220\text{ V}$$

$$U_{RC}=U_{BC}-U_{RB}=118.75\ \text{V}<220\ \text{V}$$

可得出结论:无论负载电压高于还是低于其额定值都不能正常工作。

由上例可见，当负载不对称，又没有中线时，负载的电压总是高于或低于额定电压，这是不允许的。因此，负载不对称时，中线不能省去。

中线的作用就在于它强制负载中点N′与电源中点N等电位，保证负载能在额定电压下正常工作。为确保中线的作用，中线上不准熔断器或开关。

从上面所举的例题可以看出：

(1) 负载不对称而又没有中线时，负载的相电压就不对称。当负载的相电压不对称时，势必引起有的相电压过高，高于负载的额定电压；有的相电压过低，低于负载的额定电压。这都是不容许的。三相负载的相电压必须对称。

(2) 中线的作用在于使星形连结的不对称负载的相电压对称。为了保证负载的相电压对称，不应让中线断开。因此，中线内不接入熔断器或闸刀开关。

练习与思考

4.2.1 什么是三相负载、单相负载和单相负载的三相连结？三相交流电动机有三根电源线接到电源的A、B、C三端，称为三相负载，电灯有两根电源线，为什么不称为两相负载，而称单相负载？

4.2.2 有220 V、100 W的电灯66个，应如何接入线电压为380 V的三相四线制电路？求负载在对称情况下的线电流。

4.3 负载三角形连接的三相电路

负载三角形连接的三相电路可用如图4-14所示的电路来表示。三相负载阻抗分别为Z_{AB}、Z_{BC}、Z_{CA}。电压和电流的参考方向都已在图中标出。由于每相负载都直接接在电源相应的两根相线上，所以负载的相电压等于电源的线电压，因此，不论负载是否对称，其相电压总是对称的，且

$$U_P=U_L \tag{4-17}$$

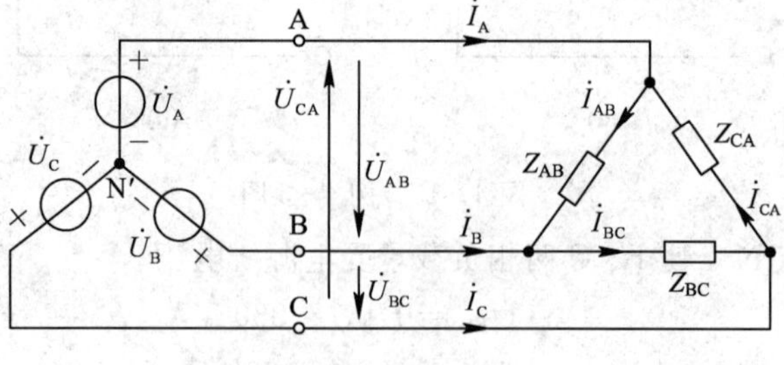

图4-14 负载三角形连接的三相电路

在图4-14中，各相电流分别用$\dot{I}_{AB}$、$\dot{I}_{BC}$、$\dot{I}_{CA}$表示，线电流分别用$\dot{I}_A$、$\dot{I}_B$、$\dot{I}_C$表示，则

$$\dot{I}_{AB}=\frac{\dot{U}_{AB}}{Z_{AB}},\ \dot{I}_{BC}=\frac{\dot{U}_{BC}}{Z_{BC}},\ \dot{I}_{CA}=\frac{\dot{U}_{CA}}{Z_{CA}} \tag{4-18}$$

各线电流与相电流的关系为

$$\dot{I}_A = \dot{I}_{AB} - \dot{I}_{CA}, \dot{I}_B = \dot{I}_{BC} - \dot{I}_{AB}, \dot{I}_C = \dot{I}_{CA} - \dot{I}_{BC} \quad (4-19)$$

上两式是负载三角形连接电路的通用公式，但当负载对称时，以上计算可以简化。

4.3.1　对称负载三角形连接的三相电路

三相负载对称，即 $Z_{AB} = Z_{BC} = Z_{CA} = Z = |Z|\underline{/\varphi}$ 时，式(4-18)中各相电流为

$$\dot{I}_{AB} = \frac{\dot{U}_{AB}}{Z}, \dot{I}_{BC} = \frac{\dot{U}_{BC}}{Z}, \dot{I}_{CA} = \frac{\dot{U}_{CA}}{Z} \quad (4-20)$$

因为 $\dot{U}_{AB}$、$\dot{U}_{BC}$、$\dot{U}_{CA}$ 为对称三相电压，所以 $\dot{I}_{AB}$、$\dot{I}_{BC}$、$\dot{I}_{CA}$ 也是对称三相电流，它们的有效值为 $I_P = \frac{U_C}{|Z|}$，相位互差 120°。

若设 $\dot{I}_{AB} = I_P\underline{/0^\circ}$ A，$\dot{I}_{BC} = I_P\underline{/-120^\circ}$ A，$\dot{I}_{CA} = I_P\underline{/120^\circ}$ A　(4-21)

画出它们的相量图，并根据式(4-19)作出各线电流的相量图，如图 4-15 所示。显然，各线电流也是对称的，其大小是相电流的 $\sqrt{3}$ 倍，即

$$I_L = \sqrt{3} I_P \quad (4-22)$$

相位比相应的相电流滞后 30°，即 $\dot{I}_A$ 比 $\dot{I}_{AB}$、$\dot{I}_B$ 比 $\dot{I}_{BC}$、$\dot{I}_C$ 比 $\dot{I}_{CA}$ 分别滞后 30°。

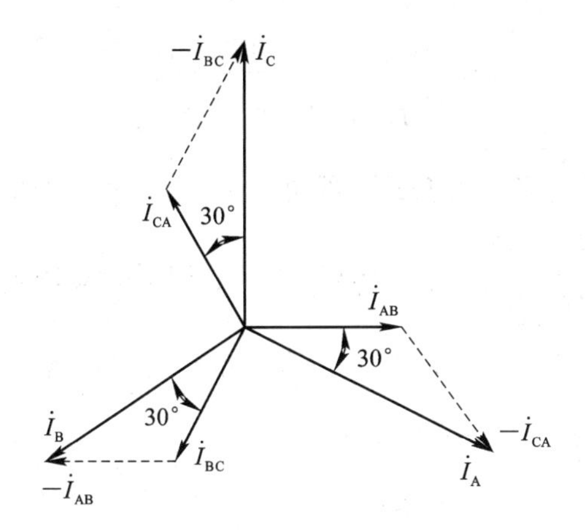

图 4-15　对称负载三角形连接的电流相量图

根据上述特点，计算对称负载三角形连接的三相电路时，也只要计算其中的一相电流，其余两相电流及线电流可根据对称关系直接写出。

【例 4-4】 如图 4-16 所示三相对称电路，电源线电压为 380 V，Y 连接负载阻抗 $Z_Y = 22\underline{/-30^\circ}$ Ω，作△连接的负载阻抗 $Z_\triangle = 38\underline{/60^\circ}$ Ω，试求：① Y 连接的负载相电压 $\dot{U}_A$、$\dot{U}_B$、$\dot{U}_C$；② △连接的负载相电流 $\dot{I}_{AB}$、$\dot{I}_{BC}$、$\dot{I}_{CA}$；③ 传输线电流 $\dot{I}_A$、$\dot{I}_B$、$\dot{I}_C$。

解：根据题意，设 $\dot{U}_{AB} = 380\underline{/0^\circ}$ V

① 由线电压与相电压的关系可得出△连接的负载各相电压为

$$\dot{U}_A = \frac{\dot{U}_{AB}}{\sqrt{3}}\underline{/-30^\circ} = \frac{380\underline{/(0^\circ - 30^\circ)}}{\sqrt{3}} \text{ V} = 220\underline{/-30^\circ} \text{ V}$$

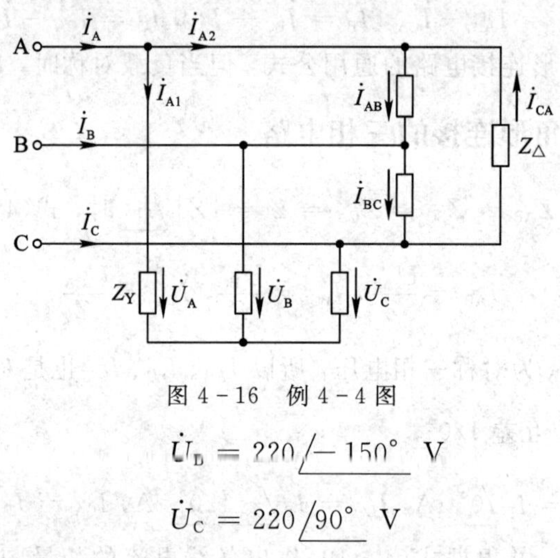

图 4-16 例 4-4 图

$$\dot{U}_B = 220\angle{-150^\circ}\ \text{V}$$

$$\dot{U}_C = 220\angle{90^\circ}\ \text{V}$$

② △连接的负载相电流为

$$\dot{I}_{AB} = \frac{\dot{U}_{AB}}{Z_\triangle} = \frac{380\angle{0^\circ}\ \text{V}}{38\angle{60^\circ}\ \Omega} = 10\angle{-60^\circ}\ \text{A}$$

因为对称，同理得

$$\dot{I}_{BC} = 10\angle{-180^\circ}\ \text{A}$$

$$\dot{I}_{CA} = 10\angle{60^\circ}\ \text{A}$$

③ 传输线 A 线上的电流为 Y 负载的线电流 $\dot{I}_{A1}$ 与△负载线电流 $\dot{I}_{A2}$ 之和。

其中 $\dot{I}_{A1} = \frac{\dot{U}_A}{Z_Y} = \frac{220\angle{-30^\circ}\ \text{V}}{22\angle{-30^\circ}\ \Omega} = 10\angle{0^\circ}\ \text{A}$，$\dot{I}_{A2}$ 是电流 $\dot{I}_{AB}$ 的$\sqrt{3}$倍，相位滞后 $\dot{I}_{AB}$ 30°，即

$$\dot{I}_{A2} = \sqrt{3}\ \dot{I}_{AB}\angle{-30^\circ} = \sqrt{3}\times 10\angle{(-60^\circ-30^\circ)}\ \text{A} = 10\sqrt{3}\angle{-90^\circ}\ \text{A}$$

$$\dot{I}_A = \dot{I}_{A1} + \dot{I}_{A2} = 10\angle{0^\circ}\ \text{A} + 10\sqrt{3}\angle{-90^\circ}\ \text{A} = 20\angle{-60^\circ}\ \text{A}$$

因为对称，同理得

$$\dot{I}_B = 20\angle{-180^\circ}\ \text{A}$$

$$\dot{I}_C = 20\angle{60^\circ}\ \text{A}$$

4.3.2 不对称负载三角形连接的三相电路

不对称负载尽管它们的相电压是对称的，但因为三相阻抗不相等，所以各相电流也不再对称，线电流与相电流之间也不再具有固定的大小和相位关系，因此不对称负载的电流只能根据式(4-18)、式(4-19)逐相分别计算。

【例 4-5】 设有额定功率 $P_N=100$ W、额定电压 $U_N=220$ V 的电灯 14 盏，按△连接方式连接在线电压为 220 V 的三相电源上，若 A、B 线间接 6 盏，B、C 线间接 3 盏，C、A 线间接 5 盏，试求各相电流和线电流。

解：各相所接电灯数量不同，负载阻抗就不相等，这是一个不对称电路，那么设

$$\dot{U}_{AB} = 220\angle 0^\circ \text{ V}$$

每盏电灯的电阻

$$R = \frac{U_N^2}{P_N} = \frac{(220)^2 \text{ V}}{100 \text{ W}} = 484\ \Omega$$

6 盏电灯并联在 A、B 线之间，所以

$$R_{AB} = \frac{R}{6} = 80.7\ \Omega$$

同理

$$R_{BC} = \frac{R}{3} = 161\ \Omega$$

$$R_{CA} = \frac{R}{5} = 97\ \Omega$$

相电流

$$\dot{I}_{AB} = \frac{\dot{U}_{AB}}{R_{AB}} = \frac{220\angle 0^\circ \text{ V}}{80.7\ \Omega} = 2.73 \text{ A}$$

$$\dot{I}_{BC} = \frac{\dot{U}_{BC}}{R_{BC}} = \frac{220\angle -120^\circ \text{ V}}{161\ \Omega} = 1.36\angle -120^\circ \text{ A}$$

$$\dot{I}_{CA} = \frac{\dot{U}_{CA}}{R_{CA}} = \frac{220\angle 120^\circ \text{ V}}{97\ \Omega} = 2.27\angle 120^\circ \text{ A}$$

线电流

$$\dot{I}_A = \dot{I}_{AB} - \dot{I}_{CA} = 2.73 \text{ A} - 2.27\angle 120^\circ \text{ A} = 4.35\angle -27^\circ \text{ A}$$

$$\dot{I}_B = \dot{I}_{BC} - \dot{I}_{AB} = 1.37\angle -120^\circ \text{ A} - 2.73 \text{ A} = 3.61\angle -161^\circ \text{ A}$$

$$\dot{I}_C = \dot{I}_{CA} - \dot{I}_{BC} = 2.27\angle 120^\circ \text{ A} - 1.37\angle -120^\circ \text{ A} = 3.19\angle 98^\circ \text{ A}$$

4.3.3 三相负载接于三相电源的原则

以上我们分析了负载作 Y 连接和△连接的三相电路，那么三相负载应根据什么原则来决定它是接成星形还是接成三角形呢？

我国的低压配电系统普遍采用三相四线制供电，它提供的线电压是 380 V、相电压是 220 V。当三相负载额定电压等于电源线电压时，应作△连接；当三相负载额定电压等于电源电压时，负载应作 Y 连接。作 Y 连接的负载若是对称的，可以不要中线；若不对称，必须接中线。比如照明电灯，因为很难保证三相对称，所以应采用三相四线制接法。三相电动机是对称负载，它的三个接线端总是与电源的三根相线相连，但电动机定子绕组本身却可以接成星形或三角形，它的连接方法已在铭牌上标出。

练习与思考

4.3.1 对称三相负载作三角形连接，接在 380 V 的三相四线制电源上，此时负载端的相电压等于多少倍的线电压？相电流等于多少倍的线电流？中线电流等于多少？

4.3.2 三相对称负载三角形连接，其线电流为 I_l=5.5 A，有功功率为 P=7760 W，功率因数 $\cos\varphi$=0.8，求电源的线电压、电路的无功功率和每相的阻抗。

4.4 三相电路的功率和测量

4.4.1 三相电路的功率

无论三相负载对称与否，也无论负载作 Y 连接还是△连接，三相电路总的功率都等于各相功率之和，即

总有功功率、总无功功率及复功率分别为

$$\begin{aligned}P &= P_A + P_B + P_C \\ &= U_A I_A \cos\varphi_A + U_B I_B \cos\varphi_B + U_C I_C \cos\varphi_C \\ Q &- Q_A + Q_B + Q_C \\ &= U_A I_A \sin\varphi_A + U_B I_B \sin\varphi_B + U_C I_C \sin\varphi \\ \dot{S} &= \dot{S}_A + \dot{S}_B + \dot{S}_C \\ &= \dot{U}_A \dot{I}_A^* + \dot{U}_B \dot{I}_B^* + \dot{U}_C \dot{I}_C^* \\ &= (P_A + P_B + P_C) + j(Q_A + Q_B + Q_C)\end{aligned} \tag{4-23}$$

其中，$\dot{I}^*$ 是 $\dot{I}$ 的共轭相量。

当负载对称时，由于各相的有功功率是相同的，所以总用功功率可表示为

$$P = 3U_P I_P \cos\varphi \tag{4-24}$$

同理，对于对称三相负载，总无功功率、视在功率分别为

$$Q = 3U_P I_P \sin\varphi = \sqrt{3} U_L I_L \sin\varphi \tag{4-25}$$

$$S = 3U_P I_P = \sqrt{3} U_L I_L \tag{4-26}$$

三相对称时各相复功率相等，即

$$\dot{S}_A = \dot{S}_B = \dot{S}_C = \dot{S}_P$$

所以，三相总的复功率

$$\dot{S} = 3\,\dot{S}_P = 3\,\dot{U}_P\,\dot{I}_P^* \tag{4-27}$$

【例 4-6】 如图 4-17 所示电路中，对称三相电源的线电压 $U_l = 380$ V，负载分别为 $Z_A = (2 - j1)\ \Omega$，$Z_B = 4\ \Omega$，$Z_C = j6\ \Omega$，中线阻抗忽略不计。试求：① 各线电流和中线电流。② 求总复功率、有功功率、无功功率。

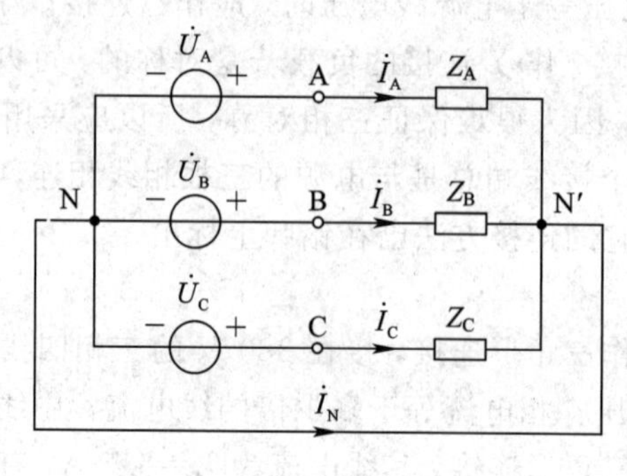

图 4-17

解：设 $\dot{U}_A = \frac{380}{\sqrt{3}}\angle 0^\circ\ \text{V} = 220\angle 0^\circ\ \text{V}$，那么各线电流为

$$\dot{I}_A = \frac{\dot{U}_A}{Z_A} = \frac{220\angle 0^\circ}{2 + \text{j}1}\ \text{A} = 98.39\angle 26.6^\circ\ \text{A}$$

$$\dot{I}_B = \frac{\dot{U}_B}{Z_B} = \frac{220\angle -120^\circ}{4}\ \text{A} = 55\angle -120^\circ\ \text{A}$$

$$\dot{I}_C = \frac{\dot{U}_C}{Z_C} = \frac{220\angle 120^\circ}{\text{j}6}\ \text{A} = 36.67\angle 30^\circ\ \text{A}$$

中线电流

$$\begin{aligned}\dot{I}_N &= \dot{I}_A + \dot{I}_B + \dot{I}_C = (98.39\angle 26.6^\circ + 55\angle -120^\circ + 36.67\angle 30^\circ)\ \text{A}\\ &= 93.41\angle 9.08^\circ\ \text{A}\end{aligned}$$

复功率

$$\begin{aligned}\dot{S} &= \dot{U}_A\dot{I}_A^* + \dot{U}_B\dot{I}_B^* + \dot{U}_C\dot{I}_C^*\\ &= 220\angle 0^\circ\ \text{V}\times 98.39\angle -26.6^\circ\ \text{A} + 220\angle -120^\circ\ \text{V}\times 55\angle 120^\circ\ \text{A} + 220\angle 120^\circ\ \text{V}\\ &\quad\times 36.67\angle -30^\circ\ \text{A}\\ &= 31454.68\ \text{W} - \text{j}1624.7\ \text{var}\end{aligned}$$

有功功率：$P = 31454.68\ \text{W}$

无功功率：$Q = 1624.7\ \text{var}$

4.4.2　三相对称电路中瞬时功率的特点

三相电路的瞬时功率为

$$p = p_A + p_B + p_C = u_A i_A + u_B i_B + u_C i_C$$

在对称三相电路中

$$\begin{aligned}p_A &= u_A i_A = \sqrt{2}U_P\sin\omega t\times\sqrt{2}I_P\sin(\omega t - \varphi)\\ &= U_P I_P[\cos\varphi - \cos(2\omega t - \varphi)]\\ p_B &= u_B i_B = \sqrt{2}U_P\sin(\omega t - 120^\circ)\times\sqrt{2}I_P\sin(\omega t - 120^\circ - \varphi)\\ &= U_P I_P[\cos\varphi - \cos(2\omega t - 240^\circ - \varphi)]\\ p_C &= u_C i_C = \sqrt{2}U_P\sin(\omega t + 120^\circ)\times\sqrt{2}I_P\sin(\omega t + 120^\circ - \varphi)\\ &= U_P I_P[\cos\varphi - \cos(2\omega t + 240^\circ - \varphi)]\end{aligned}$$

因为 $\cos(2\omega t - \varphi) + \cos(2\omega t - 240^\circ - \varphi) + \cos(2\omega t + 240^\circ - \varphi) = 0$

所以

$$p = p_A + p_B + p_C = 3U_P I_P\cos\varphi = P \tag{4-28}$$

这说明，在对称电路中三相负载的瞬时功率在任一时刻都是相同的，是各不随时间变化的常量，其值恰好等于该三相负载的平均有功功率，这是三相对称电路的优点。比如三相交流电动机，因为它任意瞬间消耗的功率不变，电动机产生的机械转矩也恒定不变，从而避免了由于机械转矩变化引起的机械振动，因此电动机运转非常平稳。

【例 4-7】 三相交流电动机的铭牌数据：电压 380 V，电流 10 A，功率 4.5 kW，星形

连接。另由手册查得，额定功率为 0.7894。求额定状态下电动机的功率因数、各相绕组的等效阻抗和电路的无功功率。

解：电动机铭牌上的数据均指额定值，电压、电流和功率是指线电压、线电流和输出功率。

电动机的输入功率 P_1 可由输出功率 P 和额定效率 η 算出

$$P_1 = \frac{P}{\eta} = \frac{4.5 \times 10^3\ \mathrm{W}}{0.7849} = 5700\ \mathrm{W}$$

三相交流电动机是对称负载，其额定功率因数

$$\cos\varphi = \frac{P_1}{\sqrt{3}U_L I_L} = \frac{5700\ \mathrm{W}}{\sqrt{3} \times 380\ \mathrm{V} \times 10\ \mathrm{A}} = 0.866$$

阻抗角

$$\varphi = 30^\circ$$

电动机每组绕组的等效阻抗

$$Z = \frac{U_P}{I_P}\angle\varphi = \frac{U_L}{\sqrt{3}I_L}\angle\varphi = 22\underline{/30^\circ}\ \Omega$$

得

$$R = |Z|\cos\varphi = 22\ \Omega \times \cos 30^\circ = 19\ \Omega$$

$$X_L = |Z|\sin\varphi = 22\ \Omega \times \sin 30^\circ = 11\ \Omega$$

电动机的无功功率

$$Q = \sqrt{3}U_L I_L \sin\varphi = \sqrt{3} \times 380\ \mathrm{V} \times 10\ \mathrm{A} \times \sin 30^\circ = 3291\ \mathrm{var}$$

4.4.3 三相电路功率的测量

在三相三线制电路中，不论负载连成星形还是三角形，也无论负载对称与否，都广泛采用两功率表法(二瓦计法)来测量三相功率。

图 4-18 所示的是三相三线制负载星形连接电路，其三相瞬时功率为

$$p = p_A + p_B + p_C = u_A i_A + u_B i_B + u_C i_C$$

因为 $i_A + i_B + i_C = 0$，$u_A - u_C = u_{AC}$，$u_B u_C = u_{BC}$

所以 $p = u_A i_A + u_B i_B + u_C(-i_C - i_B) = (u_A - u_C)i_B = u_{AC} i_A + u_{BC} i_B = p_1 + p_2$

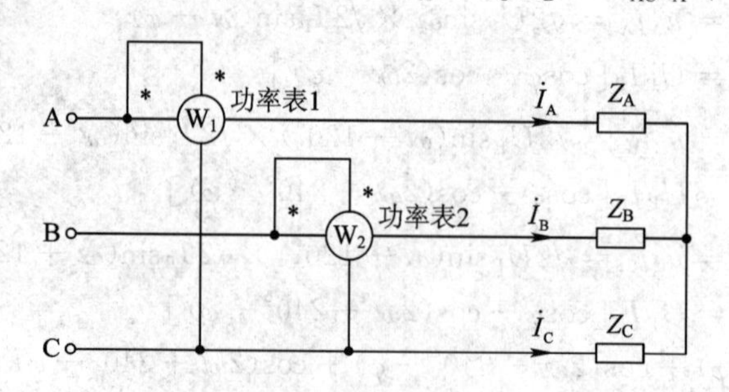

图 4-18 两功率表法测量三相功率

由上式可知，三相功率可以用两个功率表测量来完成。每个功率表的电流线圈中通过的是电流 i_A(i_B或 i_C)，电压线圈上所加的电压 u_{AB}(u_{BC}或 u_{AC})。两个电压线圈的一端都连在未串联电流线圈的第三条电网线上，见图 4-18 中功率表 1、2 的连接。应注意，两个功率表的电流线圈可以串联在三相三线制电源的任意两根线中。

在图 4-18 中，功率表 1 的瞬时功率 p_1 为

$$p_1 = u_{AC} i_A = \sqrt{2} U_{AC} \sin(\omega t + \varphi_{uAC}) \times \sqrt{2} I_A \sin(\omega t + \varphi_{iA})$$

$$p_1 = 2 U_{AC} I_A \sin(\omega t + \varphi_{uAC}) \times \sin(\omega t + \varphi_{iA})$$

$$p_1 = U_{AC} I_A \cos(\varphi_{uAC} - \varphi_{iA}) - U_{AC} I_A \cos(2\omega t + \varphi_{uAC} + \varphi_{iA})$$

$$p_1 = U_{AC} I_A \cos\varphi_A - U_{AC} I_A \cos(2\omega t + \varphi_{uAC} + \varphi_{iA})$$

从上式可以看出：瞬时功率 p_1 由两部分组成。第一部分中 U_{AC} 和 I_A 分别是电源的线电压、线电流的有效值，$\varphi_A(\varphi_A = \varphi_{uAC} - \varphi_{iA})$ 是 u_{AC} 与 i_A 之间的相位差。负载确定时，φ_A 是确定值，因而第一部分为恒定量。第二部分为频率，是电网率两倍的交流量。如果对 p_1 求平均值 $P_1 = \frac{1}{T}\int_1^T p_1 \mathrm{d}t$，其中交流量部分的积分结果为零。则 $P_1 = U_{AC} I_A \cos\varphi_A$。因此，功率表1的读数实际上是它的平均值，而不是 p_1 的瞬时值。

同理，功率表2的读数为 $P_2 = U_{BC} I_B \cos\varphi_B$，其中 φ_B 是 u_{BC} 与 i_B 之间的相位差。两功率表的读数 P_1 与 P_2 之和，即三相功率

$$P = P_1 + P_2 = U_{AC} I_A \cos\varphi_A + U_{BC} I_B \cos\varphi_B \tag{4-29}$$

当负载对称时，$\varphi_A = 30° - \varphi_Z$，$\varphi_B = 30° + \varphi_Z$，其中 φ_Z 是负载的阻抗角，两功率表的读数分别是

$$P_1 = U_{AC} I_A \cos\varphi_A = U_l I_l \cos(30° - \varphi_Z) \tag{4-30}$$

$$P_2 = U_{BC} I_B \cos\varphi_B = U_l I_l \cos(30° + \varphi_Z) \tag{4-31}$$

注意：

(1) 三相四线制电路不能用二瓦计法测量三相功率，这是因为在一般情况下，$\dot{I}_A + \dot{I}_B + \dot{I}_C \neq 0$。

(2) 两块表读数的代数和为三相总功率，每块表的单独读数无意义。

(3) 按正确极性接线时，两表中可能有一个表的读数为负，此时功率表指针反转，将其电流线圈极性反接后，指针指向正数，但此表读数应记为负值。

(4) 两表法测三相功率的接线方式有3种，注意功率表的同名端。

【例4-8】 电路如图4-19所示，其中 $U_l = 380$ V，$Z_1 = 30 + \mathrm{j}40\ \Omega$，电动机 $P = 1700$ W，$\cos\varphi = 0.8$。求：(1) 线电流和电源发出的总功率；(2) 用两表法测电动机负载的功率，画接线图，求两表读数。

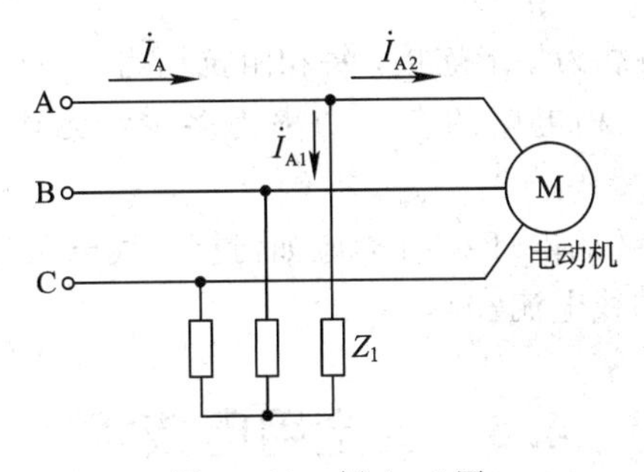

图4-19 例4-8图

解：(1) 令 $\dot{U}_A = 220\angle 0°$ V，$\dot{I}_{A1} = \frac{\dot{U}_A}{Z} = \frac{220\angle 0°}{30 + \mathrm{j}40} = 4.4\angle -53.1°$ A

电动机负载 $I_{A2}=\dfrac{P}{\sqrt{3}U_L\cos\varphi}=\dfrac{P}{\sqrt{3}\times380\times0.8}=3.23\text{ A}$

$$I_{A2}=\frac{P}{\sqrt{3}U_L\cos\varphi}=\frac{P}{\sqrt{3}\times380\times0.8}=3.23\text{ A}$$

$$\cos\varphi=0.8,\ \varphi=36.9^\circ\text{ A}$$

$$\dot{I}_{A2}=3.23\angle-36.9^\circ\text{ A}$$

总电流 $\dot{I}_A=\dot{I}_{A1}+\dot{I}_{A2}=4.4\angle-53.1^\circ+3.23\angle-36.9^\circ=7.56\angle-46.2^\circ\ A$

$$P_{总}=\sqrt{3}U_lI_A\cos\varphi_{总}=\sqrt{3}\times380\times7.56\cos46.2^\circ=3.44\text{ kW}$$

$$P_{Z1}=3I_{A1}^2R_1=3\times4.41^2\times30=1.74\text{ kW}$$

(2) 两表接线图如图 4-20 所示。

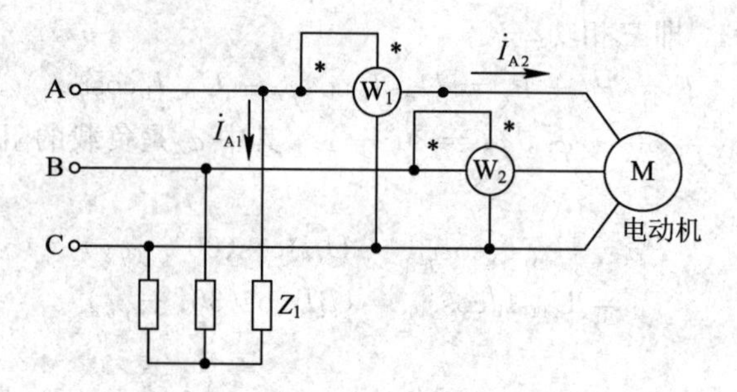

图 4-20 接线图

$$\dot{U}_{AB}=380\angle30^\circ\text{ V}$$

$$\dot{U}_{AC}=-\dot{U}_{CA}=-380\angle150^\circ\text{ V}=380\angle-30^\circ\text{ V}$$

$$\dot{I}_{B2}=3.23\angle-156.9^\circ\text{ A}$$

$$\dot{U}_{BC}=380\angle-90^\circ\text{ V}$$

表 W_1的读数 P_1：$P_1=U_{AC}I_{A2}\cos\varphi_A=380\times3.23\cos(30^\circ-36.9^\circ)=1218.5\text{ W}$

表 W_2的读数 P_2：$P_2=U_{BC}I_{B2}\cos\varphi_B=380\times3.23\cos(30^\circ+36.9^\circ)=481.6\text{ W}$

练习与思考

4.4.1 有一对称三相负载为星形连接，每相阻抗均为 22 Ω，功率因数为 0.8 又测出负载中的电流为 10A，那么三相电路的有功功率为多少？无功功率为多少？视在功率为多少？

4.4.2 有 220 V、100 W 的电灯 66 个，应如何接入线电压为 380 V 的三相四线制的电网中？求负载对称情况下的线电流？

4.5 安全用电技术

随着电能应用的不断扩展，以电能为介质的各种电气设备广泛进入企业、社会和家庭生活中，与此同时，使用电气设备所带来的不安全事故也不断发生。为了实现电气安全，对电网本身进行安全保护的同时，更要重视用电的安全问题。因此，学习安全用电基本知识，掌握常规触电防护技术，是保证用电安全的有效途径。

电能为人类造福，但若不能安全使用，也能给人类带来灾难，如违反电气操作规程、不设安全保护引起的触电事故，电气线路过载、过热引起的火灾事故等时有发生。电气危害有两个方面：一方面是对系统自身的危害，如短路、过电压、绝缘老化等；另一方面是对用电设备、环境和人员的危害，如触电、电气火灾、电压异常升高造成用电设备损坏等，其中以触电和电气火灾危害最为严重。触电可直接导致人员伤残、死亡。另外，静电产生的危害也不能忽视，它是电气火灾的原因之一，对电子设备的危害也很大。为了更好地利用电能，减少事故，我们必须了解一些安全用电的常识和技术。

4.5.1　安全用电常识

1. 触电的危害及影响触电危险程度的因素

触电是指人体触及带电体后，电流对人体造成的伤害。它有两种类型，即电伤和电击。

电伤是指电流的热效应、化学效应、机械效应及电流本身造成的人体伤害。电伤会在人体皮肤表面留下明显的伤痕，常见的有灼伤、电烙伤和皮肤金属化等现象。

电击是指电流通过人体内部，破坏人体内部组织，影响呼吸系统、心脏及神经系统的正常功能，甚至危及生命。在触电事故中，电击和电伤会同时发生。

影响触电危险程度的因素：电流大小、电流类型、电流作用时间、电流路径、人体电阻、安全电压值等。

2. 安全电流和安全电压

通过人体的电流达 5 mA 时，人就会有所感觉，达到几十毫安时往往会使人麻痹而不能自觉脱离电源，因此通过人体的电流一般不能超过 7～10 mA，当通过人体的电流在 30 mA以上就会有生命危险。36 V 以下的电压，一般不会在人体中产生危险电流，故把 36 V以下的电压称为安全电压。当然，触电的后果还与触电持续时间以及电流流过人体的部位有关，触电时间愈长愈危险。

3. 几种触电的方式

常见的触电情况如图 4－21 所示。其中图 4－21(a)所示双线触电是最危险的，因为此时人体承受的是电源线电压。图 4－21(b)是电源中性点接地时的单相触电，人体承受电源相电压，也很危险。即使电源中点不接地，若人体触及系统中一相，如图 4－21c 所示，由于导线与大地之间存在分布电容，电流会经人体和另外两相分布电容构成通路。在高压系统中，该电容电流足以危及人身安全，因此也很危险。

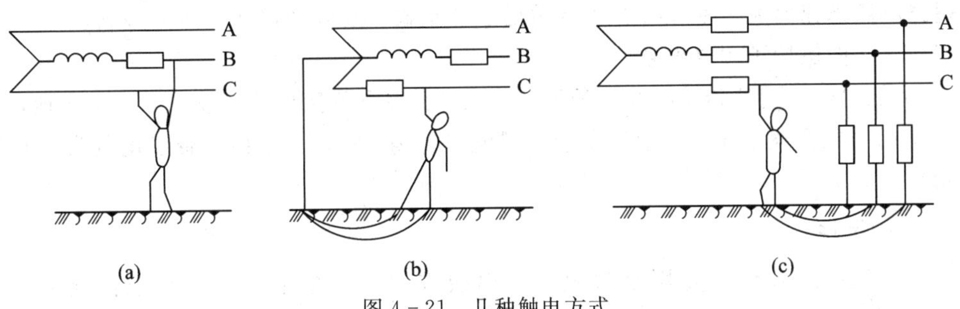

图 4－21　几种触电方式

4.5.2 防止触电的安全技术

为了防止触电事故的发生，必须采取以下措施：

1. 严格执行有关规定

对电力线路进行严格的电气和机械强度的设计及施工验收，并按规定保证其对建筑物及大地的安全距离，避免人体触及。

2. 使用安全电压

对人体经常接触的电气设备应尽量使用 36 V 以下的安全电压，如行灯、机床照明灯用的电压都是 36 V；在潮湿和危险的环境中，如坑道内施工、锅炉内检修时的照明，则应使用更低的 24 V 或 12 V 电压。对于工作电压大于安全电压而人体又不可避免会触及的电气设备，如电动机等，必须对电气设备的外壳采用安全的保护接地或保护接零。

3. 工作接地

为了电力系统运行和安全的需要，将其电源的中性点通过接地体接地，如图 4-22 所示，称为工作接地。接地体是埋入地中并直接与大地接触的金属导体，其电阻值以不大于 4 Ω 为宜。若电源变压器的容量小于 100 kVA，接地电阻的阻值可放宽到 10 Ω。

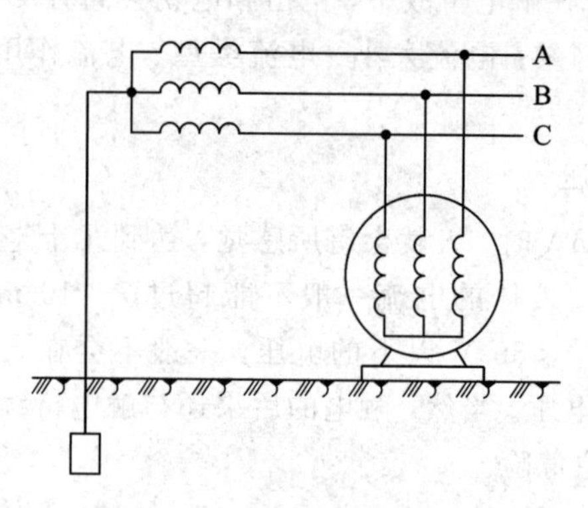

图 4-22 工作接地

工作接地的作用：

① 降低人体的触电电压。在中性点不接地的系统中，若其中的一相接地，人体触及另外一相时，触电电压为线电压。采用了工作接地后，发生上述情况时，触电电压将降低到等于或接近于相电压的水平。

② 快速切断带电故障。在该系统中，若某相有了接地故障，就相当于发生了单相短路，短路电流迅速增大，使得保护装置做出迅速反映，断开故障点，故障设备与电力系统分离开来，从而保护了用电设备。

③ 降低对电气设备和输电线路的绝缘要求。中性点不接地的系统中，一相接地，另外两相对地的电压是线电压；而中性点接地后就降低为相电压，从而降低了电气设备和线路的绝缘等级。

4. 保护接地

将电气设备的金属外壳用足够粗的金属线或钢筋与接地体可靠地连接起来，如图

4－23所示，称为保护接地。保护接地适用于中性点不接地的供电系统。

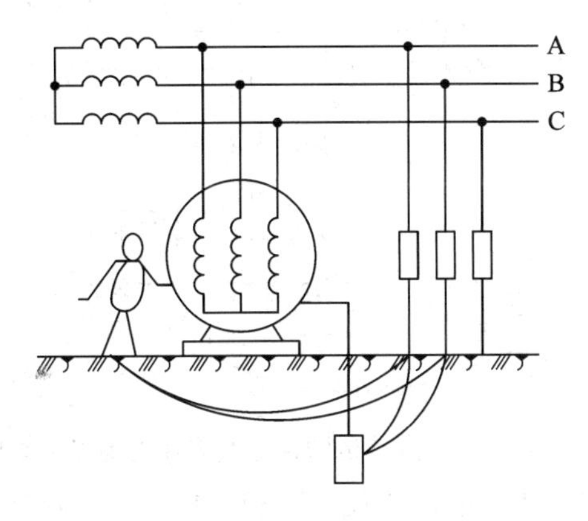

图 4－23　保护接地

当电动机某相绕组因绝缘损坏发生碰壳时，如果没有保护接地，人体触及带电外壳时，其情形就类似图 4－21(c)所示，是很危险的。有了保护接地后，由于电动机外壳通过接地与大地有了良好的接触，触壳的人体相当于接地体的一条并联支路。由于人体电阻(大于 1kΩ)比接地体电阻(规定不大于 4Ω)大得多，所以几乎没有电流流过人体，从而避免了触电事故。

5. 保护接零

把电气设备的金属外壳和电源的零线(即中线)连接起来，如图 4－24 所示，称为保护接零。

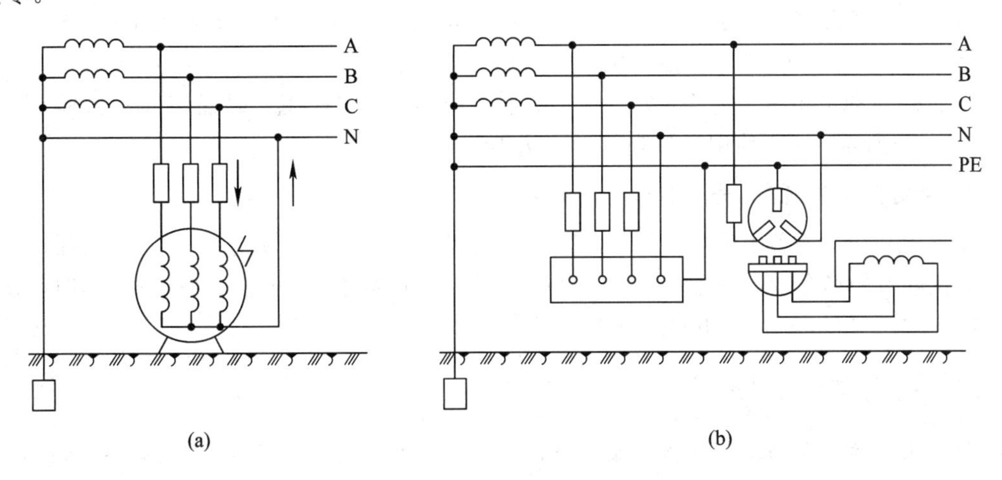

图 4－24　保护接零

保护接零适用于电源中性点接地的低压供电系统。当设备发生碰壳事故时，相电压经过机壳到零线形成单相短路，短路电流迅速将故障相熔断或使继电保护装置动作，切断电源保障人身安全。

需要说明：

① 在中性点接地的供电系统中，负载只能采用保护接零，而保护接地是不能有效防止触电事故的。如图 4－25 所示，当设备绝缘损坏发生碰壳事故时，接地电流 $I_e = \dfrac{U_P}{R_o + R'_o}$

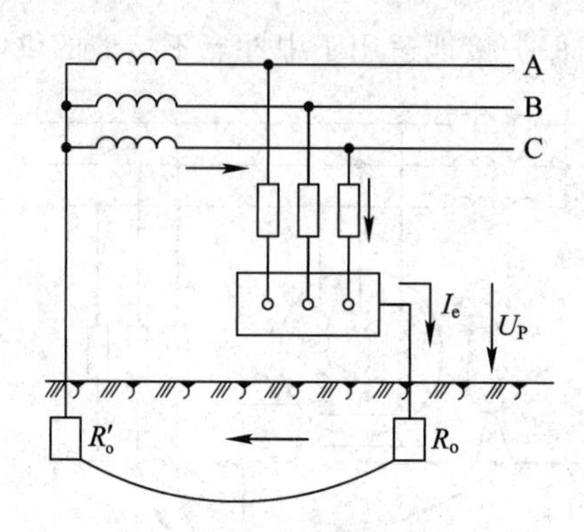

图 4-25　中性点接地的供电系统接地不安全原理

其中，U_P为系统相电压，R_o和R'_o分别为保护接地和工作接地的接地电阻。若系统电压为 380 V/220 V，$R_o = R'_o = 4\ \Omega$，则接地电流 $I_e = 220\ \text{V}/(4+4)\ \Omega = 27.5\ \text{A}$。对于容量较大的用电设备，其工作电流也较大，因此其设定的熔断器或继电保护的额定电流也比较大，该接地电流可能不足以使熔断器的熔丝熔断或使继电保护动作。这样，设备外壳将长时间带电，其对地电压 $U_e = \dfrac{U_P}{R_o + R'_o} R_o = 110\ \text{V}$，显然，该电压对人体是不安全的。

② 零线要重复接地。如果该系统只有一处接地，一旦该接地点意外断开或零线的某处断开，当某一个接零设备发生单相碰壳时，则所有接零设备的外壳上都会带有 220 V 的对地电压，人体触及任何一台设备都是很危险的。因此零线必须重复接地。

③ 采用专用保护零线。图 4-24(a)是保护零线与工作零线共用的三相四线制系统，图 4-24(b)是保护零线 PE 与工作零线 N 分开的三相五线制系统。PE 线是专用保护线，正常情况下无电流流过，因此比三相四线制更安全可靠。

金属外壳的单相家用电器，如电饭煲、电冰箱等，必须使用三眼插座和三极插头，如图 4-24(b)所示，这样使用时外壳能可靠接零。

6. 利用各种联锁、信号、标志防止触电

电气设备设置联锁装置，当设备的防护罩打开时，能自动切断连在其上的电源，防止触电；在危险的场合设置信号(如声、光)报警，或“高压危险”等标志；在检修线路时，应挂上“正在工作，请勿合闸”的标志，作为警示。

4.5.3　用电安全技术简介

低压配电系统是电力系统的末端，分布广泛，几乎遍及建筑的每一角落，平常使用最多的是 380/220 V 的低压配电系统。从安全用电等方面考虑，低压配电系统有 3 种接地形式：IT 系统、TT 系统、TN 系统。TN 系统又分为 TN-S 系统、TN-C 系统、TN-C-S 系统 3 种形式。

1. IT 系统

IT 系统就是电源中性点不接地、用电设备外壳直接接地的系统，如图 4-26 所示，IT 系统中，连接设备外壳可导电部分和接地体的导线，就是 PE 线。

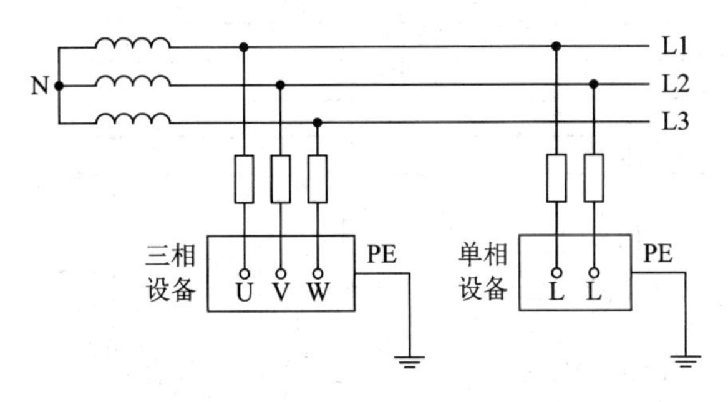

图 4－26　IT 系统图

2. TT 系统

TT 系统就是电源中性点直接接地、用电设备外壳也直接接地的系统。如图 4－27 所示。通常将电源中性点的接地叫作工作接地，而设备外壳接地叫作保护接地。TT 系统中，这两个接地必须是相互独立的(指导线 N 与 PE 不连接)。设备接地可以使每一设备都有各自独立的接地装置。也可以若干设备共用一个接地装置，图 4－27 中单相设备和单相插座就是共用接地装置的。

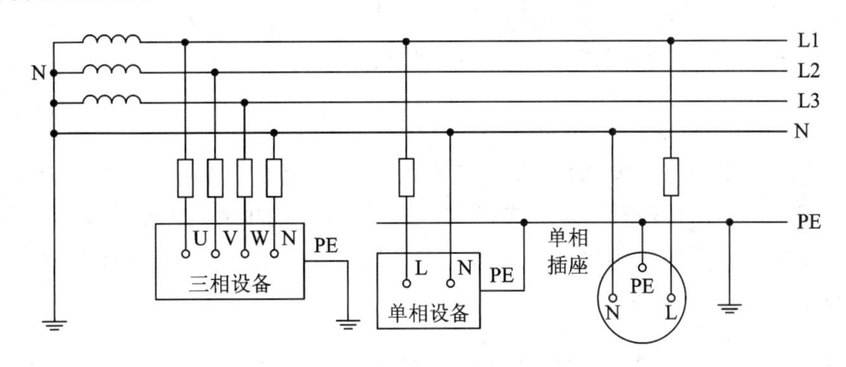

图 4－27　TT 系统图

3. TN 系统

TN 系统即电源中性点直接接地，设备外壳等可导电部分与电源中性点有直接电气连接的系统，它有 3 种形式，分述如下。

TN－S 系统如图 4－28 所示。图中中性线 N 与 TT 系统相同，在电源中性点工作接地，而用电设备外壳等可导电部分通过专门设置的保护线 PE 连接到电源中性点上。在这种系统中，中性线 N 和保护线 PE 是分开的。TN－S 系统的最大特征是 N 线与 PE 线在系统中性点分开后，不能再有任何电器连接。TN－S 系统是我国现在应用最为广泛的一种系统(又称三相五线制)。现代智能楼宇的供电系统大多采用此接地方式。

TN－C 系统如图 4－29 所示，它将 PE 线和 N 线的功能综合起来，统一为一根保护中性线 PEN，同时承担保护线和中性线两者的功能。在用电设备处，PEN 线既连接到负荷中性点上，又连接到设备外壳等可导电部分。此时注意火线(L)与零线(N)要接正确，否则外壳要带点。TN－C 现在已很少采用，尤其是在民用配电中已基本上不允许采用 TN－C 系统。

TN－C－S 系统是 TN－C 系统和 TN－S 系统的结合形式，如图 4－30 所示。TN－C－S

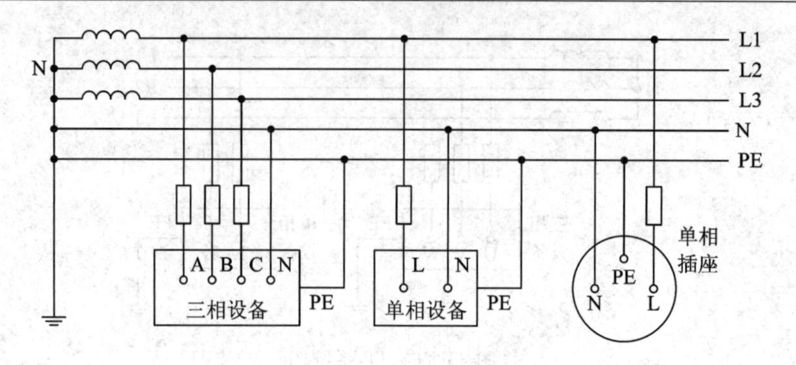

图 4-28 TN-S 系统图

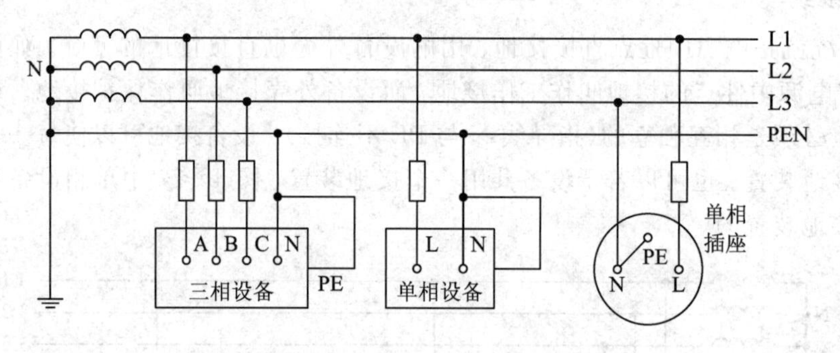

图 4-29 TN-C 系统图

系统中，从电源出来的那一段采用 TN-C 系统只起电能的传输作用，到用电负荷附近某一点处，将 PEN 线分开成单独的 N 线和 PE 线，从这一点开始，系统相当于 TN-S 系统。TN-C-S 系统也是现在应用比较广泛的一种系统。这里采用了重复接地技术。此系统在旧楼改造中适用。

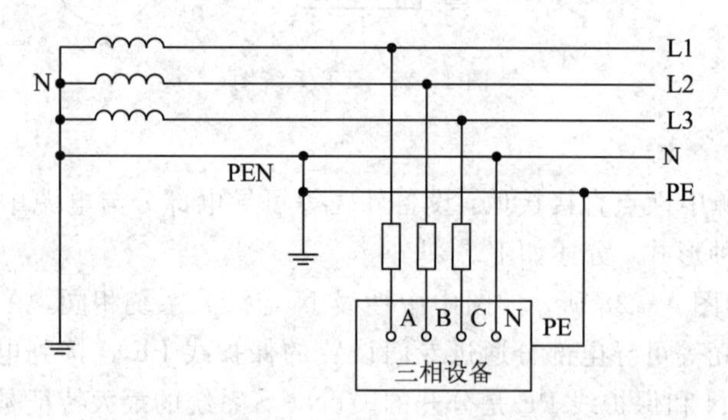

图 4-30 TN-C-S 系统图

4.5.4 电气火灾及防火措施

电气火灾常起因于电路自燃：电路或电气设备因受潮使其绝缘程度降低，造成漏电起火；电路过载甚至短路时熔丝未起作用，造成线路和设备温度过高，使绝缘融化燃烧。其次电气设备没按规定安装防护板等造成电火花，引起周围易燃物燃烧等也是电气火灾的重要原因。防止电气火灾的安全措施：

（1）不私拉乱接电线，避免造成短路。

(2) 要保持必要的防火间距及良好的通风。

(3) 要有良好的过热、过流保护，并且不能随意增加用电设备，以免造成线路超负荷运行。

(4) 增加线路容量时要核算导线截面是否符合要求。一般是根据导线的安全载流量、线路电压损失以及导线的机械强度确定导线截面。对于室内低压电器线路，由于线路不长，且多是固定在墙上或地面，所以常常只根据载流量以及室内线路允许的最小截面来确定导线截面。

4.5.5　发生触电及电气火灾的急救措施

无论是触电、电气火灾还是其他电气事故，首先应切断电源，拉闸时要用绝缘工具，需要切断电线时要用带绝缘套的钳子从电源的几根相线、零线的不同部位剪开，以免造成电源短路。

对已脱离电源的触电者要用人工呼吸或胸外心脏挤压法进行现场抢救，以赢得送医院抢救的时间。但千万不能打强心针。

在发生火灾不能及时断电的场合，应采用不导电的灭火剂(如四氯化碳、二氧化碳干粉等)带电灭火。若用水灭火，则必须切断电源或穿上绝缘鞋。

电气事故重在预防，一定要按照有关操作规程和用电规定办事，这样才能从根本上杜绝电气事故。

练习与思考

4.5.1 关于熔丝的选择方法，下列说法中正确的是(　　)

A. 应使熔丝的额定电流等于或稍大于电路的工作电流

B. 应使熔丝的额定电流等于或稍大于电路的最大正常工作电流

C. 应使熔丝的额定电流小于电路的最大正常工作电流

D. 熔丝横截面积越小越保险

4.5.2 引起熔丝熔断的原因是(　　)

A. 熔丝太粗不合规格

B. 所有用电器同时工作

C. 一定是由于短路现象造成的

D. 一定是电路中的总电流超过了熔丝的熔断电流，可能是短路，也可能是用电器过载

4.5.3 停在高压线上的小鸟不会触电的原因(　　)

A. 小鸟是绝缘体，不会触电

B. 高压线外面包有一层绝缘层

C. 小鸟的适应性强，耐高压

D. 小鸟只停在一根电线上，两爪间的电压很小

4.5.4 某台灯电键断开着插入电源插座，当闭合电键时熔丝熔断，可能的故障是(　　)

A. 台灯电源线短路　　B. 台灯电源线断路

C. 灯丝断了　　D. 灯座接线柱间短路

习　题

1. 对称三相负载作三角形连接，接在 380 V 的三相四线制电源上。此时负载端的相电压等于________倍的线电压；相电流等于________倍的线电流；中线电流等于________。

2. 有一对称三相负载成星形连接，每项阻抗均为 44 Ω，功率因数为 0.6，又测出负载中的电流为 5 A，那么三相电路的有功功率为________；无功功率为________；视在功率为________。假如负载为感性设备，则等效电阻是________。

3. 题图 4.1 所示告诉我们，如果发生触电事故，应立即________或________。

题图 4.1

4. 如题图 4.2 所示的长江三峡水力发电示意图，图中表示了水力发电站能量转化的过程。请在图中 A、B、C、D 各方框内分别选填上一个合适的词组（填序列号）。可供选择的词组是：①电能；②内能；③势能；④化学能；⑤动能。

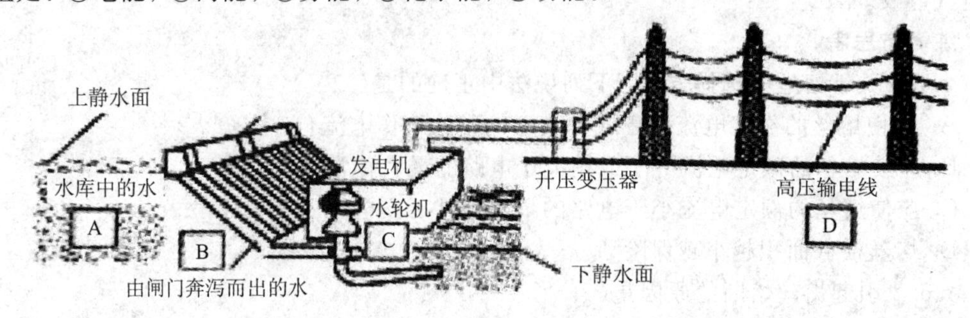

题图 4.2

5. 如题图 4.3 所示，当用湿手拿插头往插座插时，极易使水流到插头的金属片，使________和电源相连，造成________事故。

题图 4.3

6. 电跟人们关系十分密切，生产和生活都离不开它，有了电，能实现生产自动化，能提高生活质量。但如果不注意安全用电，就会造成触电危险，如图 4-4(a)、图 4-4(b)所示两种情况都是洗衣机漏电，发生触电事故的是________，原因是________。

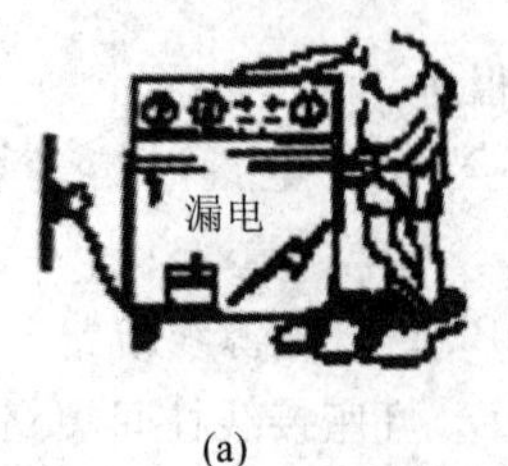

(a)

(b)

题图 4.4

7. 我国家庭电路的电压是________V，大量事实表明，不高于________V的电压才是安全电压。一般来说，家庭电路中的各用电器之间都是________连接的，同时使用的电器越多，干路中的电流越________。

8. 三相对称电路是指(　　)

A. 三相电源对称的电路　　B. 三相负载对称的电路

C. 三相电源和三相负载均对称的电路　　D. 三相电源和三相负载均不对称的电路

9. 有"220 V、100W""220 V、25W"白炽灯两盏，串联后接入220 V交流电源，其亮度情况是(　　)

A. 100 W灯泡较亮　　B. 25 W灯泡较亮

C. 两只灯泡一样亮　　D. 两只灯泡都不亮

10. 某工厂有三个工作间，每间的照明由三相电源的一相供电，三相电源线电压为380 V，供电方式为三相四线制。每个工作间装有220 V、100 W的白炽灯10盏。

(1) 给出电灯接入电源的线路图。

(2) 在全部满载时中线电流和线电流各为多少?

(3) 若第一个工作间电灯全部关闭，第二个工作间电灯全部开亮，第三个工作间开了一盏灯，而电源中线因故断掉，这时第一、第三工作间的电灯两端电压各为多少? 电灯工作情况如何?

11. 三相四线制380 V/220 V的电源供电给三层高的大楼。每层作为一相负载，装有数目相同的220 V的荧光灯和白炽灯，每层总功率皆为2000 W，总功率因数皆为0.91。

(1) 说明负载应如何接入电源?

(2) 如第一层照明仅用$\frac{1}{2}$的电灯，第二层照明仅用$\frac{3}{4}$的电灯，第三层满载，各层的功率因数不变，问各线电流和中线电流各为多少?

12. 已知对称三相电路每相负载的电阻$R=8\ \Omega$，感抗$X_L=6\ \Omega$。

(1) 设电源电压$U_L=380$ V。求负载Y连接时的相电压、相电流和线电流，并作出相量图。

(2) 设电源电压$U_L=220$ V。求负载△连接时的相电压、相电流和线电流，并作出相量图。

(3) 比较上述两种情况下的相电压、相电流和线电流。

13. 已知对称三相电路Y连接负载的每相阻抗$Z=165+\mathrm{j}84\ \Omega$，电源的线电压380 V。当计及相线阻抗$Z_L=2+\mathrm{j}1\ \Omega$、中线阻抗$Z_N=1+\mathrm{j}1\ \Omega$时，求负载的相电流和线电压，并作出电路的相量图。

14. 拟选用额定电压为220 V的负载组成三相电路，对于线电压为380 V和220 V的两种电源，负载各应如何连接? 试求出以下两种情况下的相电流和线电流：

(1) 设三相负载对称，$Z=20\angle 45^\circ\ \Omega$。

(2) 设三相负载不对称，$Z_A=20\ \Omega$，$Z_B=-\mathrm{j}20\ \Omega$，$Z_C=\mathrm{j}20\ \Omega$。

15. 对称三相负载Y连接。已知每相阻抗$Z=30.8+\mathrm{j}23.1\ \Omega$，电源的线电压$U_L=380$ V。求三相功率S、P、Q和功率因数$\cos\varphi$。

16. 已知负载为△连接的对称三相电路，其线电流$I_L=5.5$ A，有功功率$P=7760$ W，功率因数$\cos\varphi=0.8$。求电源的线电压U_L、电路的视在功率S和负载的每相阻抗Z。

第5章　电路的暂态分析

内容提要

前面几章我们所讨论的是电路的稳定状态。所谓稳定状态，就是电路中的电流和电压在给定的条件下已到达某一稳态值(对于交流而言，是指它的幅值到达稳定)。稳定状态简称稳态。电路的过渡状态常称为暂态，因而过渡过程又称为暂态过程。暂态过程虽然为时短暂，但在不少实际工作中却是极为重要的。

本章难点

(1) 用换路定则求初始值。

(2) 用三要素法求解一阶动态电路的响应。

(3) 微分电路和积分电路的分析。

自然界事物的运动，在一定的条件下有一定的稳定状态。当条件改变，就要过渡到新的稳定状态。比如电动机，从静止状态(一种稳定状态)启动，它的转速从零逐渐上升，最后到达稳态值(新的稳定状态)；当电动机停下来时，它的转速从某一稳态值逐渐下降，最后为零。又像电动机通电运转时，就要发热，温升(比周围环境温度高出之值)从零逐渐上升，最后到达稳态值，当电动机冷却时，温升也是逐渐下降的。由此可见，从一种稳定状态转到另一种新的稳定状态往往不能跃变，而是需要一定过程(时间)的，这个物理过程就称为过渡过程。

在电路中也有过渡过程。譬如 RC 串联直流电路，其中电流为零，而电容元件上的电压等于电源电压。这是已到达稳定状态时的情况。实际上，当接通直流电压后，电容器被充电，其上电压是逐渐增长到稳态值的；电路中开始有电流，它是逐渐衰减到零的。也就是说，RC 串联电路从其与直流电压接通($t=0$)直至到达稳定状态，要经历一个过渡过程。

比如在研究脉冲电路时，经常遇到电子器件的开关特性和电容器的充放电。由于脉冲是一种跃变的信号，并且持续时间很短，因此我们注意到的是电路的暂态过程，即电路中每个瞬时的电压和电流的变化情况。此外，在电子技术中也常利用电路中的暂态过程现象来改善波形以及产生特定的波形。但是电路的暂态过程也有其有害的一面，例如某些电路在接通或断开的暂态过程中，会产生电压过高(称为过电压)或电流过大(称为过电流)的现象，从而使电气设备或器件遭受损坏。

因此，研究暂态过程的目的就是认识和掌握这种客观存在的物理现象的规律，在生产上既要充分利用暂态过程的特性，同时也必须预防它所产生的危害。

研究暂态过程常采用数字分析和实验分析两种方法。数字分析的方法也有多种，在本章中只介绍用经典法来分析电路中的暂态过程。欧姆定律和克希荷夫定律也是分析与计算电路暂态过程的基本定律。

5.1　换路定则与电压和电流初始值的确定

所谓换路，是指电路的接通、切断、短路、电压改变或参数改变等，即使电路中的能量发生变化，这种变化是不能跃变的。在电感元件中，储有磁能 $\frac{1}{2}Li_L^2$，当换路时，磁能不能跃变，这反映了在电感中的电流 i_L 不能跃变。在电容元件中，储有电能$\frac{1}{2}Cu_C^2$，当换路时，电能不能跃变，这反映了在电容上的电压 u_C 不能跃变。可见电路的暂态过程是由于储能元件的能量不能跃变而产生的。

我们设 $t=0$ 时为换路瞬间，而以 $t=0_-$ 表示换路前的终了瞬间，$t=0_+$ 表示换路后的初始瞬间。0_- 和 0_+ 在数值上都等于 0，但前者是指 t 从负值趋近于零，后者是指 t 从正值趋近于零。从 $t=0_-$ 到 $t=0_+$ 瞬间，电感元件中的电流和电容原件上的电压不能跃变，这称为换路定则。用公式表示为

$$\begin{cases} i_L(0_-) = i_L(0_+) \\ u_C(0_-) = u_C(0_+) \end{cases} \tag{5-1}$$

换路定则仅适用于换路瞬间，可根据它来确定 $t=0_+$ 时电路中电压和电流的值以及暂态过程的初始值。确定各个电压和电流的初始值时，先由 $t=0_-$ 的电路求出 $i_L(0_-)$ 或 $u_C(0_-)$，而后由 $t=0_+$ 的电路在已求得的 $i_L(0_+)$ 或 $u_C(0_+)$ 的条件下求其他电压和电流的初始值。

在直流激励下，换路前，如果储能元件储有能量，并设电路已处于稳态，则在 $t=0_-$ 的电路中，电容元件可视作开路，电感元件可视作短路，换路前，如果储能元件没有储能，则在 $t=0_-$ 和 $t=0_+$ 的电路中，可将电容元件短路，将电感元件开路。

【例 5-1】 在图 5-1 所示的电路中，试确定在开关 S 闭合后的初始瞬间的电压 u_C、u_L 和电流 i_L、i_C、i_R 及 i_S 的初始值。设开关闭合前电路已处于稳态。

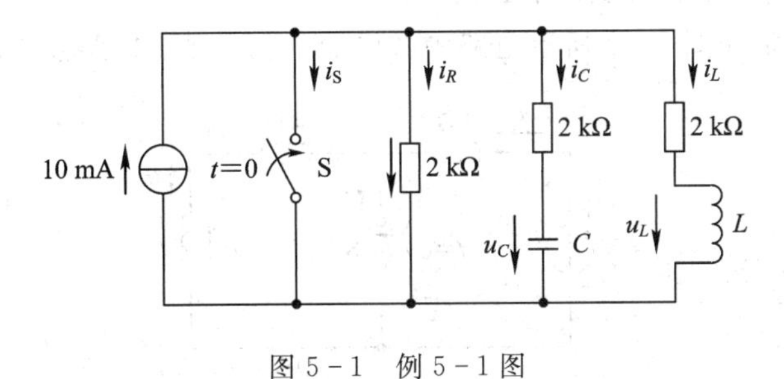

图 5-1　例 5-1 图

解：作出 $t=0_-$ 和 $t=0_+$ 时的电路，如图 5-2 所示。在 $t=0_-$ 时，电路已处于稳态，故电容元件可视作开路，而电感元件可视作短路。

经过计算，数据如表 5-1 所示。

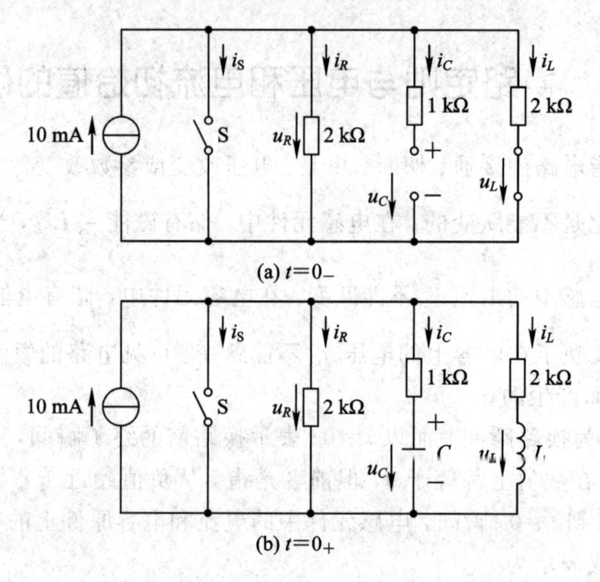

图 5-2　例 5-1 解图

表 5-1　例 5-1 电路的各项数据

	i_L	u_C	i_C	i_R	i_S	u_L	u_S
$t=0_-$	5 mA	10 V	0	5 mA	0	0	10 V
$t=0_+$	5 mA	10 V	−5 mA	0	10 mA	−10 V	0

在表 5-1 中，虽然电感元件中的电流 i_L 是不能跃变的，但其上电压 u_L 是可以跃变的；电容元件上的电压 i_C 是不能跃变的，但其中电流 $\dfrac{U}{R}$ 是可以跃变的。至于纯电阻电路中，电流和电压都是可以跃变的（i_R 和 u_R）。

由例 5-1 计算结果可见，计算 $t=0_+$ 时电压和电流的初始值，只需计算 $t=0_-$ 时的，其余电压和电流都与初始值无关，不必去求。

【例 5-2】 确定如图 5-3 所示电路中各电流的初始值。换路前电路已处于稳态。

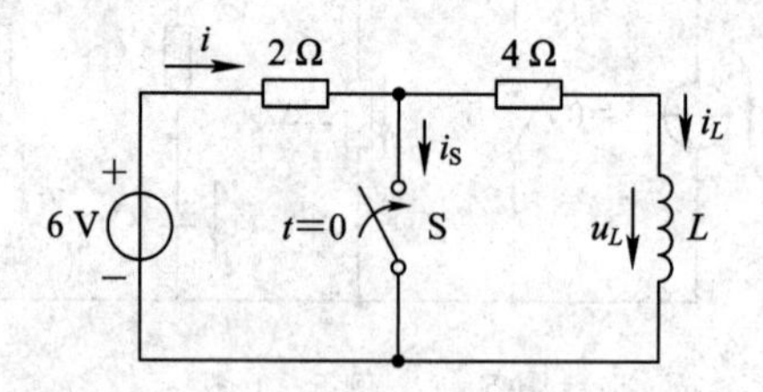

图 5-3　例 5-2 图

解：在 $t=0_-$ 时，将电感元件短路，由图 5-4(a)得出

$$I_L(0_-)=\frac{6}{2+4}=1\ \text{A}$$

在 $t=0_+$ 时，$I_L(0_+)=1$ A，由图 5-4(b)得出

$$u_L(0_+)=-1\times 4=-4\ \text{V}$$

$$i(0_+)=\frac{6}{2}=3\ \text{A}$$

$$i_S(0_+) = 3 - 1 = 2\ \text{A}$$

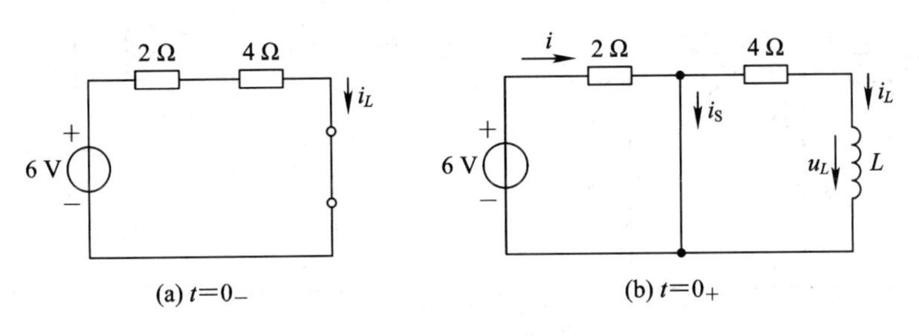

图 5-4　例 5-2 解析图

【例 5-3】 确定如图 5-5 所示电路中各电流和电压的初始值。设开关 S 闭合前电感元件和电容元件均未储能。

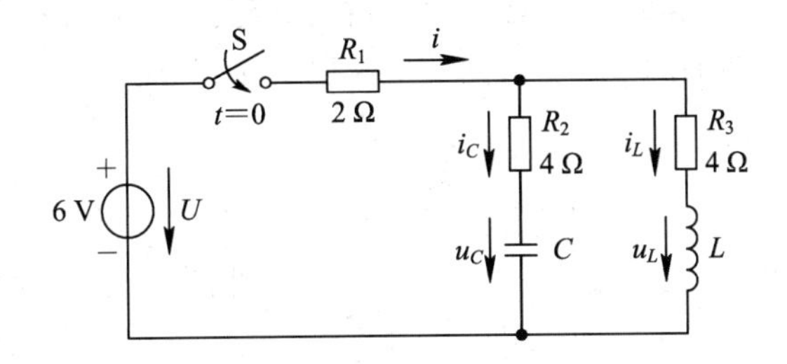

图 5-5　例 5-3 图

解：由 $t=0_-$ 的电路即图 5-5 开关 S 未闭合时的电路得知：

$$u_C(0_-)=0,$$

$$i_L(0_-)=0$$

因此 $u_C(0_+)=0$ 和 $i_L(0_+)=0$。

在图 5-6 所示 $t=0_+$ 的电路中将电容元件短路，将电感元件开路，于是得出其他各个初始值：

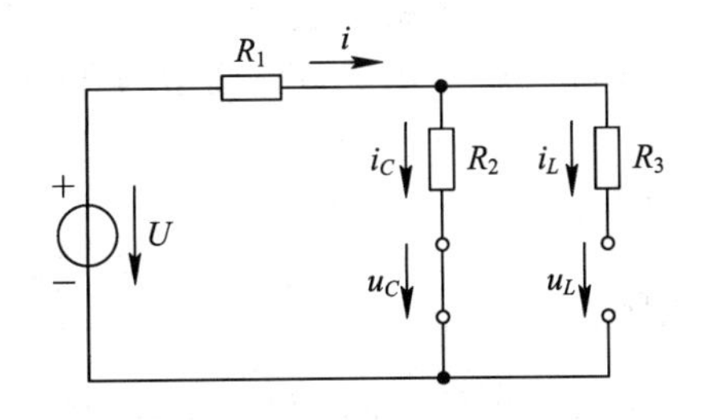

图 5-6　$t=Q_+$

$$i(0_+) = i_L(0_+) = \frac{U}{R_1 + R_2} = \frac{6}{2+4} = 1\ \text{A}$$

$$u_L(0_+) = I_C(0_+)R_2 = 1 \times 4 = 4\ \text{V}$$

练习与思考

5.1.1 在图 5-7 所示的电路中，试确定在开关 S 断开后初始瞬间的电压 u_C 和电流 i_0、i_1、i_2 之值。S 断开前电路已处于稳态。

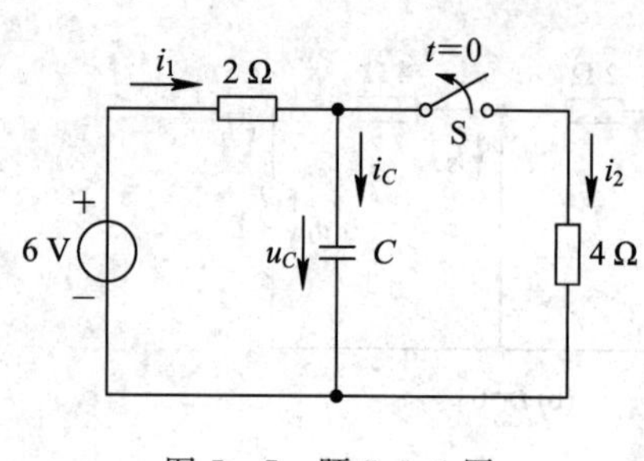

图 5-7　题 5.1.1 图

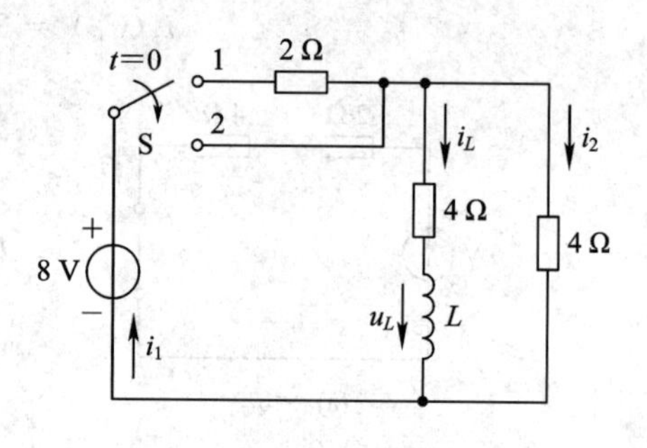

图 5-8　题 5.1.2 图

5.1.2 在图 5-8 所示电路中，开关 S 原先合在 1 端，电路已处于稳态。在 $t=0$ 时将开关从 1 端扳到 2 端，试求换路后 i_1、i_2、i_L 及 u_L 的初始值。

5.1.3 在图 5-9 中，已知 $R=2\ \Omega$，伏特计的内阻为 2.5 kΩ，电源电压 $U=4$ V。试求开关 S 断开瞬间伏特计两端的电压。换路前电路已处于稳态。

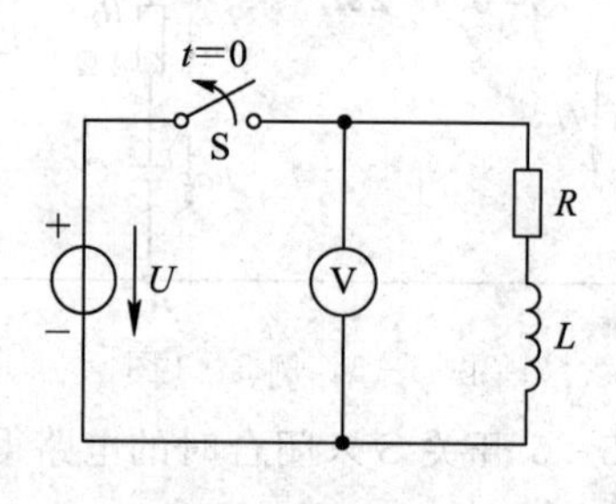

图 5-9　题 5.1.3 图

5.1.4 试从功率角度阐明能量不能跃变的理由。

5.2　*RC* 电路的响应

用经典法分析电路的暂态过程，就是根据激励(电源电压或电流)，通过求解电路的微分方程以得出电路的响应(电压和电流)。由于电路的激励和响应都是时间的函数，所以这种分析也是时域分析。

本节讨论一阶 *RC* 电路的响应。

5.2.1　*RC* 电路的零输入响应

所谓 *RC* 电路的零输入，是指无电源激励，输入信号为零。在此条件下由电容元件的原始储能所产生的电路响应称为零输入响应。分析 *RC* 电路的零输入响应，实际上就是分析它的放电过程。

图 5-10 是 *RC* 零输入电路。在换路前，开关 S 是合在位置 2 上的，电源对电容元件充电。在 $t=0$ 时将开关从位置 2 合到位置 1，使电路脱离电源，输入信号为零。此时，电容元件已储有能量，其上电压的初始值 $u_C(0_-)=u_C(0_+)$，电容元件经过电阻 R 开始放电。

根据 KVL 定律，列出 $t\geqslant 0$ 时的电路微分方程

$$U = RC\frac{\mathrm{d}u}{\mathrm{d}t} + u_C \tag{5-2}$$

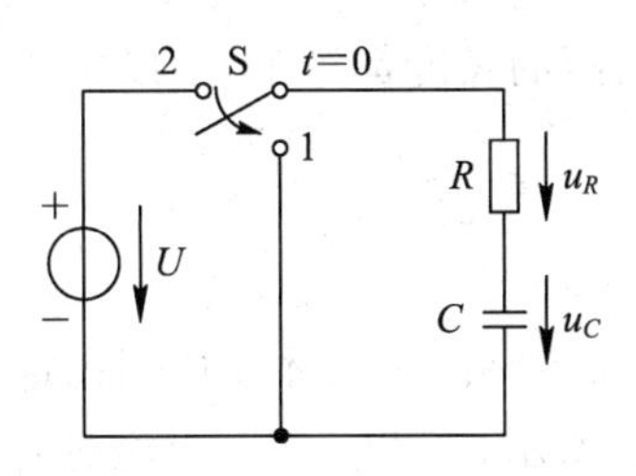

图 5－10　RC 零输入电路

式中

$$i = C\frac{\mathrm{d}u_C}{\mathrm{d}t}$$

令式(5－2)的通解为

$$u_C = A\mathrm{e}^{Pt}$$

代入式(5－2)并消去公因子 $A\mathrm{e}^{Pt}$，得出该微分方程的特征方程的根为

$$RCP + 1 = 0$$

$$P = -\frac{1}{RC}$$

于是，式(5－2)的通解为

$$u_C = A\mathrm{e}^{-\frac{1}{RC}}$$

下一步要定积分常数 A。根据换路定则，在 $t=0_+$ 时，$u_C(0_-) = u_C(0_+) = U_0$，则 $A = U_0$。所以

$$u_C = U_0\mathrm{e}^{-\frac{1}{RC}t} = U_0\mathrm{e}^{-\frac{t}{\tau}} \tag{5-3}$$

其随时间的变化曲线如图 5－11 所示。它的初始值为 U_0，按指数规律衰减而趋于零。式(5－3)中，$\tau = RC$，因为 τ 具有时间的量纲，所以称 τ 为 RC 电路的时间常数。电压 U_0 衰减的快慢取决于电路的时间常数。

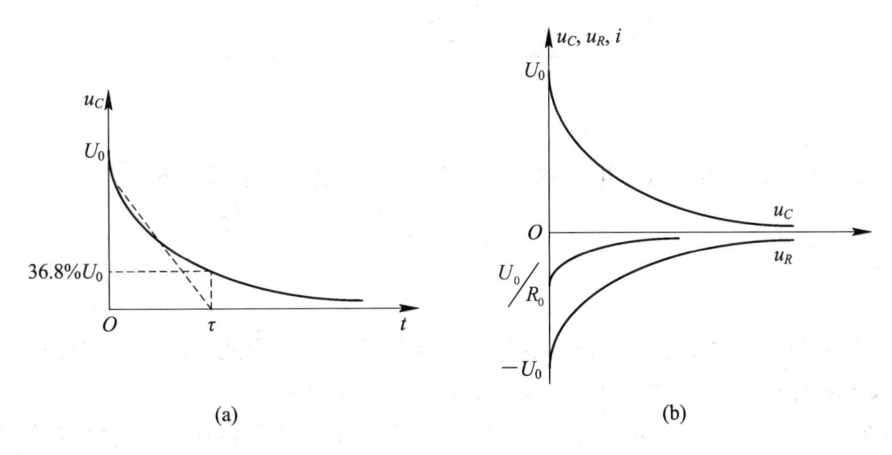

图 5－11　u_C、u_R、i 变化曲线

当 $t = \tau$ 时，

$$u_C = U_0\mathrm{e}^{-1} = \frac{U_0}{2.714} = 36.8\%U_0$$

可见时间常数 τ 等于电压 u_C 衰减到初始值 U_0 的 36.8%所需的时间。可以用数学方法

证明，指数曲线上任意点的次切距的长度都等于 τ。以初始点为例，如图 5－11(a)所示。

$$\left.\frac{\mathrm{d}u_C}{\mathrm{d}t}\right|_{t=0}=-\frac{U_0}{\tau} \tag{5-4}$$

即过初始点的切线与横轴相交于 τ。

从理论上讲，电路只有经过 $t=\infty$ 的时间才能达到稳定。但是，由于指数曲线开始变化较快，而后逐渐缓慢，如表 5－2 所示，所以，实际上经过 $t=5\tau$ 的时间，就足以认为达到稳定状态了。

表 5－2　$e^{-\frac{1}{\tau}}$ 随时间而衰减

τ	2τ	3τ	4τ	5τ	6τ
e^{-1}	e^{-2}	e^{-3}	e^{-4}	e^{-5}	e^{-6}
0.368	0.135	0.050	0.018	0.007	0.002

$$u_C=U_0e^{-5}=0.007U_0=0.7\%U_0$$

这时时间常数 τ 越大，u_C 衰减(电容器放电)越慢，如图 5－12 所示。因为在一定初始电压 U_0 下，电容 C 越大，则储存的电荷越多；而电阻 R 越大，则放电电流越小。这都促使放电变慢。因此，改变 R 或 C 的数值，也就是改变电路的时间常数，就可以改变电容器放电的快慢。

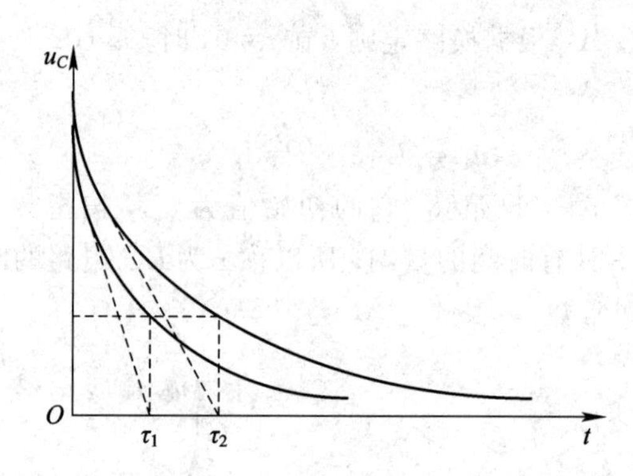

图 5－12　t 愈大，u_C 衰减愈慢

至于 $t\geqslant 0$ 时电容器的放电电流和电阻元件 R 上的电压，也可由下式求出：

$$i=C\frac{\mathrm{d}u_C}{\mathrm{d}t}=-\frac{U_0}{R}e^{-\frac{t}{\tau}} \tag{5-5}$$

$$u_R=iR=-U_0e^{-\frac{t}{\tau}} \tag{5-6}$$

上两式中的负号表示放电电流的实际方向与图 5－10 中所选定的正方向相反。将所求 u_C、u_R 及 i 随时间变化的曲线画在一起，如图 5－11(b)所示。

【例 5－4】 在图 5－13 中，开关长期合在位置 1 上，如在 $t=0$ 时把它合到位置 2 后，试求电容器上电压 u_C 及放电电流 i。已知 $R_1=1\ \mathrm{k\Omega}$，$R_2=2\ \mathrm{k\Omega}$，$R_3=3\ \mathrm{k\Omega}$，$C=1\ \mu\mathrm{F}$，电流源 $I=3\ \mathrm{mA}$。

解：在 $t=0_-$ 时，$u_C(0_-)=IR_2=3\times10^{-3}\times2\times10^3=3\times2=6\ \mathrm{V}$。

如果 i 和 u_C 的正方向像图中所标的那样，则

$$iR_3-u_C=0$$

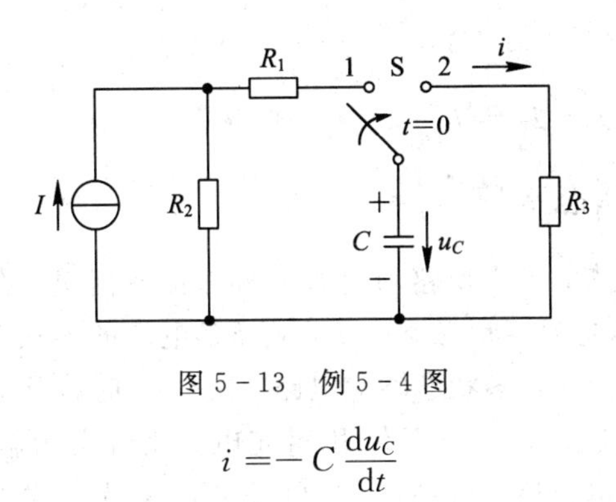

图 5 - 13　例 5 - 4 图

$$i = -C\frac{\mathrm{d}u_C}{\mathrm{d}t}$$

由此得

$$R_3C\frac{\mathrm{d}u_C}{\mathrm{d}t} + u_C = 0$$

和式(5 - 2)一样，于是得

$$u_C = A\mathrm{e}^{-\frac{1}{R_3C}t} = 6\mathrm{e}^{-\frac{1}{3\times10^{-3}}t} = 6\mathrm{e}^{-3.3\times10^2 t}\ \mathrm{V}$$

而电流

$$i = -C\frac{\mathrm{d}u_C}{\mathrm{d}t} = 2\times10^{-3}\mathrm{e}^{-\frac{1}{3\times10^{-3}}t}\ \mathrm{A} = 2\mathrm{e}^{-3.3\times10^2 t}\ \mathrm{mA}$$

【例 5 - 5】 电路如图 5 - 14 所示，开关 S 闭合前电路已处于稳态。在 $t=0$ 时，将开关闭合，试求 $t\geqslant0$ 时电压 u_C 和电流 i_C、i_1 及 i_2。

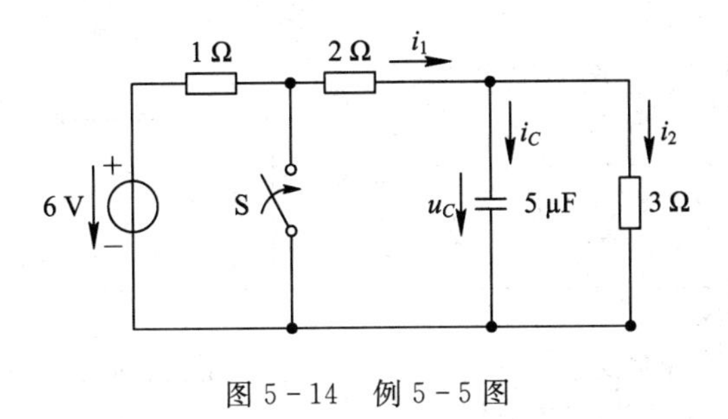

图 5 - 14　例 5 - 5 图

解：在 $t=0$ 时，

$$U_0 = u_C(0_-) = \frac{6}{1+2+3}\times3 = 3\ \mathrm{V}$$

在 $t\geqslant0$ 时，6 V 电压源与 1 Ω 电阻串联的支路被开关短路，对右边电路不起作用。这时电容器经两支路放电，时间常数为

$$\tau = \frac{2\times3}{2+3}\times5\times10^{-6} = 6\times10^{-6}\ \mathrm{S}$$

由式(5 - 3)可得

$$u_C = 3\mathrm{e}^{-\frac{10^6}{6}t} = 3\mathrm{e}^{-1.7\times10^5 t}\ \mathrm{V}$$

并由此得

$$i_C = C\frac{\mathrm{d}u_C}{\mathrm{d}t} = -2.5\mathrm{e}^{-1.7\times10^5 t}\ \mathrm{A}$$

$$i_2 = \frac{u_C}{3} = \mathrm{e}^{-1.7\times10^5 t}\ \mathrm{A}$$

$$i_1 = i_2 + i_C = -1.5\mathrm{e}^{-1.7\times10^{5}t}\ \mathrm{A}$$

5.2.2 *RC* 电路的零状态响应

所谓 *RC* 电路的零状态，是指换路前电容元件未储有能量，在此条件下，由电源激励所产生的电路的响应，称之为零状态响应。分析 *RC* 电路的零状态响应，实际上就是分析它的充电过程。图 5-15 是 *RC* 零状态响应电路。在 $t=0$ 时将开关 S 合上，电路即与一恒定电压为 U 的电压源接通，对电容元件开始充电。此时实为输入一阶跃电压 u，如图 5-16(a)所示。它与恒定电压情形的图 5-16(b)不同，其表达式为

$$u = \begin{cases} 0 & t < 0 \\ U & t > 0 \end{cases} \tag{5-7}$$

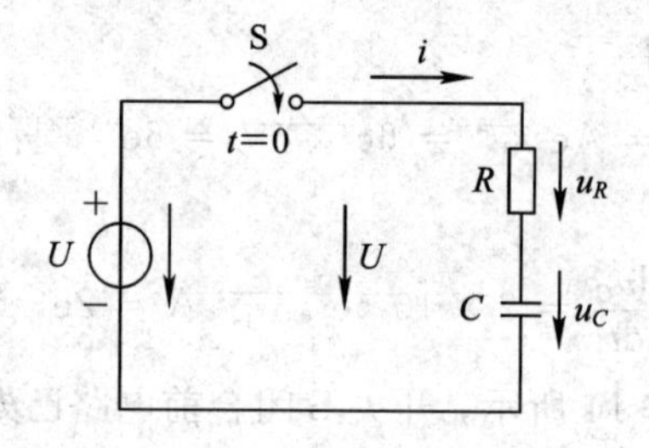

图 5-15 *RC* 充电电路

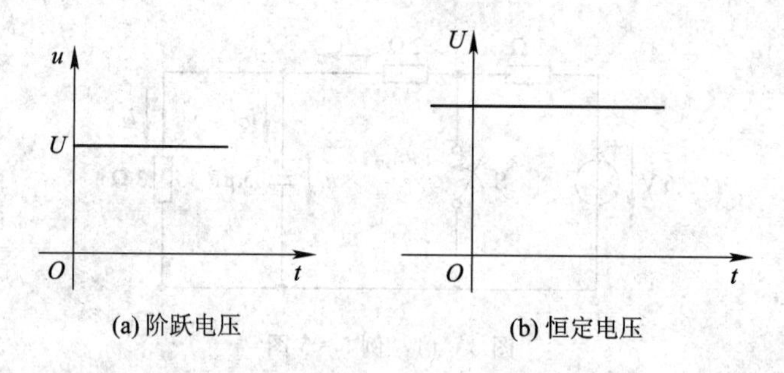

图 5-16 接通不同电压

根据 KVL 定律，列出 $t \geqslant 0$ 时电路中电压和电流的微分方程

$$U = iR + u_C = RC\frac{\mathrm{d}u_C}{\mathrm{d}t} + u_C \tag{5-8}$$

式中 $i = C\frac{\mathrm{d}u_C}{\mathrm{d}t}$。式(5-8)的通解有两个部分：一个是特解 u_C'，一个是补函数 u_C''。

特解与已知函数 U 有相同的形式，设 $u_C' = K$，带入式(5-8)，由 $U = RC\frac{\mathrm{d}K}{\mathrm{d}t} + K$ 得 $K = U$，因而可求得特解 $u_C' = U$。

补函数是齐次微分方程 $RC\frac{\mathrm{d}u_C}{\mathrm{d}t} + u_C = 0$ 的通解，令其为 $u_C'' = A\mathrm{e}^{-\frac{1}{RC}t}$，代入齐次微分方程，得式(5-8)的特征方程 $RCp+1=0$，其根为 $p = -\frac{1}{RC}$，于是得 $u_C'' = A\mathrm{e}^{-\frac{1}{RC}t}$。因此，式

(5－8)的通解为

$$u_C = u'_C + u''_C = U + A\mathrm{e}^{-\frac{1}{RC}t}$$

下一步要定出积分常数 A。根据换路定则，在 $t=0_+$ 时，$u_C(0_+)=0$，则 $A=-U$。所以电容元件两端的电压

$$u_C = U - U\mathrm{e}^{-\frac{1}{RC}t} = U(1-\mathrm{e}^{-\frac{1}{RC}t}) = U(1-\mathrm{e}^{-\frac{t}{\tau}}) \tag{5-9}$$

所求电压 u_C 随时间的变化曲线如图 5－17 所示。u'_C 不随时间而变，u''_C 按指数规律衰减而趋于零。因此，电压 u_C 按指数规律随时间增长而趋于稳态值。当 $t=\tau$ 时，

$$u_C = U(1-\mathrm{e}^{-1}) = U\left(1-\frac{1}{2.718}\right) = U(1-0.368) = 63.2\%U$$

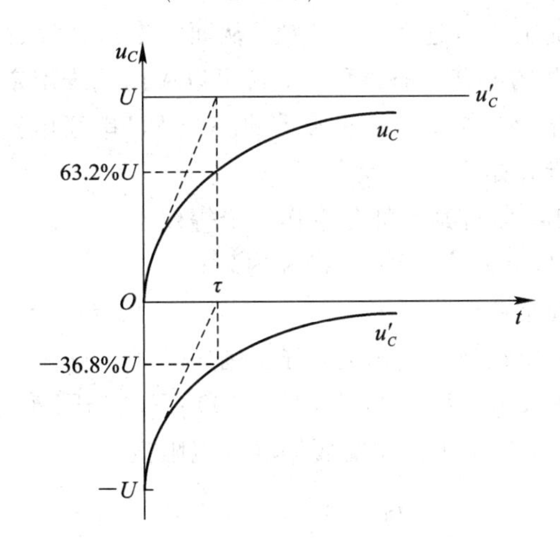

图 5－17　u'_C 的变化曲线

从电路的角度来看，暂态过程中的电容元件两端的电压 u_C 可视为由两个分量相加而得：其一是 u'_C，即到达稳定状态时的电压，称为稳态分量，它的变化规律和大小都与电源电压 U 有关；其二是 u''_C，仅存于暂态过程中，称为暂态分量，它的变化规律与电源电压无关，总是按指数规律衰减，但是它的大小与电源电压有关。

当电路中储能元件的能量增长到某一稳态值或衰减到某一稳态值或零值时，电路的暂态过程随即终止，暂态分量也趋于零。（在上面所讨论的 RC 电路的零输入响应中，稳态分量为零值。）

至于 $t\geqslant 0$ 时电容器充电电路中的电流，也可求出，即

$$i = C\frac{\mathrm{d}u_C}{\mathrm{d}t} = \frac{U}{R}\mathrm{e}^{-\frac{t}{\tau}} \tag{5-10}$$

由此也可以得出电阻元件 R 上的电压

$$u_R = iR = U\mathrm{e}^{-\frac{t}{\tau}} \tag{5-11}$$

所求 u_C、u_R 及 i 随时间变化的曲线如图 5－18 所示。

综上所述，可将计算线性电路暂态过程的步骤归纳如下：

(1) 按换路后的电路列出微分方程式；

(2) 求微分方程式的特解，即稳态分量；

(3) 求微分方程式的补函数，即暂态分量；

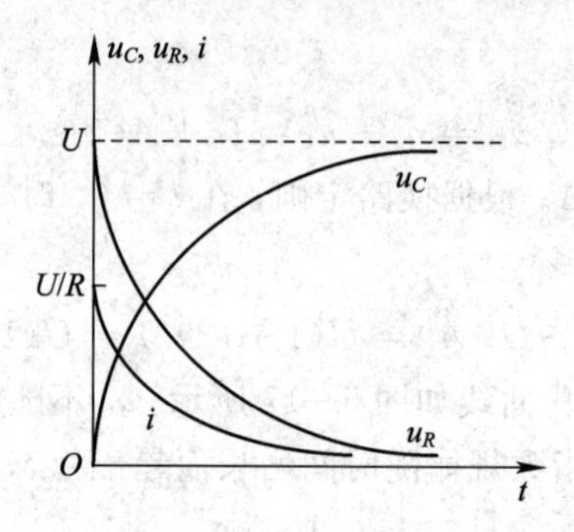

图 5-18　u_C、u_R 及 i 的变化曲线

(4) 按照换路定则确定暂态过程的初始值，从而定出积分常数。

分析比前面复杂一些的电路暂态过程时，还可以应用戴维南定理或诺顿定理将换路后的电路简化为一个简单电路。如图 5-15 所示的一个 RC 串联电路，利用由上述经典法所得出的式子化简，分析步骤如下：

(1) 将储能元件划出，而将其余部分看作一个等效电源，于是组成一个简单电路；

(2) 求等效电源的电动势(或短路电流)和内阻；

(3) 计算电路的时间常数；

(4) 将所得数据代入由经典法得出的式子，例如式(5-9)。

【例 5-6】 在图 5-15 中，$U=220$ V，$C=100$ μF。将开关闭合后经 1s 电容元件两端的电压从零增长到 132 V，试求电路中需要串联的电阻值。

解：

$$u_C = U(1-\mathrm{e}^{-\frac{1}{RC}t})$$

$$132 = 220(1-\mathrm{e}^{-\frac{1}{100\times10^{-6}R}})$$

$$R=10.9\ \mathrm{k}\Omega$$

【例 5-7】 在如图 5-19(a)所示的电路中，$U=9$ V，$R_1=6$ kΩ，$R_2=3$ kΩ，$C=1000$ pF，$u_C(0)=0$。试求 $t\geqslant0$ 时的电压 u_C。

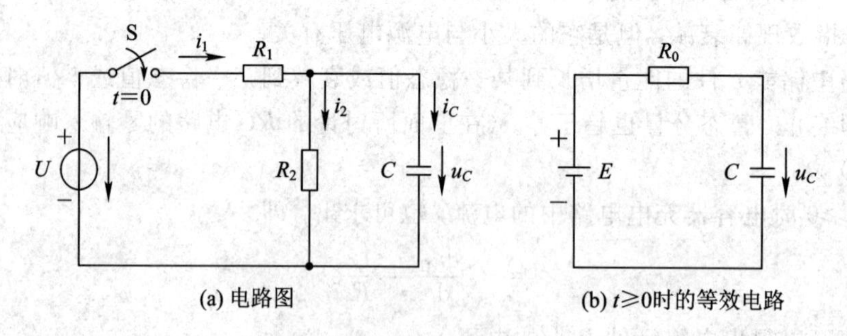

图 5-19　例 5-7 图

解：(1) 第一种解法：

应用 KCL 换路后的电路列出方程

$$i_1 = i_c + i_2 = C\frac{\mathrm{d}u_C}{\mathrm{d}t} + i_2$$

$$i_1R_1 + u_C = U$$

$$u_C = i_2R_2$$

解之得

$$\left(\frac{R_1R_2C}{R_1+R_2}\right)\frac{\mathrm{d}u_C}{\mathrm{d}t}+u_C=\frac{R_2}{R_1+R_2}U$$

其通解为

$$u_C=\frac{R_2U}{R_1+R_2}(1-\mathrm{e}^{-\frac{1}{\tau}})=3(1-\mathrm{e}^{-\frac{1}{2\times10^{-6}}t})=3(1-\mathrm{e}^{-5\times10^5t})\ \mathrm{V}$$

式中
$$\tau=\frac{R_1R_2}{R_1+R_2}C=2\times10^3\times1000\times10^{-12}=2\times10^{-6}\ \mathrm{S}$$

(2) 第二种解法：

应用戴维南定理将换路后的电路转化为如图 5-19(b)所示等效电路(R_0C 串联电路)。等效电源的电动势和内阻分别为

$$E=\frac{R_2U}{R_1+R_2}=\frac{3\times9}{6+3}=3\ \mathrm{V},\ R_0=\frac{R_1R_2}{R_1+R_2}=\frac{6\times3}{6+3}=2\ \mathrm{k\Omega}$$

电路的时间常数为

$$\tau=R_0C=2\times10^3\times1000\times10^{-12}=2\times10^{-6}\ \mathrm{s}$$

于是由式(5-9)得

$$u_C=E(1-\mathrm{e}^{-\frac{t}{\tau}})=3(1-\mathrm{e}^{-\frac{t}{2\times10^{-6}}})=3(1-\mathrm{e}^{-5\times10^5t})\ \mathrm{V}$$

【例 5-8】 在图 5-20(a)中，$R_1=3\ \mathrm{k\Omega}$，$R_2=6\ \mathrm{k\Omega}$，$C_1=40\ \mu\mathrm{F}$，$C_2=C_3=20\ \mu\mathrm{F}$，阶跃电压 $U=12$ V，其波形如图 5-16(a)所示，试求输出电压 u_C。设 $u_C(0)=0$。

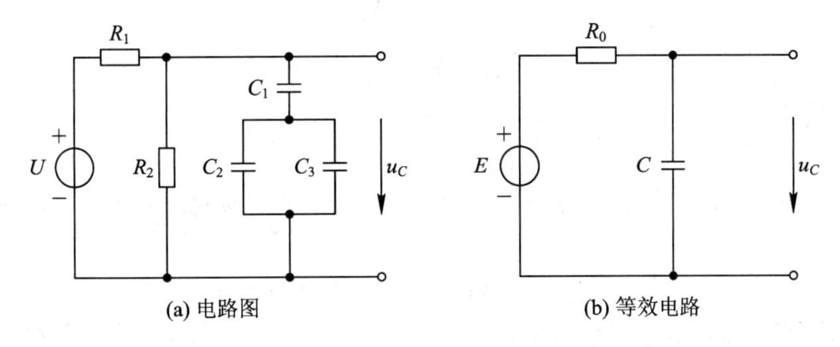

图 5-20　例 5-8 图

解：C_2 和 C_3 并联后再与 C_1 串联，其等效电容为

$$C=\frac{C_1(C_2+C_3)}{C_1+(C_2+C_3)}=\frac{40(20+20)}{40+(20+20)}=20\ \mu\mathrm{F}$$

电路其余部分可应用戴维南定理化为等效电源。等效电动势为

$$E=\frac{R_2U}{R_1+R_2}=\frac{6\times12}{3+6}=8\ \mathrm{V}$$

等效电源的内阻为

$$R_0=\frac{R_1R_2}{R_1+R_2}=\frac{3\times6}{3+6}=2\ \mathrm{k\Omega}$$

等效电路如图 5-20(b)所示。

由等效电路可得出电路的时间常数

$$\tau=R_0C=2\times10^3\times20\times10^{-6}=40\ \mathrm{ms}$$

输出电压为

$$u_C=E(1-\mathrm{e}^{-\frac{t}{\tau}})=8(1-\mathrm{e}^{-\frac{t}{40\times10^{-3}}})=8(1-\mathrm{e}^{-25t})\ \mathrm{V}$$

其指数曲线如图 5-21 所示。

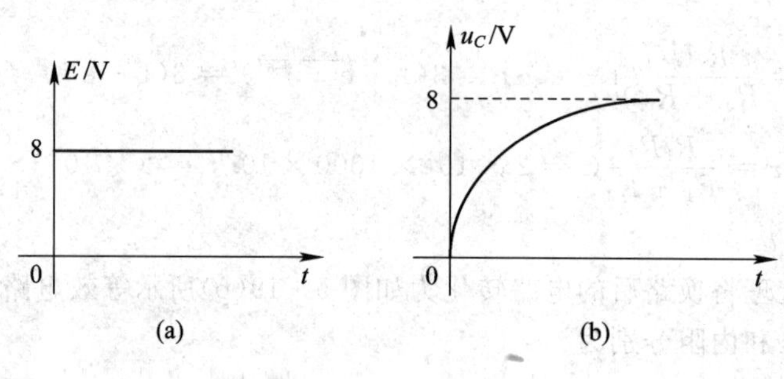

图 5-21　指数曲线

5.2.3　*RC* 电路的全响应

所谓 RC 电路的全响应，是指电源激励和电容元件的初始状态 $u_C(0_+)$ 均不为零时电路的响应，也就是零输入响应与零状态响应两者的叠加。

在如图 5-15 所示的电路中，阶跃激励的幅值为 U，$u_C(0_-)=U_0$。$t\geqslant0$ 时的电路的微分方程和式(5-8)相同，也由此得出 $u_C=u'_c+u''_c=U+A\mathrm{e}^{-\frac{1}{RC}t}$，但积分常数 A 与零状态时不同。在 $t=0_+$ 时，$u_C(0_+)=U_0$，则

$$A=U_0-U$$

所以

$$u_C=U+(U_0-U)\mathrm{e}^{-\frac{1}{RC}t} \tag{5-12}$$

经改写后得出

$$u_C=U_0\mathrm{e}^{-\frac{t}{\tau}}+U(1-\mathrm{e}^{-\frac{t}{\tau}}) \tag{5-13}$$

显然，右边第一项即为式(5-3)，是零输入响应；第二项即为式(5-9)，是零状态响应。于是

全响应＝零输入响应＋零状态响应

这是叠加原理在电路暂态分析中的体现。在求全响应时，可把电容元件的初始状态 $u_C(0_+)$ 看作一种电压源。$u_C(0_+)$ 和电源激励分别单独作用所得出的零输入响应和零状态响应叠加，即为全响应。

式(5-12)的右边也有两项：U 为稳态分量；$(U_0-U)\mathrm{e}^{-\frac{t}{\tau}}$ 为暂态分量。于是全响应也可以表示为

全响应＝稳态分量＋暂态分量

求出 u_C 后，就可得出 $i=C\dfrac{\mathrm{d}u_C}{\mathrm{d}t}$，$u_R=iR$。

【例 5-9】 在图 5-22 中，开关长期合在位置 1 上，如在 $t=0$ 时把它合到位置 2 上，试求电容元件上的电压 u_C。已知，$R_1=1\ \mathrm{k\Omega}$，$R_2=2\ \mathrm{k\Omega}$，$C=3\ \mu\mathrm{F}$，电压源 $U_1=3\ \mathrm{V}$，$U_2=5\ \mathrm{V}$。

解：在 $t=0_-$ 时，

$$u_C(0_-)=\frac{U_1R_2}{R_1+R_2}=\frac{3\times2}{1+2}=2\ \mathrm{V}$$

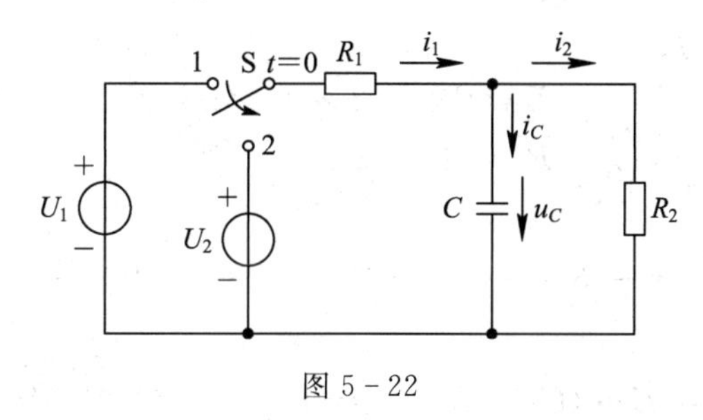

图 5-22

在 $t \geqslant 0$ 时，根据 KCL 列出

$$i_1 - i_2 - i_C = 0$$

$$\frac{U_2 - u_C}{R_1} - \frac{u_C}{R_1} - C\frac{\mathrm{d}u_C}{\mathrm{d}t} = 0$$

经整理后得

$$R_1 C\frac{\mathrm{d}u_C}{\mathrm{d}t} + \left(1 + \frac{R_1}{R_2}\right)u_C = U_2$$

或

$$(3 \times 10^{-3})\frac{\mathrm{d}u_C}{\mathrm{d}t} + \frac{3}{2}u_C = 5$$

解得　　$$u_C = u'_C + u''_C = \frac{10}{3} + A\mathrm{e}^{-\frac{1}{2\times10^{-3}}t}\ \mathrm{V}$$

当 $t = 0_+$ 时，$u_C(0_+) = 2$ V，则 $A = -\frac{4}{3}$，所以

$$u_C(t) = \frac{10}{3} - \frac{4}{3}\mathrm{e}^{-\frac{1}{2\times10^{-3}}t} = \frac{10}{3} - \frac{4}{3}\mathrm{e}^{-500t}\ \mathrm{V}$$

【例 5-10】 在图 5-23(a)中，$R=2\ \Omega$，$C=1\ \mu F$，$I=2$ A，$u_C(0) = U_0 = 1$ V。试求 $t \geqslant 0$ 时的 u_C、i_C 和 i_R，并作出变化曲线。

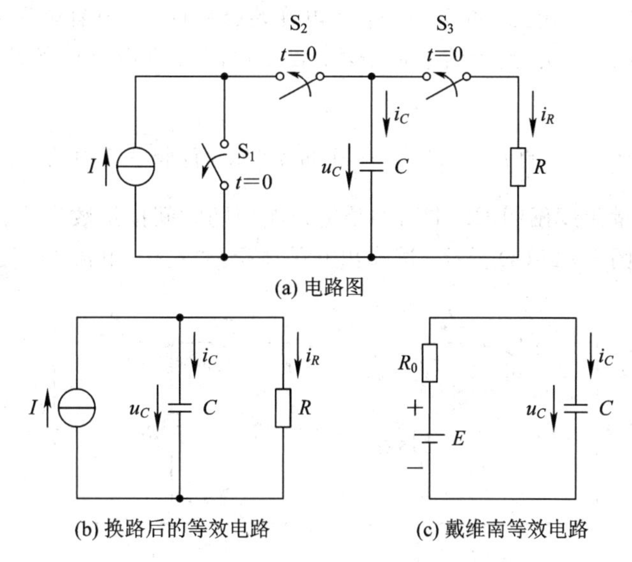

图 5-23　例 5-10 图

解：本例可应用戴维南定理计算，换路后的等效电源电路如图 5-23(c)所示。等效电

源的电动势和内阻分别为

$$E = IR = 2 \times 2 = 4\ \text{V}$$
$$R_0 = R = 2\ \Omega$$

电路的时间常数为

$$\tau = R_0 C = 2 \times 1 \times 10^{-6} = 2 \times 10^{-6}\ \text{s}$$

由式(5－12)得

$$u_C = E + (U_0 - E)\mathrm{e}^{-\frac{t}{\tau}} = 4 + (1 - 4)\mathrm{e}^{-0.5\times10^6 t}\ \text{V}$$

由此得

$$i_C = C\frac{\mathrm{d}u_C}{\mathrm{d}t} = 1.5\mathrm{e}^{-0.5\times10^6 t}\ \text{A}$$

$$i_R = \frac{u_C}{R} = 2 - 1.5\mathrm{e}^{-0.5\times10^6 t}\ \text{A}$$

所求 u_C、i_C 和 i_R 的变化曲线如图 5－24 所示。

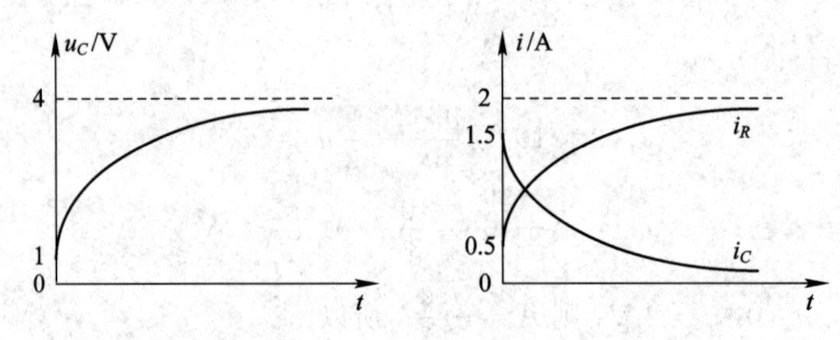

图 5－24　u_C、i_C 和 i_R 的变化曲线

练习与思考

5.2.1 有一 RC 放电电路(图 5－10)，电容元件上电压的初始值 $u_C(0_+) = U_0 = 20$ V，$R = 10$ kΩ，放电开始($t=0$)经 0.01 s 后，测得放电电流为 0.736 mA，试问电容值 C 为多少？

5.2.2 有一 RC 放电电路(图 5－10)，放电开始($t=0$)时，电容电压为 10 V，放电电流为 1 mA，经过 0.1 s(约 5τ)后电流趋近于零。试求电阻 R 和电容 C 的数值，并写出放电电流 i 的式子。

5.2.3 为什么例 5－4 的 $i = -C\frac{\mathrm{d}u_C}{\mathrm{d}t}$ 式中带负号，而例 5－5 中的 $i_C = C\frac{\mathrm{d}u_C}{\mathrm{d}t}$ 不带负号？

5.2.4 试从能量角度阐明 RC 电路的零输入响应随时间按指数规律衰减。

5.2.5 电路如图 5－25(a)所示，试作出开关闭合后($t \geqslant 0$)电流 i 的波形图。

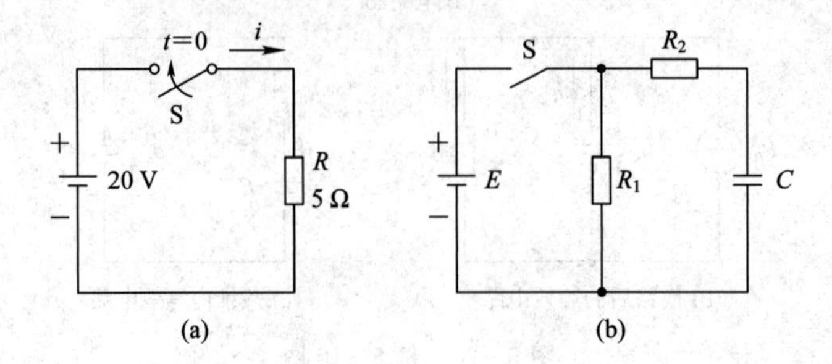

图 5－25　题 5.2.5 图

5.2.6 在图5-25(b)中，开关S闭合时电容器充电，S再断开时电容器放电，试分别求出充电和放电时电路的时间常数。

5.2.7 电路如图5-26所示，试求换路后的 u_C。设 $u_C(0)=0$。

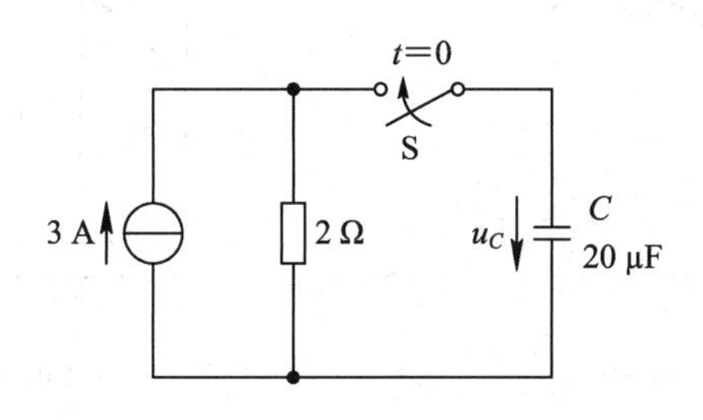

图5-26　题5.2.7图

5.2.8 上题中如果 $u_C(0)=2$ V和8 V，分别求 u_C。

5.2.9 常用万用表“$R\times1000$”挡来检查电容器(电容量应较大)的质量。如果在检查时发现下列现象，试解释这些现象，并说明电容器的好坏：

(1) 指针满偏转；

(2) 指针不动；

(3) 指针很快偏转后又返回原刻度(∞)处；

(4) 指针偏转后不能返回原刻度处；

(5) 指针偏转后返回速度很慢。

5.3　一阶线性电路暂态分析的三要素法

只含有一个储能元件或可等效为一个储能元件的线性电路，不论是简单的还复杂的，它的微分方程都是一阶常系数线性微分方程，如式(5-8)。这种电路称为一阶线性电路。

上述的 RC 电路是一阶线性电路，电路的响应是由稳态分量(包括零值)和暂态分量两部分相加而得，如写成一般式子，则为

$$f(t)=f'(t)+f''(t)=f(\infty)+Ae^{-\frac{t}{\tau}}$$

其中，$f(t)$ 是电流或电压，$f(\infty)$ 是稳态分量(即稳态值)，$Ae^{-\frac{t}{\tau}}$ 是暂态分量。若初始值为 $f(0_+)$，则得

$$A=f(0_+)-f(\infty)。$$

于是

$$f(t)=f(\infty)+[f(0+)-f(\infty)]e^{-\frac{t}{\tau}} \tag{5-14}$$

这就是分析一阶线性电路暂态过程中任意变量的一般公式。式(5-12)中变量是 u_C，只要求得 $f(0_+)$、$f(\infty)$ 和 τ 这三个“要素”，就能直接写出电路的响应(电流或电压)。至于电路相应的变化曲线，如图5-27所示，都是按指数规律变化的(增长或衰弱)。下面举例说明三要素的应用。

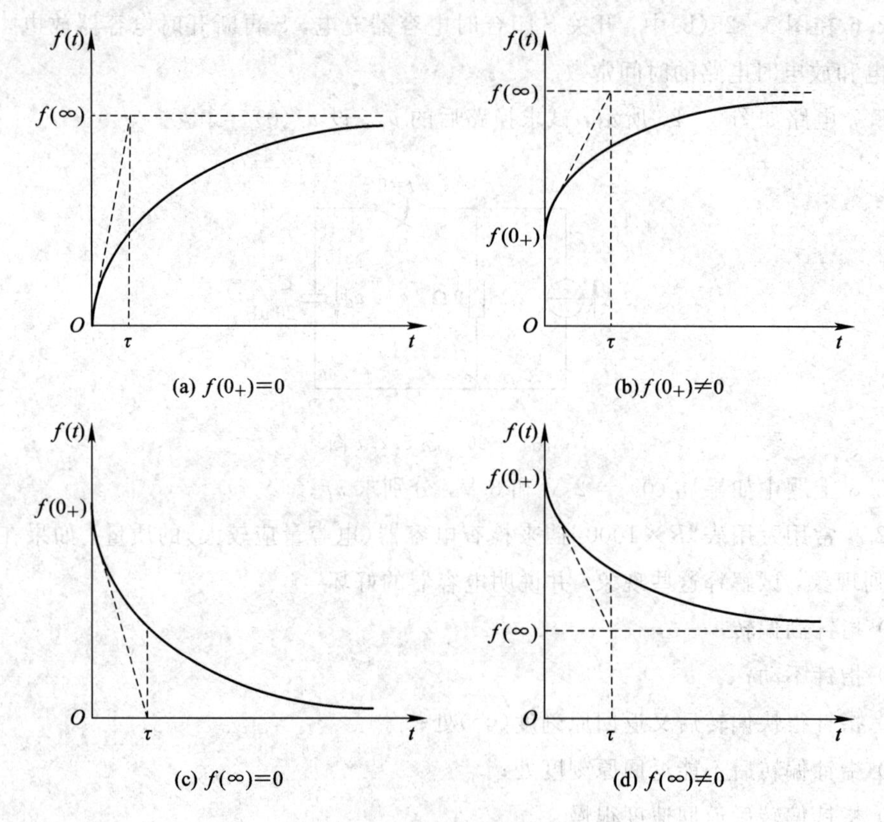

图 5-27 电路响应曲线

【例 5-11】 应用三要素法求例 5-9 中的 $u_C(t)$。

解：(1) 确定初始值 $u_C(0_+)$：

$$u_C(0_+)=\frac{U_1R_2}{R_1+R_2}=\frac{3\times 2}{1+2}=2\ \text{V}$$

(2) 确定稳态值 $u_C(\infty)$：

$$u_C(\infty)=\frac{U_2R_2}{R_1+R_2}=\frac{5\times 2}{1+2}=\frac{10}{3}\ \text{V}$$

(3) 确定电路的时间常数：

$$\tau=\frac{R_1R_2}{R_1+R_2}C=\frac{1\times 2}{1+2}\times 10^3\times 3\times 10^{-6}=2\times 10^{-3}\ \text{V}$$

于是根据式(5-14)可写出

$$u_C(t)=\frac{10}{3}+\left(2-\frac{10}{3}\right)\mathrm{e}^{-\frac{t}{2\times 10^{-3}}}=\frac{10}{3}-\frac{4}{3}\mathrm{e}^{-500t}\ \text{V}\quad (t\geqslant 0)$$

【例 5-12】 求图 5-28(a)所示电路在 $t\geqslant 0$ 时的 U_0 和 U_{C0}，设 $U_C(0_-)=0$。

解：(1) 确定初始值：

在 $t=0_+$ 时，由于 $U_C(0_-)=U_C(0_+)=0$，电容元件相当于短路，故 $U_0(0_+)=6\ \text{V}$。

(2) 确定稳态值：

在 $t=\infty$ 时，电容元件相当于开路，故

$$u_C(\infty)=\frac{UR_1}{R_1+R_2}=\frac{6\times 10}{10+20}=2\ \text{V}$$

$$u_0(\infty) = 6 - 2 = 4\ \text{V}$$

(3) 确定电路的时间常数：

根据换路后的电路，先求出电容元件两端看进去的等效电阻 R_0（将理想电压源短路，理想电流源开路），而后求 $\tau = R_0 C$。

在图 5-27(a)中，

$$\tau = \frac{R_1 R_2}{R_1 + R_2} C = \frac{20}{3} \times 10^3 \times 1000 \times 10^{-12} = \frac{2}{3} \times 10^{-5}\ \text{s}$$

于是可写出

$$u_C(t) = 2 + (0 - 2)\text{e}^{-1.5\times10^5 t} = 2 - 2\text{e}^{-1.5\times10^5 t}\ \text{V} \quad (t \geqslant 0)$$

$$u_0(t) = 4 + (6 - 4)\text{e}^{-1.5\times10^5 t} = 4 + 2\text{e}^{-1.5\times10^5 t}\ \text{V} \quad (t \geqslant 0)$$

所求 u_0 和 u_{C0} 的变化曲线如图 5-28(b)所示。

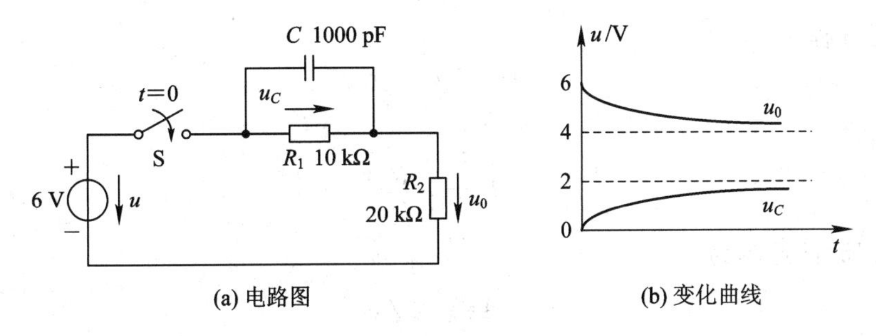

图 5-28　例 5-12 图

练习与思考

试用三要素法写出图 5-29 所示指数曲线的表达式 U_{C0}。

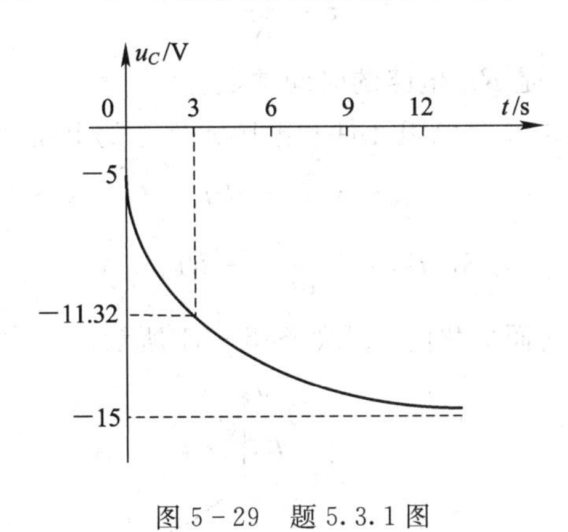

图 5-29　题 5.3.1 图

5.4　*RL* 电路的响应

5.4.1　*RL* 电路的零输入响应

图 5-30 是一 *RL* 串联电路。在换路前，开关 S 是合在位置 2 上的，电感元件中通有电流。在 $t=0$ 时开关从位置 2 合到位置 1，使电路脱离电源，*RL* 电路被短路。此时，电感元

件已储有能量，其中电流的初始值 $i(0_+) = I_0$。

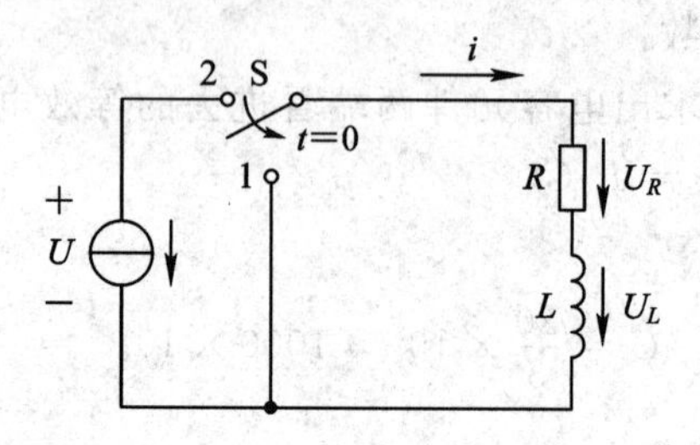

图 5-30 RL 串联电路

根据 KVL 定律，列出 $t \geqslant 0$ 时的电路的微分方程

$$iR + L\frac{\mathrm{d}i}{\mathrm{d}t} = 0 \tag{5-15}$$

其特征方程

$$R + LP = 0$$

根为

$$P = -\frac{R}{L}$$

式(5-15)的通解为

$$i = A\mathrm{e}^{Pt} = A\mathrm{e}^{-\frac{R}{L}t} \tag{5-16}$$

在 $t = 0_+$ 时，$i(0_+) = I_0$，则 $A = I_0$，所以

$$i = I_0\mathrm{e}^{-P\frac{t}{L}} = I_0\mathrm{e}^{-\frac{t}{\tau}}$$

式中

$$\tau = \frac{L}{R}$$

它也具有时间的量纲，是 RL 电路的时间常数。

由式(5-16)可得出 $t \geqslant 0$ 时电阻元件和电感元件上的电压，它们分别为

$$u_R(t) = iR = RI_0\mathrm{e}^{-\frac{t}{\tau}} \tag{5-17}$$

$$u_L(t) = L\frac{\mathrm{d}i}{\mathrm{d}t} = -RI_0\mathrm{e}^{-\frac{t}{\tau}} \tag{5-18}$$

所求 u_R、u_L 及 i 随时间而变化的曲线如图 5-31 所示。

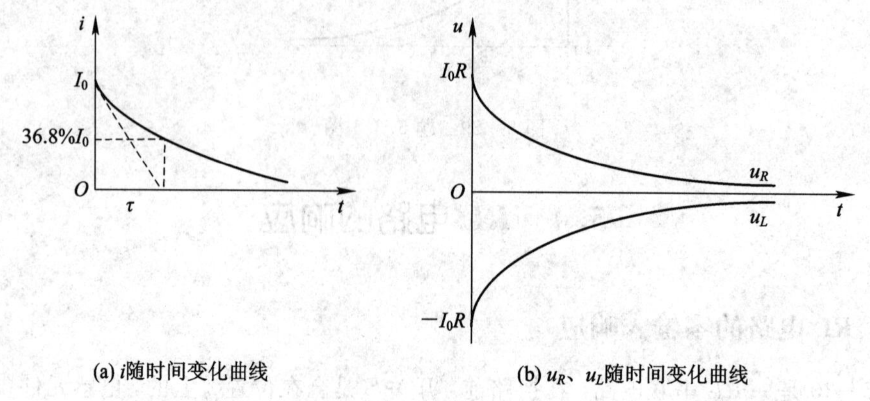

(a) i随时间变化曲线　　(b) u_R、u_L随时间变化曲线

图 5-31 变化曲线

RL 串联电路实为线圈的电路模型。在图 5－30 中，用开关 S 将线圈从电源断开而未加以断路，这时由于电流变化率 $\frac{\mathrm{d}i}{\mathrm{d}t}$ 很大，致使自感电动势很大。这个感应电动势可能使开关两触头之间的空气击穿而造成电弧以延缓电流的中断，开关触头因而被烧坏。所以往往在将线圈从电源断开的同时而将线圈加以短路，以便使电流(或磁能)逐渐减小。有时为了加速线圈放电的过程,可用一个低值泄放电阻 R′与线圈连接(图 5－32)。泄放电阻不宜过大，否则在线圈两端会出现过电压。

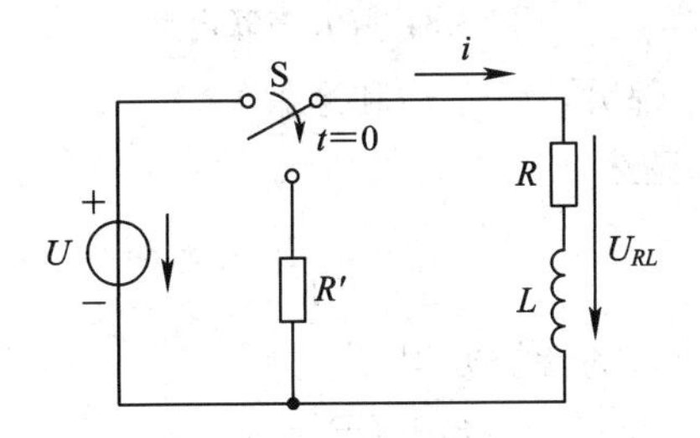

图 5－32　与线圈连接泄放电阻

因为线圈两端的电压(若换电路前电路已处于稳态,则 $I_0 = \frac{U}{R}$)

$$u_{RL} = -iR' = -\frac{R'U}{R}\mathrm{e}^{-\frac{t}{\tau}}$$

在 $t=0$ 时,其绝对值为

$$u_{RL}(0) = R'\frac{U}{R}$$

可见当 $R' > R$ 时，$u_{RL}(0) > U$。

如果在线圈两端并联有伏特计(其内阻很大)，如图 5－33 所示，则在开关断开前必须将它去掉，以免引起过电压而损坏伏特计。

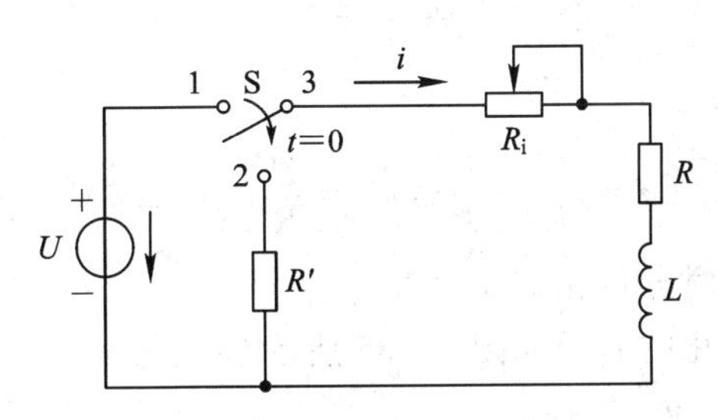

图 5－33　线圈两端并联有伏特计

5.4.2　RL 电路的零状态响应

图 5－34 是一 RL 串联电路。在 $t=0$ 时将开关 S 合上，电路即与一恒定电压为 U 的电压源接通。此时实为输入一阶跃电压 u。在换路前电感元件未储有能量，$i_L(0_+) = i_L(0_-) = 0$，即电路处于零状态。

根据 KVL 定理,列出 $t \geqslant 0$ 时的电路的微分方程

$$U = iR + L\frac{\mathrm{d}i}{\mathrm{d}t} \tag{5-19}$$

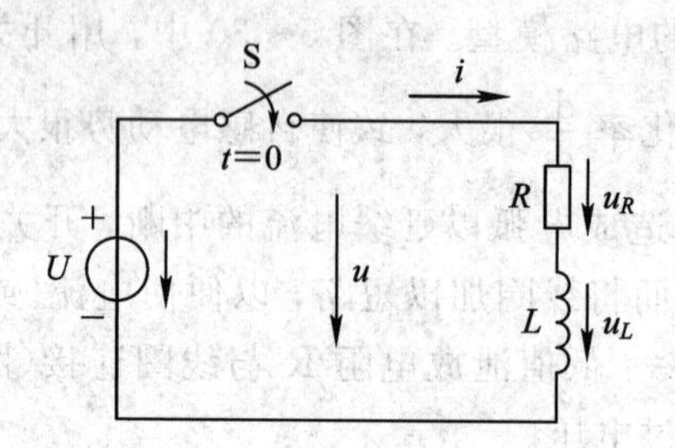

图 5-34 *RL* 串联电路

式(5-19)的通解有两个部分：特解 i' 和通解 i''。

特解 i' 就是稳态分量，显然

$$i' = \frac{U}{R}$$

求通解时先列出式(5-19)的特征方程

$$R + LP = 0$$

其根为

$$P = -\frac{R}{L}$$

于是得

$$i'' = Ae^{Pt} = Ae^{-\frac{R}{L}t}$$

因此式(5-19)的通解为

$$i = i' + i'' = \frac{U}{R} + Ae^{-\frac{R}{L}t}$$

在 $t = 0_+$ 时，$i = 0$ 则

$$A + \frac{U}{R} = 0$$

于是得

$$A = -\frac{U}{R}$$

因此，

$$i = \frac{U}{R} - \frac{U}{R}e^{-\frac{R}{L}t} = \frac{U}{R}(1 - e^{-\frac{t}{\tau}}) \tag{5-20}$$

也是由稳态分量和暂时分量相加而得。

所求电流随时间而变化的曲线如图 5-35 所示。

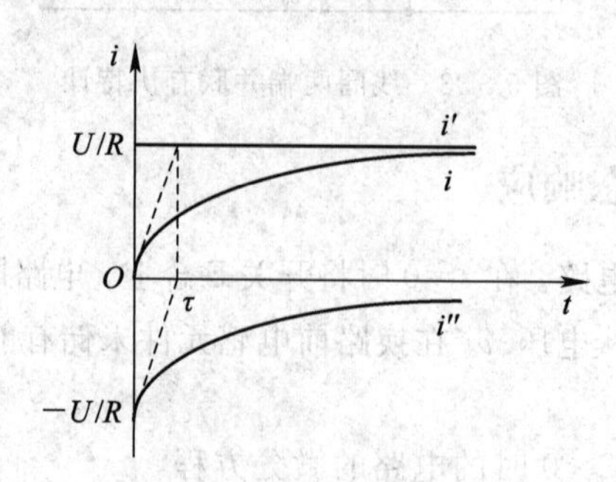

图 5-35 *i* 的变化曲线

电路的时间常数为
$$\tau=\frac{L}{R}$$

时间常数 τ 越小，暂态过程进行得越快。因为 L 越小，则阻碍电流变化的作用也就越小；R 越大，则在同样电压下电流的稳态值或暂态分量的初始值 $\frac{U}{R}$ 越小。这都促使暂态过程加快。因此改变电路参数的大小，可以影响暂态过程的快慢。

由式(5-20)可得出 $t\geqslant 0$ 时电阻元件和电感元件上的电压。

$$u_R=Ri=U(1-\mathrm{e}^{-\frac{t}{\tau}}) \tag{5-21}$$

$$u_L=L\frac{\mathrm{d}i}{\mathrm{d}t}=U\mathrm{e}^{-\frac{t}{\tau}} \tag{5-22}$$

它们随时间变化的曲线如图5-36所示。在稳态时，电感元件相当于短路，其上电压为零，所以电阻元件上的电压就等于电源电压。

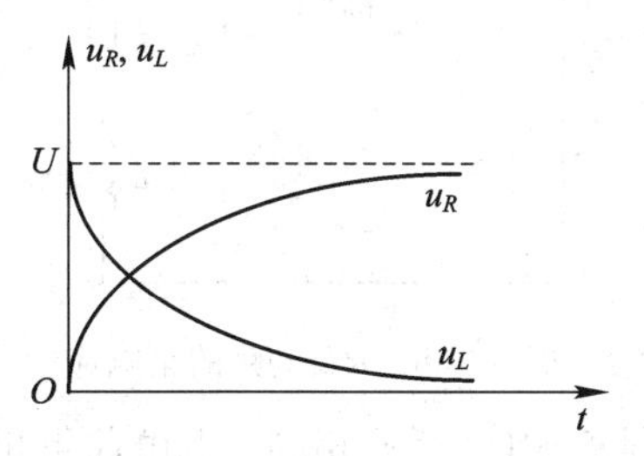

图5-36　u_R 和 u_L 的变化曲线

【例5-15】　在图5-37(a)中，$R_1=R_2=1\ \mathrm{k\Omega}$，$L_1=L_3=10\ \mathrm{mH}$，电流源 $I=10\ \mathrm{mA}$。当开关闭合后 $t\geqslant 0$ 求电流 i。(设线圈间无互感)。

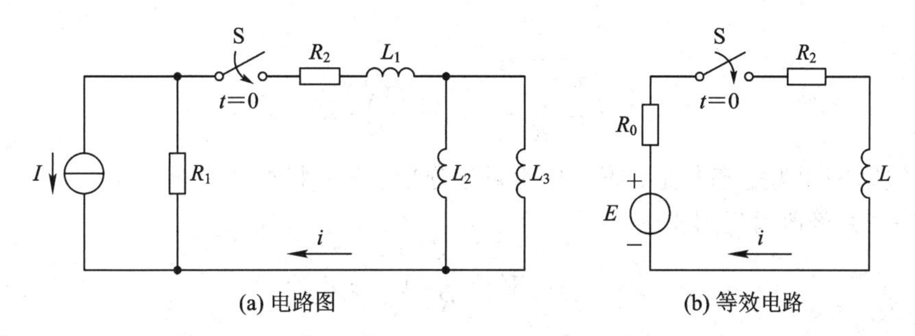

图5-37　例5-15图

解：电感 L_2 和 L_3 并联后再与 L_1 串联，其等效电感为

$$L=L_1+\frac{L_2L_3}{L_2+L_3}=15+\frac{10\times 10}{10+10}=20\ \mathrm{mH}$$

应用戴维南定理将理想电流源 I 与电阻 R_1 并联的电源化为电动势为 E 的理想电压源与内阻 R_0 串联的等效电源，其中

$$E=R_1I=10\times 1=10\ \mathrm{V}$$

$$R_0=R_1=1\ \mathrm{k\Omega}$$

等效电路如图5-37(b)所示。由等效电路可得出电路的时间常数

$$\tau=\frac{L}{R_0+R_1}=\frac{20\times 10^{-8}}{2\times 10^3}=10\ \mu\mathrm{s}$$

于是

$$i=\frac{E}{R_0+R_2}(1-e^{-\frac{t}{\tau}})=\frac{10}{1+1}(1-e^{-\frac{t}{10\times10^{-6}}})$$
$$=5(1-e^{-10^5t})\ \text{mA}$$

5.4.3 *RL* 电路的全响应

在图 5-38 所示的电路中，电源电压为U，$i(0_-)=I_0$，当开关闭合时，即和图 5-38 一样，是 RL 串联电路。

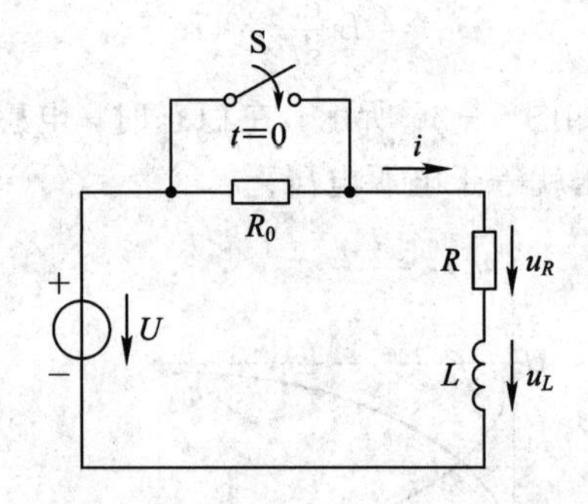

图 5-38 *RL* 电路的全响应

$t\geqslant0$ 时的电路的微分方程和式(5-19)相同，也由此得出

$$i=i'+i''=\frac{U}{R}+Ae^{-\frac{R}{L}t}$$

但积分常数 A 与零状态时不同。在 $t=0_+$ 时，$i=I_0$，则 $A=I_0-\frac{U}{R}$

所以

$$i=\frac{U}{R}+\left(I_0-\frac{U}{R}\right)e^{-\frac{R}{L}t} \tag{5-23}$$

式中，右边第一项为稳态分量，第二项为暂态分量。两者相加即为全响应 i。

式(5-23)经改写后得出

$$i=I_0e^{-\frac{R}{L}t}+\frac{U}{R}(1-e^{-\frac{R}{L}t}) \tag{5-24}$$

式中，右边第一项即为式(5-16)，是零输入响应；第二项即为式(5-20)，是零状态响应。两者叠加即为全响应 i。

【例 5-16】 在图 5-39 中，如在稳定状态下 R_1 被短路，试问短路后经多少时间电流才达到 15 A?

解：先应用三要素法求 i。

(1) 确定 i 的初始值：

$$i(0_+)=\frac{U}{R_1+R_2}=\frac{220}{8+12}=1\ \text{A}=\frac{220}{8+12}=11\ \text{A}$$

(2) 确定 i 的稳态值：

$$i(\infty)=\frac{U}{R_2}=\frac{220}{12}=18.3\ \text{A}$$

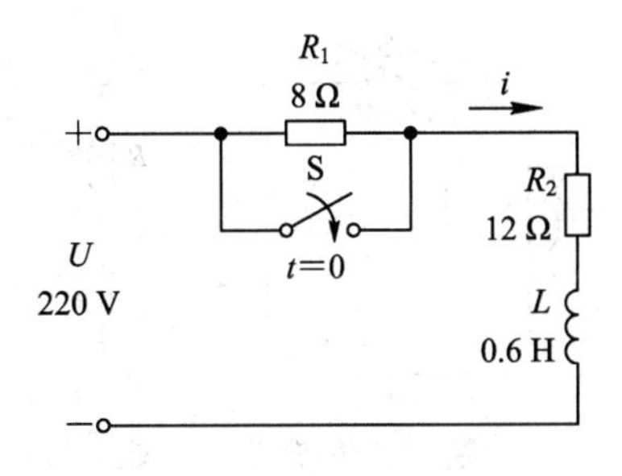

图 5-39　例 5-16 图

(3) 确定电路的时间常数：

$$\tau = \frac{L}{R_2} = \frac{0.6}{12} = 0.05\ \text{s}$$

于是根据式(5-14)可写出

$$i = 18.3 + (11 - 18.3)e^{-\frac{1}{0.05}t} = 18.3 - 7.3e^{-20t}\ \text{A}$$

当电流达到 15 A 时，

$$15 = 18.3 - 7.3e^{-20t}$$

所经过的时间为

$$t = 0.039\ \text{s}$$

电流 i 的变化曲线如图 5-40 所示。

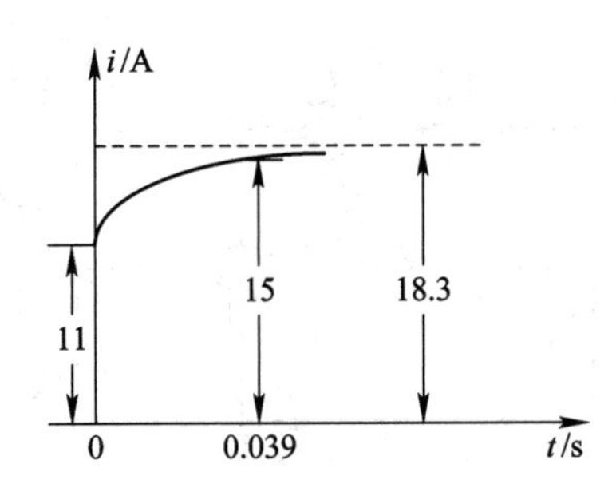

图 5-40　变化曲线

练习与思考

5.4.1 电路如图 5-41 所示，试求 $t>0$ 时的电流 i_L。

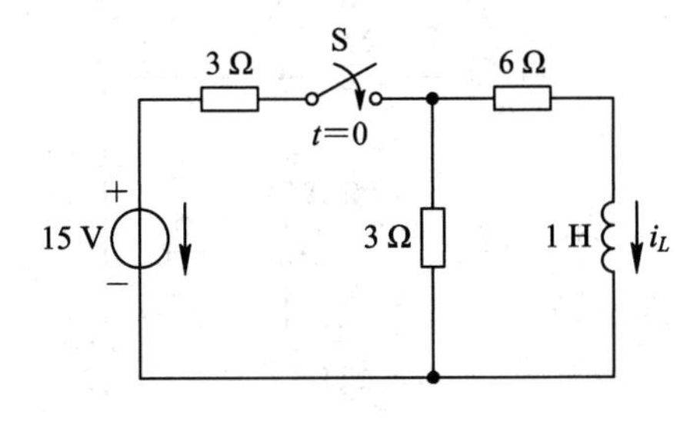

图 5-41　题 5.4.1 图

5.4.2 在图 5-42 中，RL 是一线圈，和它并联一个二极管 D，设二极管的正向电阻为零，反向电阻为无穷大。试问二极管在此起何作用？

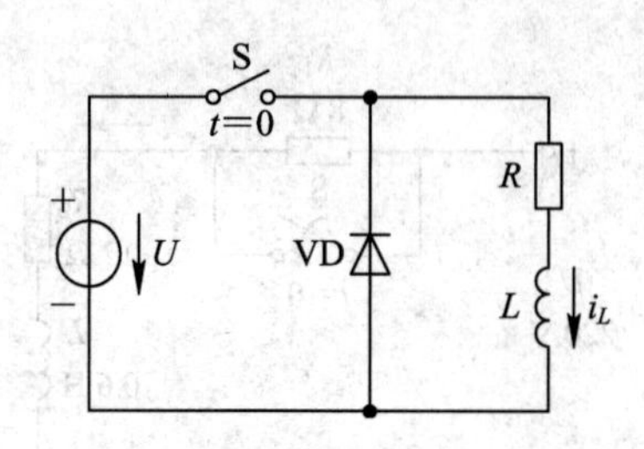

图 5-42 题 5.4.2 图

5.4.3 有一台直流电动机，它的励磁线圈的电阻为 50 Ω，当加上额定励磁电压经过 0.1 s 后，励磁电流增长到稳态值的 63.2%，试求线圈的电感。

5.4.4 一个线圈的电感 $L=0.1$ H，同有直流 $I=5$ A，现将此线圈短路，经过 $t=0.01$ s 后，线圈中电流减小到初始值的 36.8%，试求线圈的电阻 R_0。

习 题

1. 在题图 5.1 中，$E=100$ V，$R_1=1$ Ω，$R_2=99$ Ω，$C=10$ μF。试求：(1) S 闭合瞬间各支路电流及各元件两端电压的数值；(2) S 闭合后到达稳定状态时各支路电流及各元件两端电压的数值；(3) 当用电感元件替换电容元件后，(1)(2)两种情况下的支路电流及各元件两端电压的数值。

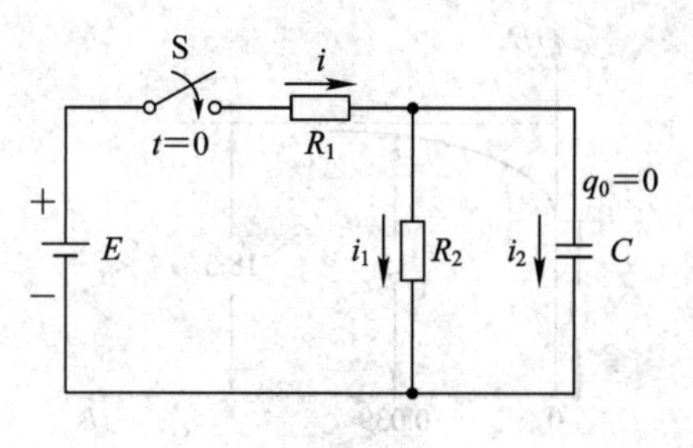

题图 5.1

2. 电路如题图 5.2 所示。求在开关 S 闭合瞬间($t=0_+$) 各元件中的电流及其两端电压；当电路到达稳态时又各等于多少？设在 $t=0_-$ 时，电路中的储能元件都未储能。

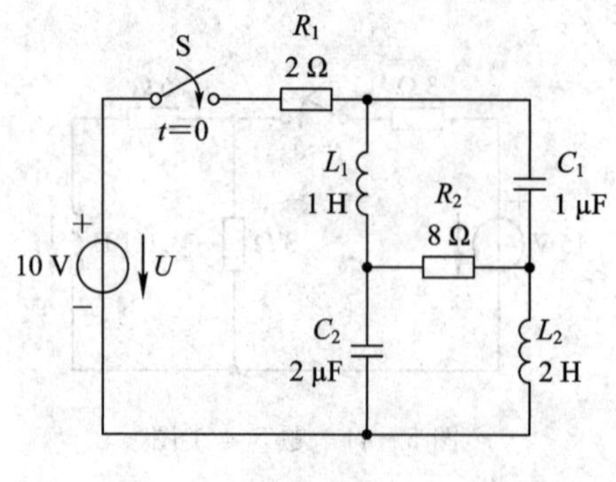

题图 5.2

3. 在题图 5.3 中，$E=40$ V，$R=5$ kΩ，$C=100$ μF，并设 $u_C(0_-)=0$。试求：(1) 电路

的时间常数 i；(2)当开关闭合后电路中的电流 i 及各元件上的电压 u_C 和 u_R。并作出它们的变化曲线；(3)经过一个时间常数后的电流值。

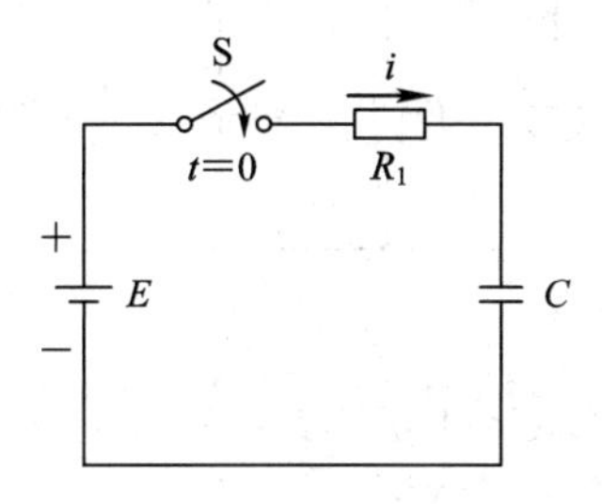

题图 5.3

4. 在题图 5.4 中，$E=20$ V，$R_1=12$ kΩ，$R_2=6$ kΩ，$C_1=10$ μF，$C_2=20$ μF。电容元件先均未储能。当开关闭合后，试求电容元件两端电压 u_0。

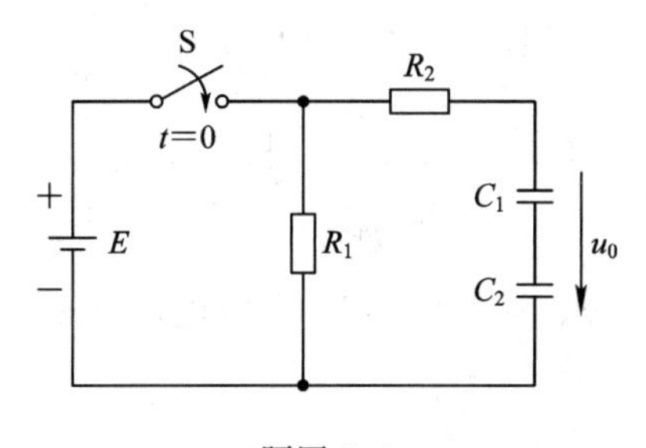

题图 5.4

5. 在如题图 5.5 所示的电路中，$I=10$ mA，$R_1=3$ kΩ，$R_2=3$ kΩ，$R_3=6$ kΩ，$C=2$ μF。在开关 S 闭合前电路已处于稳态。求在 $t\geqslant 0$ 时 u_C 和 i_1，并作出他们随时的变化曲线。

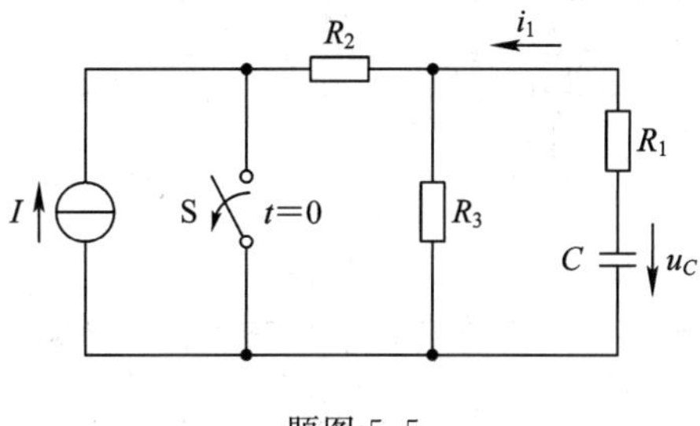

题图 5.5

6. 电路如题图 5.6 所示，在开关 S 闭合前电路已处于稳态，求开关闭合后的电压 u_C。

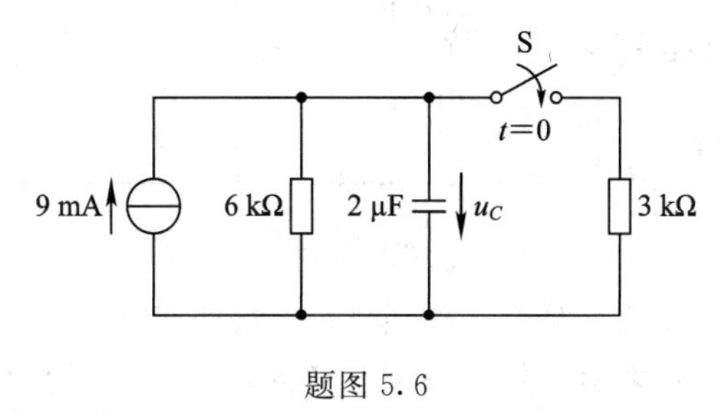

题图 5.6

7. 在题图 5.7 中，$R_1=2$ kΩ，$R_2=1$ kΩ，$C=3$ μF，$I=1$ mA。开关长时间闭合。当将开关断开后，试求电流源两端的电压。

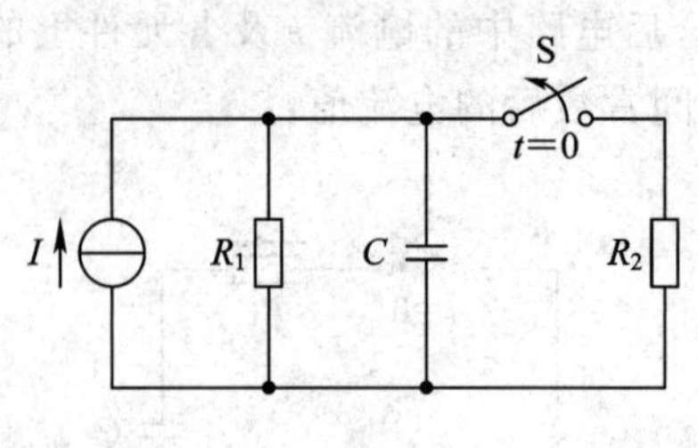

题图 5.7

8. 在题图 5.8 中，$U=20$ V，$C=4$ μF，$R=50$ kΩ。在 $t=0$ 时闭合 S_1，在 $t=0.1$ s 时闭合 S_2，求 S_2 闭合后电压 u_R。设 $u_C(0)=0$。

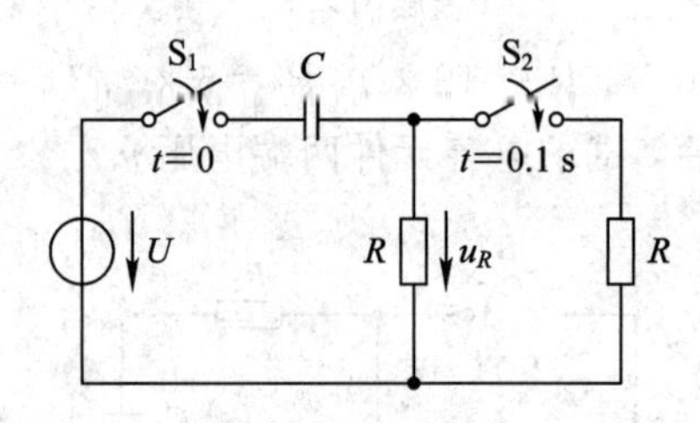

题图 5.8

9. 电路如题图 5.9 所示，求 $t\geqslant0$ 时：(1) 电容电压 u_C；(2) B 点电位 V_B；(3) A 点电位 V_A 的变化规律。

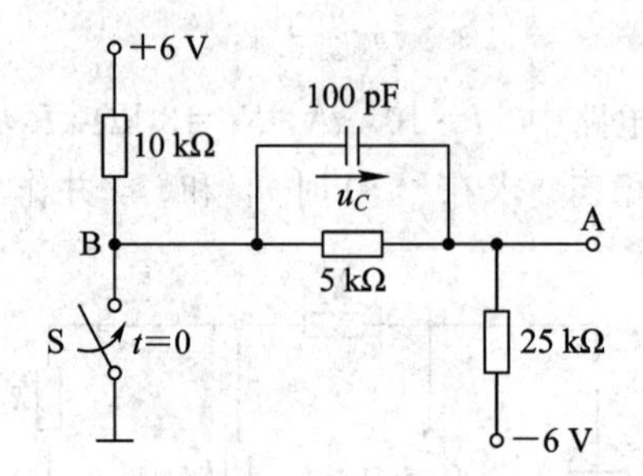

题图 5.9

10. 电路如题图 5.10 所示，换路前已处于稳态，试求换路后($t\geqslant0$)的 u_C。

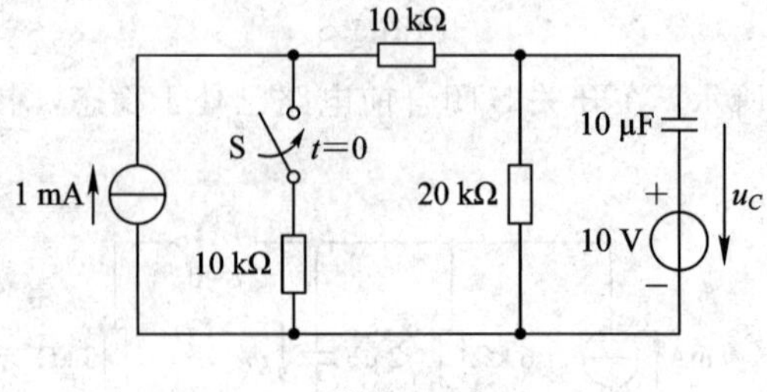

题图 5.10

11. 在题图 5.11 中，开关 S 先合在位置 1，电路处于稳态。$t=0$ 时，将开关从位置 1 合到位置 2，试求 $\tau=t$ 时 u_C 之值。在 $t=\tau$ 时，又将开关合到位置 1，试求 $t=2\times10^{-2}$ 时 u_C 的值。此时再将开关合到 2，作出 u_C 的变化曲线。充电电路和放电电路的时间常数是否相等？

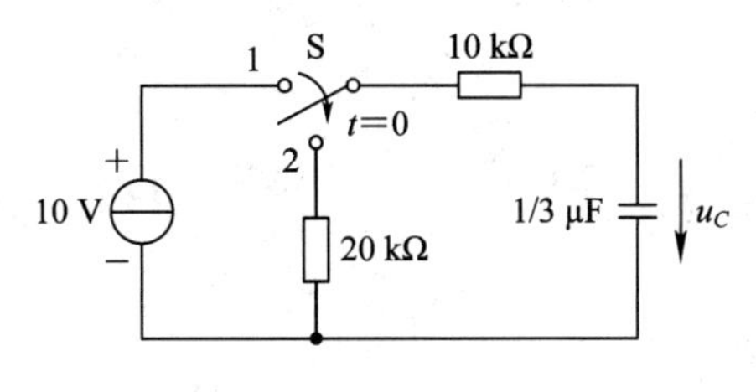

题图 5.11

12. 在题图 5.12 中，$R_1=1\ \Omega$，$R_2=R_3=2\ \Omega$，$L=2$ H，$U=2$ V。开关长时间合在 1 的位置。当将开关扳到 2 的位置后，试求电感元件中电流及其两端电压。

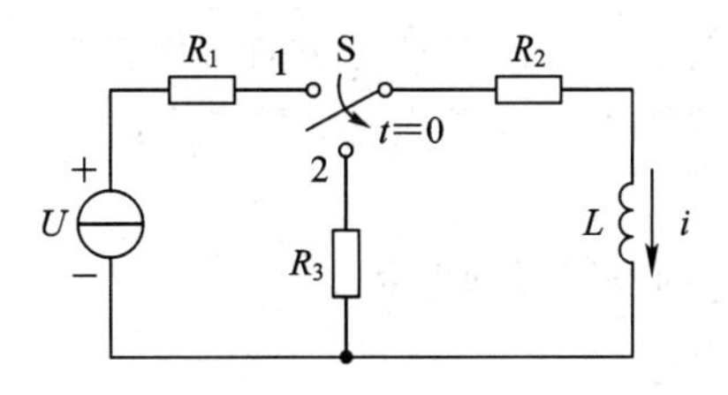

题图 5.12

13. 在题图 5.13 中，$R_1=2\ \Omega$，$R_2=1\ \Omega$，$L_1=0.01$ H，$L_2=0.02$ H，$E=6$ V。(1) 试求 S_1 闭合后电路中电流的变化规律；(2) 当 S_1 闭合后电路到达稳定状态时在闭合 S_2，试求 i_1 和 i_2 的变化规律。

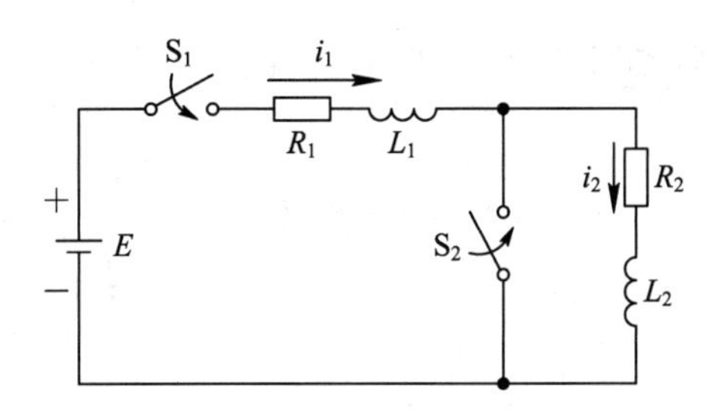

题图 5.13

14. 电路如题图 5.14 所示，在换路前已处于稳态。当将开关从 1 的位置扳到 2 的位置后，试求 i_L 和 i，并作出它们的变化曲线。

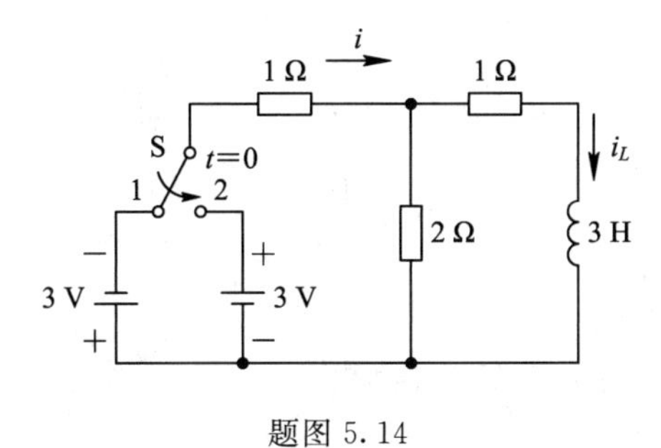

题图 5.14

第6章 二 阶 电 路

内容提要

包含一个电容或电感，或两个电容，或两个电感的动态电路称为二阶电路。这样的电路可以用一个二阶微分方程或两个联立的一阶微分方程来描述。

分析二阶电路的方法仍然是建立二阶微分方程并利用初始条件求解得到电路的响应。本章主要讨论含两个动态元件的线性二阶电路，重点是讨论电路的零输入响应。

本章重点

(1) 了解阻尼、欠阻尼、临界阻尼的概念。

(2) 二阶电路的零输入响应。

6.1 *RLC* 串联电路的零输入响应

6.1.1 *RLC* 串联电路的微分方程

设含电感和电容的二阶电路如图 6-1 所示，该电路为 *RLC* 串联电路。

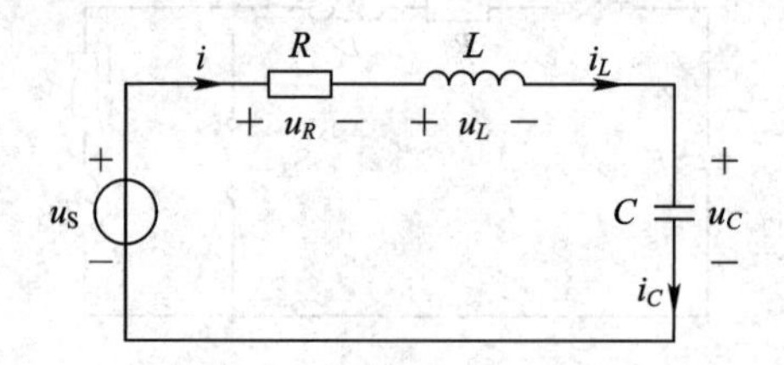

图 6-1 *RLC* 串联二阶电路

对于每一个元件可写出 VCR 为

$$i(t) = i_L(t) = i_c(t) = C\frac{\mathrm{d}u_C}{\mathrm{d}t}$$

$$u_R(t) = Ri(t) = RC\frac{\mathrm{d}u_C}{\mathrm{d}t}$$

$$u_L(t) = L\frac{\mathrm{d}i}{\mathrm{d}t} = LC\frac{\mathrm{d}^2u_C}{\mathrm{d}t^2}$$

根据 KVL 可得

$$LC\frac{\mathrm{d}^2u_C}{\mathrm{d}t^2} + RC\frac{\mathrm{d}u_C}{\mathrm{d}t} + u_C = u_S(t) \tag{6-1}$$

式 6-1 是一个常系数非齐次线性二阶微分方程，未知量为 $u_C(t)$。为了求解，必须知道两个初始条件即 $u_C(0)$ 和 $\left.\frac{\mathrm{d}u_C}{\mathrm{d}t}\right|_{t=0}$，$u_C(0)$ 即电容的初始状态，由 $i(t)=C\frac{\mathrm{d}u_C}{\mathrm{d}t}$ 可知

$$\left.\frac{\mathrm{d}u_C(t)}{\mathrm{d}t}\right|_{t=0}=\left.\frac{i(t)}{c}\right|_{t=0}=\frac{i(0)}{c} \tag{6-2}$$

知道了 $i(0)$，就可以确定 $\left.\frac{\mathrm{d}u_C}{\mathrm{d}t}\right|_{t=0}$，而 $i(0)$实质就是 $i_L(0)$，是电感的初始条件。因此我们可以得到结论：由电路的初始状态 $u_C(0)$、$i_L(0)$和 $t\geqslant 0$ 时电路的激励就可以完全确定 $t\geqslant 0$ 时的响应 $u_C(0)$。

为了得到电路的零输入响应，令电源电压 $u_S(t)=0$，得到以下二阶齐次微分方程

$$LC\frac{\mathrm{d}^2u_C}{\mathrm{d}t^2}+RC\frac{\mathrm{d}u_C}{\mathrm{d}t}+u_C=0 \tag{6-3}$$

得到以下特征方程为

$$LCP^2+RCP+1=0 \tag{6-4}$$

解出两个特征根为

$$P_{1,2}=\frac{R}{-2L}\pm\sqrt{\left(\frac{R}{2L}\right)^2-\frac{1}{LC}} \tag{6-5}$$

电路的微分方程的特征根，称为电路的固有频率。当电路元件参数 R、L、C 数值不同时，特征根可出现以下三种情况：

(1) 当 $R>2\sqrt{\frac{L}{C}}$，P_1，P_2 为两个不相等的实根。

(2) 当 $R=2\sqrt{\frac{L}{C}}$，P_1，P_2 为两个相等的实根。

(3) 当 $R<2\sqrt{\frac{L}{C}}$，P_1，P_2 为两个共轭复数根。

在上述三种表达式中，$2\sqrt{\frac{L}{C}}$具有电阻的量纲，称为 RLC 串联电路的阻尼电阻，用 R_d 表示

$$R_d=2\sqrt{\frac{L}{C}} \tag{6-6}$$

当串联电路 R 大于、等于、小于阻尼电阻 R_d 时，分别称为过阻尼、临界阻尼、欠阻尼情况。以下分别讨论这三种状态。

6.1.2 过阻尼情况

当 $R>2\sqrt{\frac{L}{C}}$，特征根 P_1、P_2 为两个不相等的负实根，由数学知识可知，齐次方程的解可表示为

$$u_C(t)=A_1\mathrm{e}^{P_1t}+A_2\mathrm{e}^{P2t} \tag{6-7}$$

其中 P_1、P_2 仅与电路的参数和结构有关；而积分常数 A_1、A_2 由初始条件 $i(0)$和 $u_C(0)$确定。令式(6-7)中 $t=0$ 得

$$u_C(0)=A_1+A_2 \tag{6-8}$$

对式(6-7)求导，令 $t=0$ 得

$$\left.\frac{\mathrm{d}u_C(t)}{\mathrm{d}t}\right|_{t=0}=\left.\frac{i(t)}{C}\right|_{t=0}=A_1P_1+A_2P_2=\frac{i(0)}{C}=\frac{i_L(0)}{C} \tag{6-9}$$

联立式(6-8)、式(6-9)两个方程，可得

$$A_1=\frac{1}{P_2-P_1}\left[P_2u_C(0)-\frac{i_L(0)}{C}\right]$$

$$A_2=\frac{1}{P_1-P_2}\left[P_1u_C(0)-\frac{i_L(0)}{C}\right]$$

将 A_1、A_2 的计算结果，代入式(6-7)中，就可得到电容电压的零输入响应，再利用KCL方程和电容的VCR可得出电感电流的零输入响应。

【例6-1】 电路如图6-1所示。已知 $R=3\ \Omega$，$L=0.4$ H，$C=0.2$ F，$u_C(0)=2$ V，$i_L(0)=1$ A。求电容电压和电感电流的零输入响应。

解：$R_d=2\sqrt{\frac{L}{C}}=2\sqrt{\frac{0.4}{0.2}}=2\sqrt{2}$

而串联电路中 $R=3\ \Omega>R_d$，说明电路属于过阻尼情况。R、L、C 数值代入式(6-5)得出固有频率为

$$\begin{aligned}P_{1,2}&=-\frac{R}{2L}\pm\sqrt{\left(\frac{R}{2L}\right)^2-\frac{1}{LC}}\\&=-\frac{3}{2\times0.4}\pm\sqrt{\left(\frac{3}{2\times0.4}\right)^2-\frac{1}{0.4\times0.2}}=-3.75\pm1.25=\begin{cases}-2.5\\-5\end{cases}\end{aligned}$$

将固有频率 $P_1=-2.5$，$P_2=-5$ 代入式(6-7)中，得

$$u_C(t)=A_1\mathrm{e}^{-2.5t}+A_2\mathrm{e}^{-5t}\quad(t\geqslant0)$$

而电容电压为 $u_C(0)=2$ V，电感电流为 $i_L(0)=1$ A 得到两方程

$$u_C(0)=A_1+A_2=2$$

$$\left.\frac{\mathrm{d}u_C(t)}{\mathrm{d}t}\right|_{t=0}=\left.\frac{i(t)}{C}\right|_{t=0}=-2.5A_1-5A_2=\frac{i_L(0)}{c}=5$$

得到 $$A_1=6,\ A_2=-4$$

则电容电压的零输入响应为 $u_C(t)=(6\mathrm{e}^{-2.5t}-4\mathrm{e}^{-5t})$ V $(t\geqslant0)$

利用KCL方程和电容的VCR可得出电感电流的零输入响应为

$$i_L(t)=i_C(t)=C\frac{\mathrm{d}u_C}{\mathrm{d}t}=(-3\mathrm{e}^{-2.5t}+4\mathrm{e}^{-5t})\ \mathrm{A}\quad(t\geqslant0)$$

电容电压和电感电流的波形如图6-2所示。

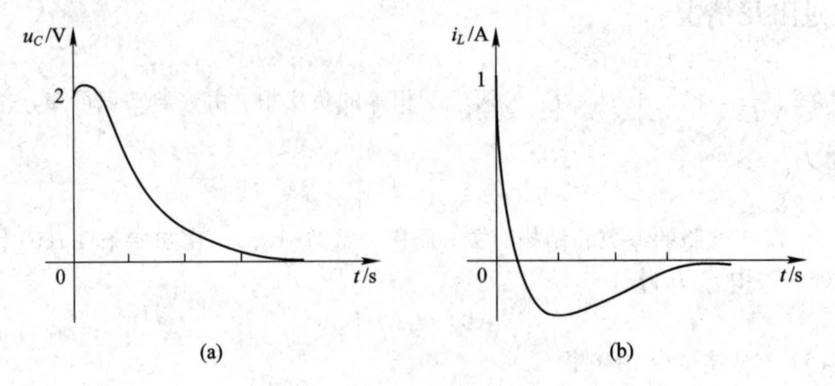

图6-2 过阻尼时 $u_C(t)$ 和 $i_L(t)$ 的零输入波形图

由波形图可知，响应是非振荡性的。在 $t>0$ 以后，电感的电流减小，电感放出它储存的磁场能量，一部分为电阻消耗，另一部分转变为电场能量，使电容电压增加。到电感电流变为零时，电容电压达到最大值，此时电感放出全部磁场能量，之后，电容放出电场能量，一部分为电阻消耗，一部分转变为磁场能量。当电感电流达到负的最大值后，电感和电容都放出能量提供给电阻消耗，直到电阻将电容和电感的初始储能全部消耗完。并且，电容没有被再充电。这是因为：电阻较大，损耗较大，在储能的转换过程中，电阻消耗能量大，当磁场储能再度释放能量不再供给电场储存。因此，若电阻较小，电容可能再度充电，形成不断放、充电的过程，从而产生振荡性的响应。

6.1.3　临界情况

当 $R=2\sqrt{\dfrac{L}{C}}$，电路的固有频率 P_1、P_2 为两个相等的实根，即 $P_1=P_2=P$。齐次微分方程的解答具有下面的形式：

$$u_C(t)=A_1\mathrm{e}^{Pt}+A_2t\mathrm{e}^{Pt} \tag{6-10}$$

A_1、A_2 由初始条件 $i(0)$ 和 $u_C(0)$ 确定。令式(6-10)中 $t=0$ 得

$$u_C(0)=A_1 \tag{6-11}$$

对式(6-10)求导，令 $t=0$ 得

$$\left.\frac{\mathrm{d}u_C(t)}{\mathrm{d}t}\right|_{t=0}=\left.\frac{i(t)}{C}\right|_{t=0}=A_1P+A_2=\frac{i(0)}{C}=\frac{i_L(0)}{C} \tag{6-12}$$

联立方程求解：

$$A_1=u_C(0)$$

$$A_2=\frac{i_L(0)}{C}-Pu_C(0)$$

将 A_1、A_2 的计算结果，代入式(6-10)中，就可得到电容电压的零输入响应，再利用 KCL 方程和电容的 VCR 可得出电感电流的零输入响应。

【例 6-2】　电路如图 6-1 所示。已知 $R=1\ \Omega$，$L=0.25$ H，$C=1$ F，$u_C(0)=-1$ V，$i_L(0)=0$ A。求电容电压和电感电流的零输入响应。

解：

$$R_d=2\sqrt{\frac{L}{C}}=2\sqrt{\frac{0.25}{1}}=1\ \Omega$$

而串联电路中 $R=1\ \Omega>R_d$，说明电路属于临界情况。R、L、C 数值代入式(6-5)得出固有频率为

$$\begin{aligned}P_{1,2}&=-\frac{R}{2L}\pm\sqrt{\left(\frac{R}{2L}\right)^2-\frac{1}{LC}}\\&=-\frac{1}{2\times0.25}\pm\sqrt{\left(\frac{1}{2\times0.25}\right)^2-\frac{1}{0.25\times1}}=-2\pm0=\begin{cases}-2\\-2\end{cases}\end{aligned}$$

将固有频率 $P_1=P_2=-2$，代入式(6-10)中

$$u_C(t)=A_1\mathrm{e}^{-2t}+A_2t\mathrm{e}^{-2t}\quad(t\geqslant0)$$

而电容电压为 $u_C(0)=-1$ V，电感电流为 $i_L(0)=0$ A 得到两方程：

$$u_C(0)=A_1=-1$$

$$\left.\frac{\mathrm{d}u_C(t)}{\mathrm{d}t}\right|_{t=0} = \left.\frac{i(t)}{C}\right|_0 = -2A_1 + A_2 = \frac{i_L(0)}{c} = 0$$

得到 $A_1 = -1,\ A_2 = -2$

则电容电压的零输入响应为 $u_C(t) = (-\mathrm{e}^{-2t} - 2t\mathrm{e}^{-2t})\ \mathrm{V}\quad (t \geqslant 0)$

利用 KCL 方程和电容的 VCR 可得出电感电流的零输入响应为

$$i_L(t) = i_C(t) = C\frac{\mathrm{d}u_C}{\mathrm{d}t} = (2\mathrm{e}^{-2t} - 2\mathrm{e}^{-2t} + 4t\mathrm{e}^{-2t})\ \mathrm{A} = 4t\mathrm{e}^{-2t}\ \mathrm{A}\quad (t \geqslant 0)$$

电容电压和电感电流的波形如图 6-3 所示，从波形可知，响应仍为非振荡性。

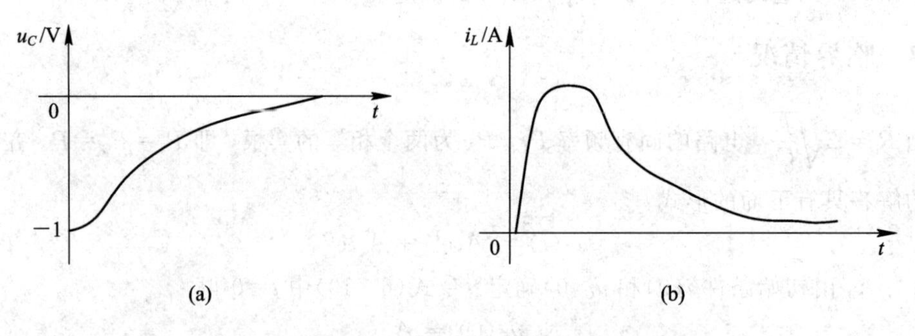

图 6-3 临界时 $u_C(t)$和 $i_L(t)$的零输入波形图

6.1.4 欠阻尼情况

当 $R<2\sqrt{\frac{L}{C}}$，电路的固有频率 P_1，P_2 为两个共轭复数根，由式(6-5)得

$$P_{1,2} = -\frac{R}{2L} \pm \sqrt{\left(\frac{R}{2L}\right)^2 - \frac{1}{LC}} = \alpha \pm \mathrm{j}\sqrt{\omega_0^2 - \alpha^2} = -\alpha \pm \mathrm{j}\omega_d$$

特征根是共轭复数，响应是振荡性的。

特征根的实部 $\alpha = \frac{R}{2L}$ 又称为衰减系数，$\omega_0 = \frac{1}{\sqrt{LC}}$ 为谐振角频率，$\omega_0 = \sqrt{\omega_0^2 - \alpha^2}$ 为衰减谐振角频率

齐次微分方程的解答具有下面的形式：

$$\begin{aligned} u_C(t) &= \mathrm{e}^{-\alpha t}[A_1\cos(\omega_d t) + A_2\sin(\omega_d t)] \\ &= A\mathrm{e}^{-\alpha t}\cos(\omega_d + \varphi) \end{aligned} \tag{6-13}$$

式中 $A = \sqrt{A_1^2 + A_2^2},\ \varphi = -\arctan\frac{A_2}{A_1}$

将 A_1、A_2 的计算结果，代入式(6-12)中，就可得到电容电压的零输入响应，再利用 KCL 方程和电容的 VCR 可得出电感电流的零输入响应。

【例 6-3】 电路如图 6-1 所示。已知 $R=6\ \Omega$，$L=1\ \mathrm{H}$，$C=0.04\ \mathrm{F}$，$u_C(0)=3\ \mathrm{V}$，$i_L(0)=0.28\ \mathrm{A}$。求电容电压和电感电流的零输入响应。

解：$R_\mathrm{d} = 2\sqrt{\frac{L}{C}} = 2\sqrt{\frac{1}{0.04}} = 10\ \Omega$

而串联电路中 $R=6\ \Omega<R_\mathrm{d}$，说明电路属于欠阻尼情况。R、L、C 数值代入式(6-5)得出固有频率为

$$P_{1,2}=-\frac{R}{2L}\pm\sqrt{\left(\frac{R}{2L}\right)^2-\frac{1}{LC}}$$

$$=-\frac{6}{2\times1}\pm\sqrt{\left(\frac{6}{2\times1}\right)^2-\frac{1}{1\times0.04}}=-3\pm\mathrm{j}4$$

将固有频率 $P_1=-3+\mathrm{j}4$，$P_2=-3-\mathrm{j}4$ 代入式(7-13)中

$$u_C(t)=\mathrm{e}^{-3t}[A_1\cos(4t)+A_2\sin(4t)]\quad(t\geqslant0)$$

而电容电压为 $u_C(0)=3$ V，电感电流为 $i_L(0)=0.28$ A 得到两方程：

$$u_C(0)=A_1=3$$

$$\left.\frac{\mathrm{d}u_C(t)}{\mathrm{d}t}\right|_{t=0}=\left.\frac{i(t)}{C}\right|_{t=0}=-3A_1-4A_2=\frac{i_L(0)}{C}=7$$

得到 $$A_1=3,\ A_2=4$$

则电容电压的零输入响应为

$$u_C(t)=\mathrm{e}^{-3t}[3\cos(4t)+4\sin(t)]\ \mathrm{V}=5\mathrm{e}^{-3t}\cos(4t-53.1^\circ)\quad(t\geqslant0)$$

利用 KCL 方程和电容的 VCR 可得出电感电流的零输入响应为

$$i_L(t)=C\frac{\mathrm{d}u_C}{\mathrm{d}t}=0.04\mathrm{e}^{-3t}[7\cos(4t)-24\sin(4t)]\ \mathrm{A}=\mathrm{e}^{-3t}\cos(4t+73.74^\circ)\ \mathrm{A}\quad(t\geqslant0)$$

电容电压和电感电流的波形如图 6-4、6-5 所示。

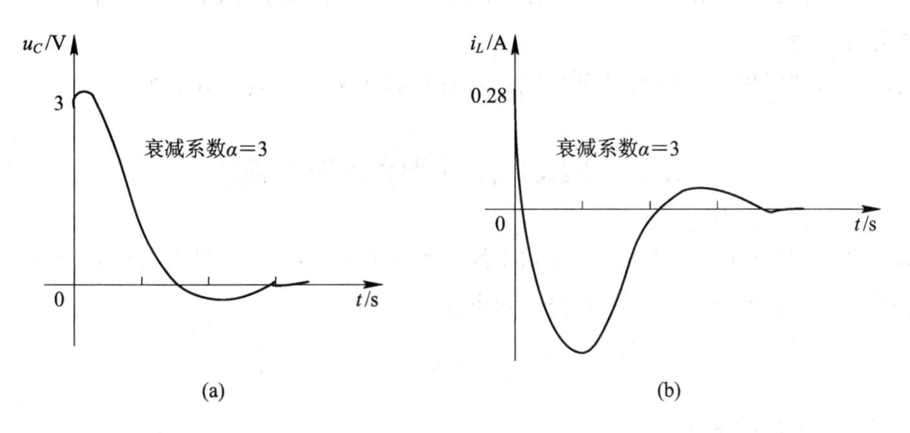

图 6-4　欠阻尼时 $u_C(t)$ 和 $i_L(t)$ 的零输入波形图

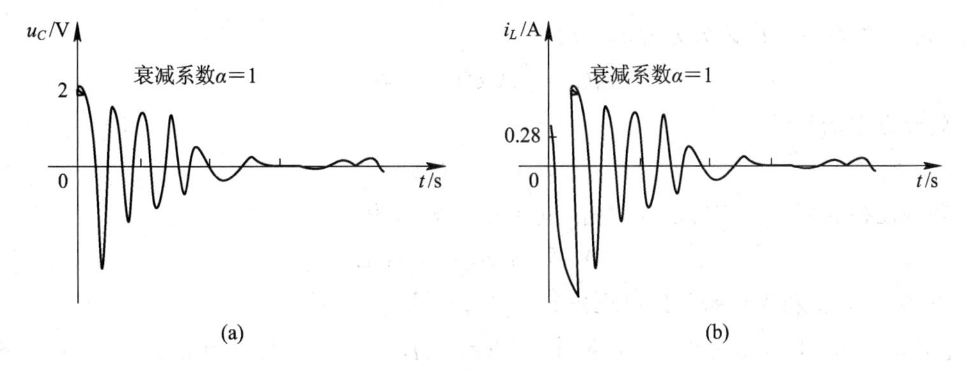

图 6-5　欠阻尼时 u_C 和 $i_L(t)$ 的零输入波形图

在 $R<2\sqrt{\dfrac{L}{C}}$ 的情况下，电容电压和电感电流的波形都是一个振幅渐衰减的正弦函数，这种电磁振荡称为衰减振荡。衰减的快慢取决于 α 衰减系数。显然 α 的数值越大，振幅衰减得就越快。

衰减振荡过程的实质在于电容所储存的电场能量和电感储存的磁场能量之间不断地进行交换。在一段时间内，电容中的电场能释放出来，一部分供电阻消耗，一部分在电感中转换为磁场能量储存起来。然后，电容和电感都释放能量，供给电阻消耗。直到电容反向充电，电容中的电场能量增加，电感继续放出磁场能量，电阻继续消耗能量，电感释放的能量一部分被电阻消耗，一部分则转换为电场能量储存起来。如此周而复始进行下去，形成衰减振荡过程。

在理想(即无阻尼)条件下，总能量不会减小，形成等幅振荡。电容电压和电感电流的相位相差 90°，当电容电压达到最大值时，全部能量储存在电场中，而电感的电流为零，磁场储能为零；而当电感电流最大时，能力全部储存在磁场中，电容电压为零，电场储能为零。

实际上，不管什么样的电感线圈，都有电阻，所以振荡都是衰减的，要是振荡不衰减，必须不断地向振荡电路输入能量，以补充电阻的消耗。振荡能量的来源取自电源。

练习与思考

二阶电路的零输入响应有几种情况？各种情况下响应的表达式如何？

6.2 *RLC* 串联电路的全响应

如果对于图 6-1 所示的 *RLC* 串联电路，当 $u_S(t)=U_S$ 时，可利用初始条件 $u_C(0)=U_0$，$i_L(0)=I_0$ 求解非齐次微分方程得到电路的全响应。

$$LC\frac{d^2u_C}{dt^2}+RC\frac{du_C}{dt}+u_C=u_S(t)\quad (t\geqslant 0) \tag{6-14}$$

电路的全响应的解为

$$u_C(t)=u_{Ch}(t)+u_{Cp}(t) \tag{6-15}$$

式中 $u_{Ch}(t)$为对应齐次微分方程的通解为

$$u_{Ch}(t)=A_1e^{P_1t}+A_2e^{P_2t}$$

微分方程的特解为

$$u_{Cp}(t)=US$$

若特征根为两个不相等的实根时，电路的全响应为

$$u_C(t)=A_1e^{P_1t}+A_2e^{P_2t}+US\quad t\geqslant 0 \tag{6-16}$$

由(6-16)式利用初始条件可求出 A_1、A_2。

【例 6-4】 电路如图 6-1 所示。已知 $R=3\ \Omega$，$L=0.4$ H，$C=0.2$ F，$u_C(0)=6$ V，$i_L(0)=1$ A，$u_S(0)=2$ V。求电容电压和电感电流的零输入响应。

解：R、L、C 数值代入式(6-5)得出固有频率为

$$P_{1,2}=-\frac{R}{2L}\pm\sqrt{\left(\frac{R}{2L}\right)^2-\frac{1}{LC}}$$

$$=-\frac{3}{2\times0.4}\pm\sqrt{\left(\frac{3}{2\times0.4}\right)^2-\frac{1}{0.4\times0.2}}=-3.75\pm1.25=\begin{cases}-2.5\\-5\end{cases}$$

将固有频率 $P_1=-2.5$，$P_2=-5$ 代入式(6-7)中，即对应齐次微分方程通解

$$u_{Ch}(t)=A_1\mathrm{e}^{-2.5t}+A_2\mathrm{e}^{-5t}$$

微分方程的特解为

$$u_{CP}(t)=US=2$$

全响应为

$$u_C(t)=u_{Ch}(t)+u_{CP}(t)=A_1\mathrm{e}^{-2.5t}+A_2\mathrm{e}^{-5t}+2$$

而电容电压为 $u_c(0)=6$ V，电感电流为 $i_L(0)=1$ A 得到两方程：

$$u_C(0)=A_1+A_2+2=6$$

$$\left.\frac{\mathrm{d}u_C(t)}{\mathrm{d}t}\right|_{t=0}=\left.\frac{i(t)}{c}\right|_{t=0}=-2.5A_1-5A_2=\frac{i_L(0)}{c}=5$$

得到

$$A_1=10,\ A_2=-6$$

则电容电压的全响应为

$$u_C(t)=(10\mathrm{e}^{-2.5t}-6\mathrm{e}^{-5t}+2)\ \mathrm{V}\quad(t\geqslant0)$$

利用 KCL 方程和电容的 VCR 可得出电感电流的零输入响应为

$$i_L(t)=i_C(t)=C\frac{\mathrm{d}u_C}{\mathrm{d}t}=(-5\mathrm{e}^{-2.5t}+6\mathrm{e}^{-5t})\ \mathrm{A}\quad(t\geqslant0)$$

练习与思考

RLC 串联电路，若特征根为两个共轭复数根，其全响应的表达式如何表示？

6.3　*RLC* 并联电路的响应

RLC 并联电路如图 6-6 所示。根据 KCL 可得方程

$$i_R(t)+i_L(t)+i_C(t)=i_S(t)$$

由电容、电阻和电感的 VCR 方程可知 $u(t)=u_L(t)=u_C(t)=L\dfrac{\mathrm{d}i_L}{\mathrm{d}t}$，将 $i_R(t)=Gu(t)=GL\dfrac{\mathrm{d}i_L}{\mathrm{d}t}$，$i_C(t)=C\dfrac{\mathrm{d}u_C}{\mathrm{d}t}=LC\dfrac{\mathrm{d}^2i_L}{\mathrm{d}t^2}$ 代入，即可得到

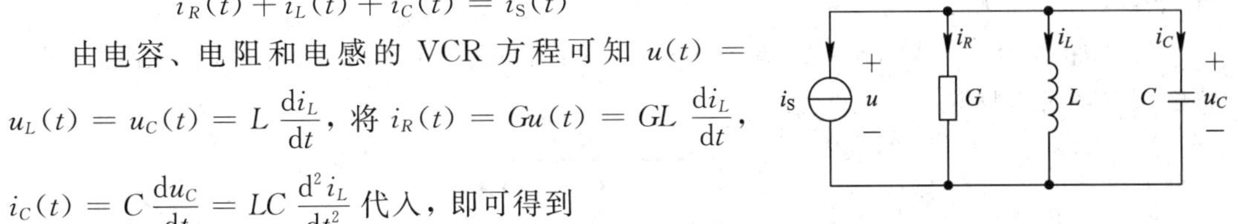

图 6-6　*RLC* 并联二阶电路

$$LC\frac{\mathrm{d}^2i_L}{\mathrm{d}t^2}+GL\frac{\mathrm{d}i_L}{\mathrm{d}t}+i_L=i_S(t)\qquad(6-17)$$

同样，这也是一个常系数非齐次线性二阶微分方程。其特征方程是

$$LCP^2+GLP+1=0\qquad(6-18)$$

由式(6-18)得到的特征根为

$$P_{1,2}=-\frac{G}{2C}+\sqrt{\left(\frac{G}{2C}\right)^2-\frac{1}{LC}}\qquad(6-19)$$

我们从式(6－17)和(6－1)进行比较就可以知道，电容和电感具有对偶关系，电压和电流具有对偶关系。串联电路方程中的 u_C 换成 i_L，L 和 C 互换，C 和 L 互换，u_S 和 i_S 互换。也就是说 RLC 串联电路和 GLC 并联电路具有对偶性质。因此从已知的串联电路很容易得到并联电路的解答。

由式(6－6)可得到 GLC 的阻尼电导

$$G_d = 2\sqrt{\frac{C}{L}} \tag{6-20}$$

当电路元件参数 R、L、C 数值不同时，特征根可出现以下三种情况：

(1) 当 $C>2\sqrt{\frac{C}{L}}$，P_1，P_2 为两个不相等的实根。

(2) 当 $C=2\sqrt{\frac{C}{L}}$，P_1，P_2 为两个相等的实根。

(3) 当 $C<2\sqrt{\frac{C}{L}}$，P_1，P_2 为两个共轭复数根。

当并联电路 G 大于、等于、小于阻尼电导 G_d 时，分别称为过阻尼(非振荡性)、临界阻尼(非振荡性)、欠阻尼(衰减振荡)情况。

练习与思考

RLC 并联电路，若特征根为 $P_{1,2}=-3\pm j4$，且 $R=2\ \Omega$，欲使电路为临界阻尼，R 应增加还是减小？其值是多少？

习　题

1. 已知 RLC 串联电路中 $R=2\ \Omega$，$L=2\ \text{H}$，试求下列三种情况响应的表达式：$C=0.2\ \text{F}$，$C=0.5\ \text{F}$，$C=1\ \text{F}$。

2. 已知 RLC 串联电路中 $R=6\ \Omega$，$L=1\ \text{H}$，$C=0.2\ \text{F}$，$u_C(0)=-4\ \text{V}$，$i_L(0)=4\ \text{A}$。电容电压与电流为关联方向。求电容电压和电感电流的零输入响应。

3. 电路如图 6－1 所示，已知 $R=6\ \Omega$，$L=1\ \text{H}$，$C=0.04\ \text{F}$，$u_S(t)=\varepsilon(t)\ \text{V}$，求 $t>0$ 时电容电压的零状态响应。

4. 电路如题图 6.1 所示，已知 $u_C(0)=2\ \text{V}$，$i_L(0)=1\ \text{A}$。试求 $t\geqslant 0$ 时电容电压和电感电流的零输入响应。

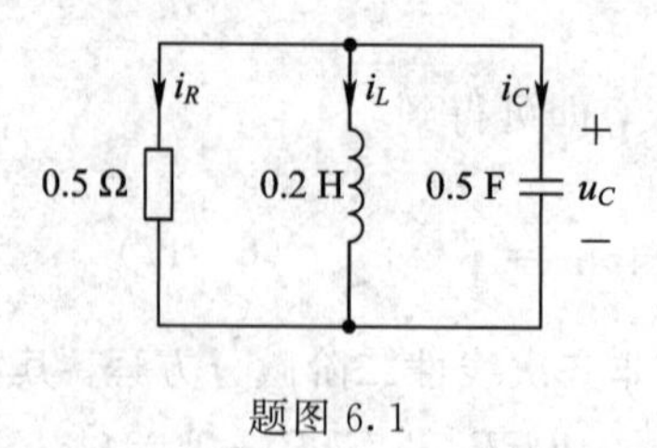

题图 6.1

第 7 章　异步电动机

内容提要

电动机(简称电机)是将电能转换为机械能的一种旋转机械。依电动机所用电源不同，电动机可按下列所示分类：

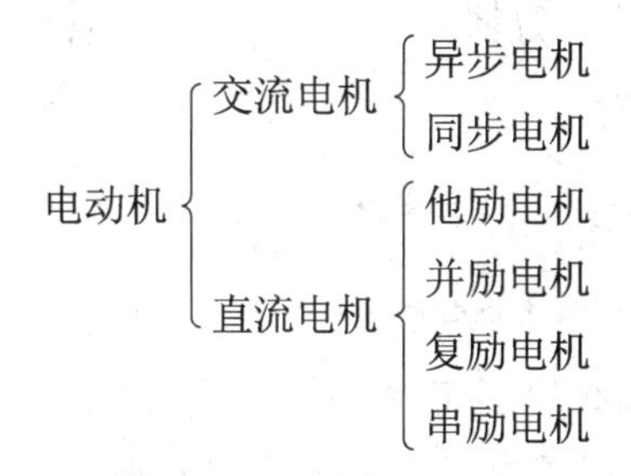

电动机的主要优点有：减轻劳动强度，简化生产机械结构，提高生产效率和产品质量，实现自动控制和远程操纵。

本章主要介绍电动机的基本构造，工作原理，机械特性，启动、反转、调速和制动的原理、方法等问题。

本章难点

三相异步电动机的旋转磁场和机械特性。

7.1　三相异步电动机

异步电动机也称感应电动机，是将交流电源的电能转换为机械能的一种动力设备，它具有结构简单、性能优良、价格便宜、维修方便等优点，在工农业生产中得到了广泛的应用。

7.1.1　三相异步电动机的构造

如图 7－1 所示，三相异步电动机由定子(固定部分)和转子(转动部分)两大部分组成，它们之间有空气隙。

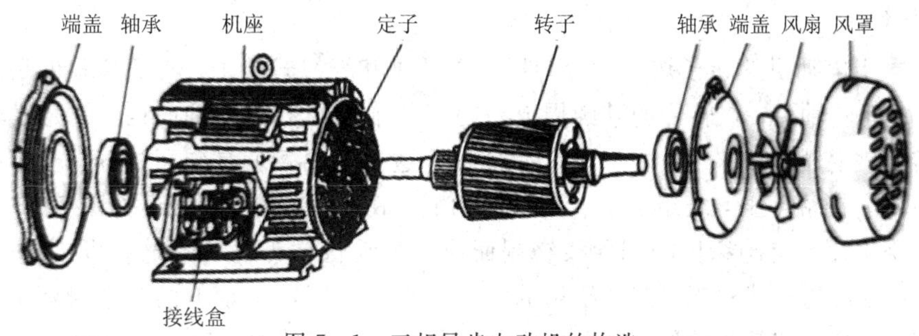

图 7－1　三相异步电动机的构造

1. 定子

三相异步电动机的定子主要是由机座、定子铁芯、定子绕组组成，机座用铸铁或铸钢浇铸而成。定子铁芯是由 0.35～0.5 毫米厚的硅钢片叠成的，硅钢片上面涂有绝缘漆，使片与片之间相互绝缘。定子铁芯内圆周上冲有均匀分布的平行槽，如图 7-2 所示。整个定子铁芯压装在电动机机座内，如图 7-3 所示。

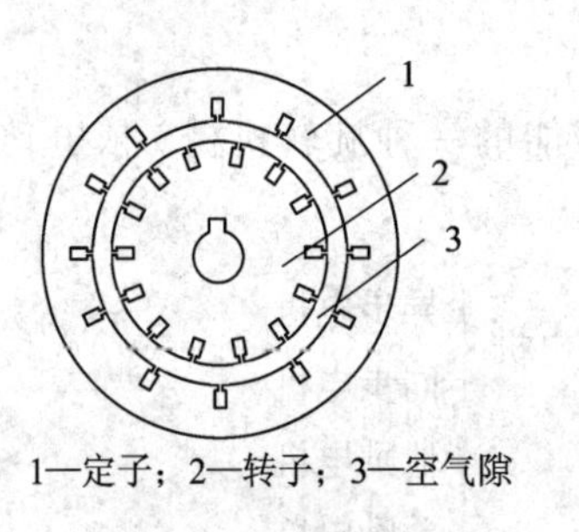

1—定子；2—转子；3—空气隙

图 7-2　定子和转子铁心硅钢片

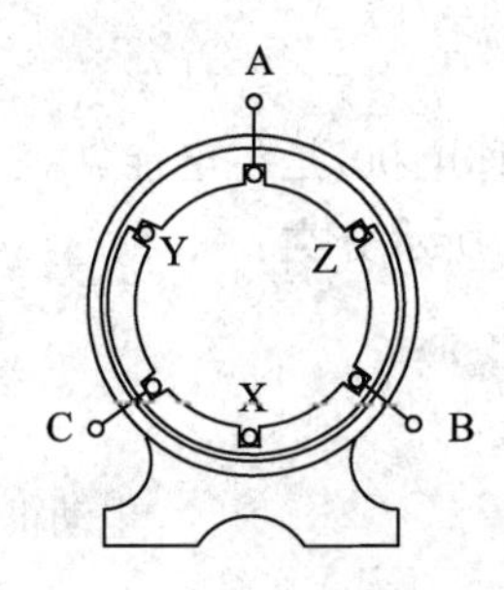

图 7-3　定子三相绕组

定子绕组是由高强度漆包线绕制而成，三相绕组按 120°电角度的相位差，对称均匀地嵌放在定子铁芯槽内，每组绕组各引出一个始端和末端，三相共有六个出线端，都引到定子的线盒内，如图 7-3 所示。定子上的接线盒一般随机座一起浇铸而成，它的作用是固定定子绕组的出线端。

定子绕组的出线端常用字母 A、B、C 表示始端，X、Y、Z 表示末端，定子绕组的始末端都固定在接线盒中，在接电源之前，相互间必须正确连接。连接方法有星形(Y)和三角形(△)两种，如图 7-4 所示。

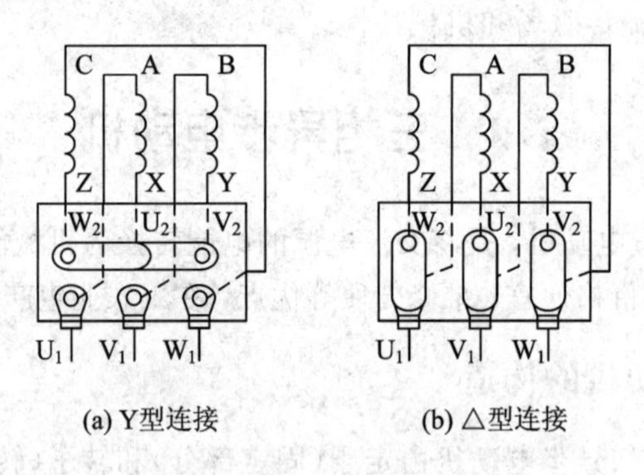

(a) Y型连接　(b) △型连接

图 7-4　三相异步电动机接线柱的连接

2. 转子

三相异步电动机的转子按结构分为鼠笼式转子和绕线式转子。转子铁芯也是用硅钢片叠成，固定在转轴上，在转子的外圆周上冲制有若干均匀分布的轴向槽。鼠笼式转子绕组就是在转子铁芯槽中浇铸铝条(也有用钢条的)，这些裸铝条就是转子的导体，导体两端分别焊接在两个铜端环上，绕组的形状与鼠笼相似，故称为鼠笼式转子，如图 7-5 所示。

转子绕组用带有绝缘层的铜导线绕制而成的电动机称为绕线式电动机，如图 7-6 所示。三个对称绕组接成星形，三个绕组的始端分别接在固定于轴上的三个滑环上，滑环间相互绝缘，滑环也与转轴绝缘。三个电刷分别与三个滑环接触，使转子绕组与外加变阻器

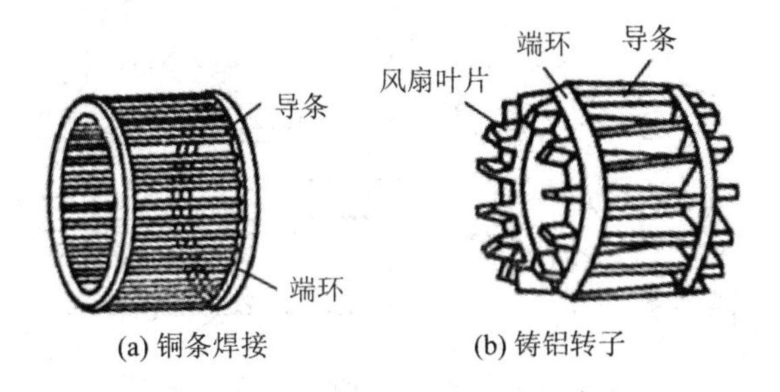

图 7－5 鼠　笼式转子

接通，如图 7－7 所示。

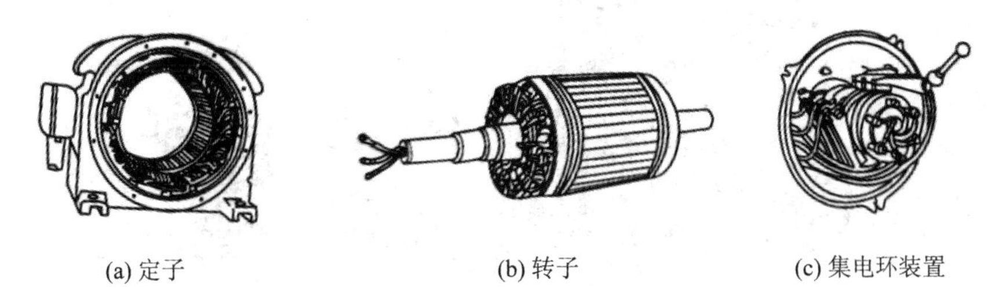

图 7－6　绕线式异步电动机的构造

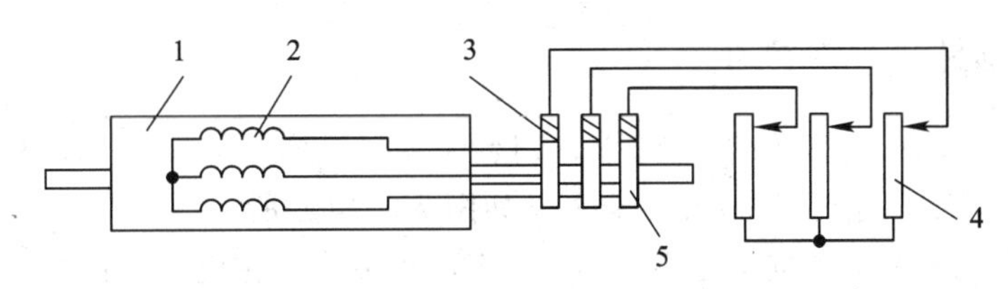

1—转子铁芯；2—转子绕组；3—电刷；4—变阻器；5—滑环

图 7－7　绕线转子结构示意图

绕线式电动机和鼠笼式电动机可以通过结构特点来辨认。虽然它们的结构不同，但工作原理是一样的。

7.1.2　三相异步电动机的工作原理

当三相异步电动机的定子绕组与三相交流电源接通时，定子绕组中便通过三相正弦交流电流，它们产生的合成磁场是旋转的(顺时针旋转或逆时针旋转)。处于旋转磁场中的转子导体(互相闭合的转子绕组或铝条)中就产生感应电动势和感应电流。根据电磁原理，感应电流与旋转磁场互相作用，对转子形成一电磁转矩，使转子转动起来，且转子转动方向与旋转磁场的转向一致，如图 7－8 所示。

图 7－9 是一个简单的实验，在星形连接的对称三相绕组中通入三相交流电时，置于绕组中空位置的小磁针会不停地旋转起来。若改变三相交流电的相序，则小磁针转动的方向也随之改变。如果在三相绕组中空位置放入矩形线圈或鼠笼导体，它们也会像磁针一样地转动起来。三相异步电动机的转动原理与此实验的情况相似。

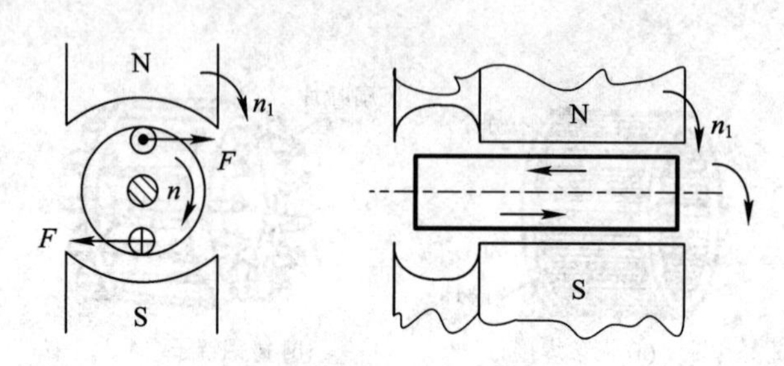

图 7-8　异步电动机的工作原理图

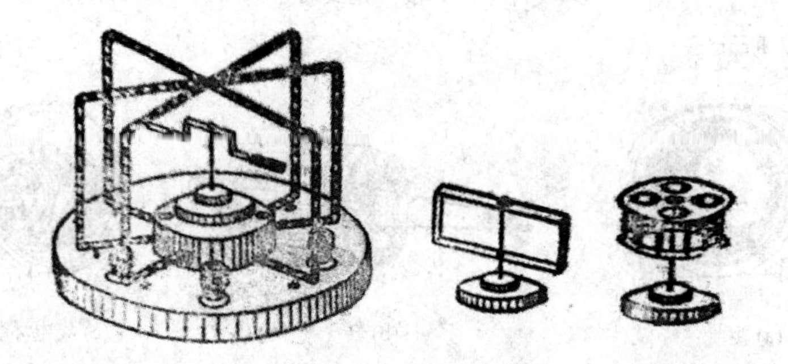

图 7-9　异步电动机转动原理实验

7.1.3　定子旋转磁场的产生

将三相异步电动机的定子绕组 X、Y、Z 接在一起(星形连接)，将 A、B、C 接在三相电源上，绕组中便有三相电流 i_A、i_B、i_C 通过。如图 7-10(a)所示。

取绕组始端到末端的方向为电流正方向，三相电流为对称电流，有

$$i_A = I_m \sin\omega t$$
$$i_B = I_m \sin(\omega t - 120°)$$
$$i_C = I_m \sin(\omega t + 120°)$$

在电流的正半周时，其值为正，实际电流方向与正方向一致；在负半周时，电流值为负，实际电流方向与正方向相反，如图 7-10(b)所示。

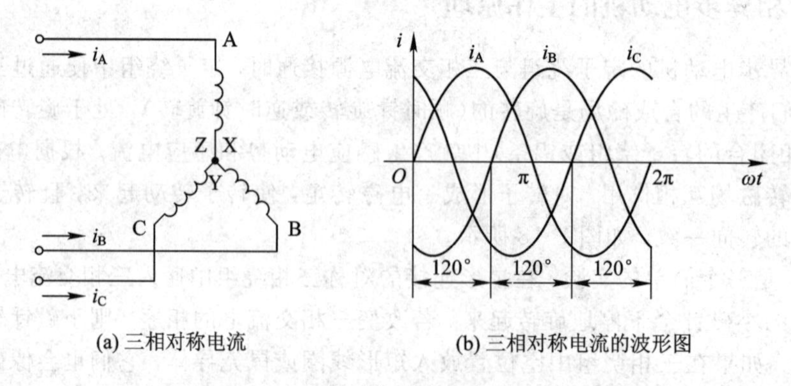

(a) 三相对称电流　　(b) 三相对称电流的波形图

图 7-10　三相对称电流电路图及波形图

三相电流的波形如图 7-10 所示，并规定电流正方向由始端指向末端，图中实际电流的流进端用⊗表示，流出端用⊙表示。为了分析合成磁场的变化规律，我们任选几个特定

时刻进行分析。

在 $\omega t=60°$瞬间，定子绕组中电流 $i_A=0$，A 相绕组内没有电流；i_B 是负值，B 相绕组中电流的实际方向与正方向相反，电流是由 Y 流进而由 B 流出；i_C 为正值，C 相绕组中电流的实际方向与正方向一致，电流是由 C 流进，由 Z 流出。此时三相绕组的合成磁场方向可用右手螺旋定则来确定，如图 7－11(a)所示。

当 $\omega t=0$ 瞬间，电流 i_A 为正值，电流由 A 流进，由 X 流出；i_B 为负值，电流是由 Y 流进，由 B 流出；$i_C=0$，可以看出合成磁场的方向按顺时针旋转了 60°。

当 $\omega t=120°$瞬间，i_A 是正值，电流由 A 流进，由 X 流出；$i_B=0$；i_C 是负值，电流是由 Z 流进，由 C 流出。如图 7－11(b)所示，此时合成磁场方向又按顺时针旋转了 60°。与 $\omega t=0$瞬时相比较，正弦波变化半个周期$\left(\dfrac{T}{2}\right)$时，合成磁场旋转半周。

同理可知，当 $\omega t=360°$时，正弦波变化一个周期，合成磁场也旋转一周，如图 7－11(d)所示。由此可见，随定子绕组中三相电流的不断变化，它所产生的合成磁场也在空间不停地旋转，这就称为旋转磁场。

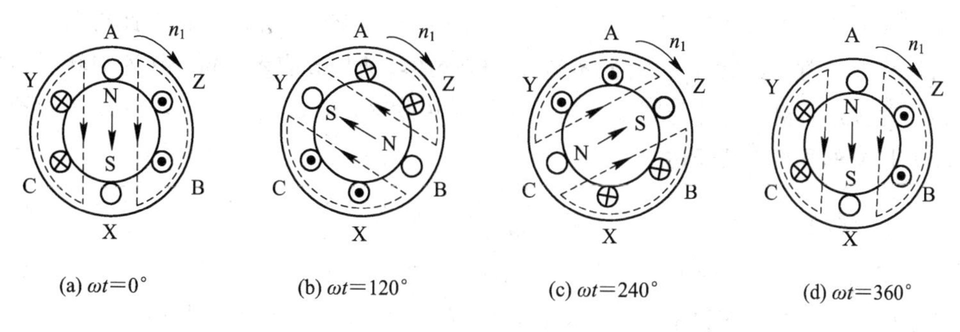

图 7－11　三相电流产生的旋转磁场

旋转磁场的磁极对数和三相绕组的安排有关。上述旋转磁场具有一对磁极，如欲获得二对磁极，则应把线圈的数目增加一倍。每相绕组有两个线圈串联，绕组的始端之间相差 60°空间角，产生的旋转磁场具有两对磁极，即磁极对数 $p=2$。

比较一对磁极和二对磁极可以看出，在一对磁极的情况下，当电流从 $\omega t=0$ 到 $\omega t=60°$时，磁场在空间也旋转了 60°。交流电变化一个周期时，磁场在空间也转了一周。设电流的频率是 f_1，即电流每秒钟交变 f_1 次或每分钟交变 $60f_1$ 次，则旋转磁场的转速(转/分钟)为 $n_0=60f_1$。

在旋转磁场具有两对磁极的情况下，当电流从 $\omega t=0$ 到 $\omega t=60°$变化 60°电角度时，磁场在空间仅旋转了 30°。当交流电变化一个周期时，磁场在空间转了半周。由此可见，旋转磁场的转数与磁极的对数有关，当电机有 p 对磁极时，旋转磁场的转速可用下式表示：

$$n_0=\frac{60f_1}{p} \tag{7-1}$$

对某一异步电机而言，f_1 和 p 通常是一定的，所以旋转磁极转速 n_0 也是常数。在我国，工频 $f_1=50$ Hz，可以列出对应于不同磁极对数 p 的旋转磁场转速，见表 7－1。

表 7-1　不同磁极对数的旋转磁场转速($f_1=50$ Hz)

磁极对数 p	1	2	3	4	5	6
磁场转速 n_1/(r/min)	3000	1500	1000	750	600	500

旋转磁场的旋转方向与三相交流电的相序有关，一般电动机采用的都是 A—B—C 相序，即正序。若按正序连接，电动机顺时针旋转；若按逆序 A—C—B 连接，则电动机逆时针旋转。

7.1.4　转差率

转差率是分析异步电动机运转特性的一个主要数据。从工作原理分析可知，电动机转子的转向与旋转磁场的旋转方向相同，但转子的转速 n 不能达到旋转磁场的转速 n_0。因为电动机旋转的基础是转子导线切割了旋转磁场的磁力线产生感应电势和感应电流。如果转子的转速 n 等于旋转磁场的转速 n_0，转子与旋转磁场之间就没有相对运动，转子中不产生电磁转矩，这样转子就不可能继续以 n_0 的转速转动。所以，转子的转速与旋转磁场转速之间必须要有差值，即不同步，只有 $n<n_0$，才能保证转子旋转，异步电机由此得名。

通常称旋转磁场的转速 n_0 为同步转速，转子的转速用 n 表示。同步转速与转子转速之差称为相对转速，相对转速与同步转速的比值叫转差率，用 S 表示。转差率 S 表示转速与同步转速相差的程度，其表达式为

$$S=\frac{n_0-n}{n_0}\times 100\% \tag{7-2}$$

或

$$n=n_0(1-S) \tag{7-3}$$

若旋转磁场旋转，而转子尚未转动(合闸瞬间)，则 $n=0$，$S=1$；若转子的转速趋于同步转速，则 $n\approx n_0$，$S\approx 1$。由此可知转速率 S 在 0～1 之间变化，转子转速越高，转速率越小。三相异步电动机在额定负载时，其转速率在 1%～6%之间。

【例 7-1】　一台两级异步电动机，其额定转速为 2850 r/min，试求当电源频率 f 为 50 Hz时的额定转差率为多少？

解：已知磁极对数 $p=1$

同步转速 $n_0=\dfrac{60f_1}{p}=\dfrac{60\times 50}{1}=3000$ r/min

额定转差率 $S=\dfrac{n_0-n}{n_0}\times 100\%=\dfrac{3000-2850}{3000}\times 100\%=5\%$

7.1.5　转子各量与转差率的关系

如上所述，异步电动机之所以能转动，是因为转子绕组的导体切割旋转磁场而产生感应电动势和感应电流，载流的转子导体与旋转磁场互相作用，产生电场力和电磁转矩。转子感应电动势和电流等物理量是与转差率有关的。

当转子导体切割旋转磁场时，产生感应电动势 e_2。

$$e_2=-N_2\frac{d\Phi}{dt}$$

其有效值为

$$E_2 = 4.44 f_2 N_2 \Phi \tag{7-4}$$

式中 f_2 为转子电动势 e_2 或转子电流 i_2 的频率。因为旋转磁场和转子之间相对转速为 (n_0-n)，所以

$$f_2 = \frac{p(n_0 - n)}{60}$$

上式也可写成

$$f_2 = \frac{n_0 - n}{n_0} \cdot \frac{pn_0}{60} = Sf_1 \tag{7-5}$$

可见，f_2 与 S 成正比。在 $n=0$，$S=1$ 时，转子与旋转磁场间的相对转速最大。这时 f_2 最高，$f_2=f_1$。在额度负载时，$S=1.5\%\sim6\%$，则 $f_2=0.75-3$ Hz($f_1=50$ Hz)。

将式(7-5)代入式(7-4)则可得到

$$E_2 = 4.44 Sf_1 N_2 \Phi \tag{7-6}$$

在 $n=0$，即 $S=1$ 时，转子电动势为

$$E_{20} = 4.44 f_1 N_2 \Phi \tag{7-7}$$

这时 $f_2=f_1$，转子电动势最大。由式(7-6)和(7—7)得出

$$E_2 = SE_{20}$$

可见转子电动势与转差率 S 有关。转子旋转越快，则 S 越小，E_2 也越小。

由转子电流产生的磁通中的一小部分不穿过定子铁芯，不与定子绕组相交链，而沿转子铁芯经空气隙自行闭合，这部分磁通称为转子漏磁通 Φ_{S2}，漏磁通 Φ_{S2} 引起漏电感 L_{S2}，因此，转子绕组不仅有电阻，而且有漏感抗 X_{S2}，转子绕组的电阻可以认为是不变的，但漏感抗随转子电流频率 f_2 而变，即随 S 而变。当转子不动时，f_2 最高，此时漏感抗最大，用 X_{20} 表示，即

$$X_{20} = 2\pi f_{20} L_{S2} = 2\pi f_1 L_{S2}$$

转子转动后的漏感抗为

$$X_{S2} = 2\pi f_2 L_{S2} = 2\pi Sf_1 L_{S2} = SX_{20} \tag{7-8}$$

转子绕组既有电阻 R_2 又有漏感抗 X_{S2}，故其阻抗为

$$Z_2 = \sqrt{R_2^2 + (SX_{20})^2}$$

因此，转子导线中得电流为

$$I_2 = \frac{E_2}{Z_2} = \frac{SE_{20}}{\sqrt{R_2^2 + (SX_{20})^2}} \tag{7-9}$$

由于 I_2 在相位上要比 E_2 滞后 φ_2 电角度，所以转子电路的功率因数为

$$\cos\varphi_2 = \frac{R_2}{\sqrt{R_2^2 + (SX_{20})^2}} \tag{7-10}$$

由上述分析可知，转子电路的各个物理量，如电动势、电流、频率、感抗及功率因数都与转差率有关，亦即与转速有关。

练习与思考

简述三相异步电机的工作原理。

7.2 三相异步电动机的电磁转矩与机械特性

7.2.1 异步电动机的电磁转矩

异步电动机转子电磁转矩是转子中各载流导体所受电磁力矩的总和。由于转子电路具有电抗，转子电流 I_2 在相位上滞后电动势 E_2 一个角度 φ_2，因此转子电流的有功分量为 $I_2\cos\varphi_2$。可以证明，异步电动机的电磁转矩 M 与转子电流的有功分量 $I_2\cos\varphi_2$ 及旋转磁场的主磁通 Φ 的乘积成正比。转矩的表达式为

$$M = K_M\Phi I_2\cos\varphi_2 \tag{7-11}$$

式中 K_M 是一常数，它与电动机的结构有关；Φ 为磁通。

在电源电压为定值的情况下，式(7-11)中的 Φ 值基本不变，故可认为异步电动机的电磁转矩仅与 $I_2\cos\varphi_2$ 有关。由式(7-9)和式(7-10)可知，I_2、$\cos\varphi_2$ 都与转差率 S 有关，为了表明转矩和转差率的关系，把式(7-9)和式(7-10)代入式(7-11)中即可得出

$$\begin{aligned} M &= K_M\Phi\frac{SE_{20}}{\sqrt{R_2^2+(SX_{20}{}^2)}}\cdot\frac{R_2}{\sqrt{R_2^2+(SX_{20})^2}} \\ &= K_M\Phi SE_{20}\frac{SR_2}{R_2^2+(SX_{20})^2} \end{aligned} \tag{7-12}$$

若定子电路的外加电压 u_1 及其频率 f_1 为定值，则 Φ、E_{20} 及 X_{20} 均为常数。因此，电磁转矩仅随转差率 S 而变。当 S 很小时(例如 S 为百分之几)则 $R_2^2\gg(SX_{20})^2$，此时近似有 $M\propto\frac{1}{S}$，把不同的 S 值代入式(7-12)，便可绘出转矩曲线。如图 7-12 所示。

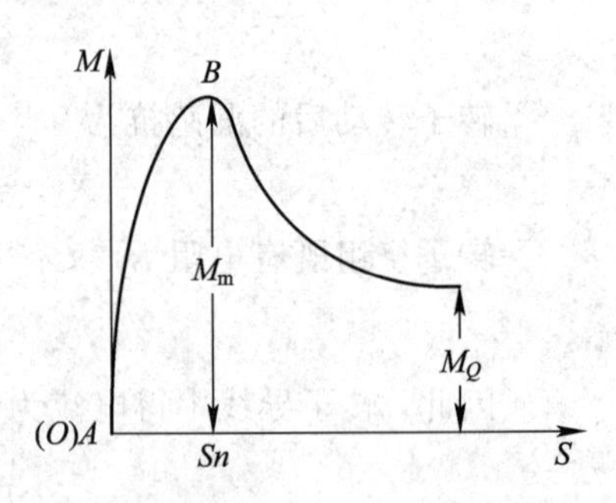

图 7-12 异步电动机的转矩曲线

由转矩曲线可以看出，当 $S=1$ 时(即启动时)，转子和旋转磁场之间的转差率最大，但异步电动机的电磁转矩并不是最大。这是因为启动时 I_2 虽然较大，但 $\cos\varphi_2$ 却很小，它们的乘积 $I_2\cos\varphi_2$ 并不大。

根据公式

$$\Phi = \frac{E_1}{4.44f_1N_1}\approx\frac{U_1}{4.44f_1N_1}$$

即 $\Phi\propto U_1$，可得出转矩的另一个表达式：

$$M = K\frac{SR_2U_1^2}{R_2^2+(SX_{20})^2} \tag{7-13}$$

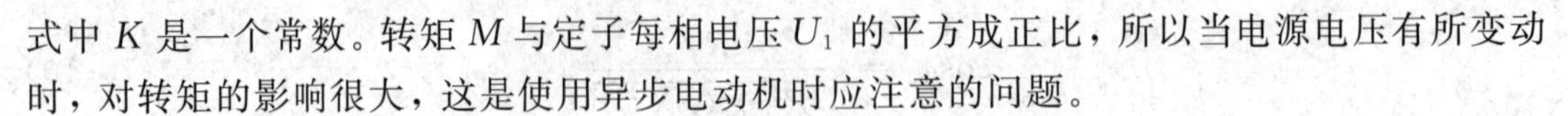

式中 K 是一个常数。转矩 M 与定子每相电压 U_1 的平方成正比，所以当电源电压有所变动时，对转矩的影响很大，这是使用异步电动机时应注意的问题。

7.2.2 异步电动机的机械特性

表示电动机的转速和转矩之间关系的曲线 $n=f(M)$ 称为机械特性曲线。根据式(7-3)，即 $n=n_0(1-S)$，可将图 7-12 改为如图 7-13 所示的机械特性曲线。

研究机械特性的目的是分析电动机的运行性能。下面利用机械特性曲线讨论转矩。

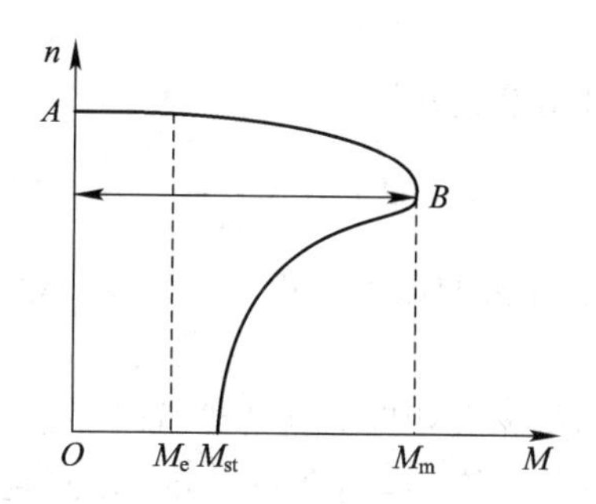

图 7-13　三相异步电机的机械特性曲线

1. 额定转矩

电动机在额定负载时转矩称为额定转矩，用 M_N 表示。

电动机接通电源的瞬间，$n=0$，$S=1$，当启动转矩 M_{st} 大于电动机轴上的反转矩时，转子便旋转起来，并且逐渐加速。电动机的电磁转矩沿 $n=f(M)$ 曲线的 $M_{st}B$ 段上升，经过最大转矩后又沿 BA 段下降，最后当 M 等于反转矩时，电动机以一转速等速旋转。由此可见，异步电动机启动后，便进入特性曲线的 AB 段稳定运行。即电动机工作在 $0<S<S_m$ 的范围内。如果负载增大，则电动机转速下降，电磁转矩上升，直至再次等于此时的反转矩，又重新达到平衡。在曲线的 AB 段上，当负载转矩变化时，电动机能够自动调节转速和电磁转矩，使电动机由一个稳定状态过渡到另一个稳定状态。所以，这一段区域称为稳定区域。如果负载增大到超过了电动机的最大转矩时，在曲线的 BM_{st} 段即 $S_m<S<1$ 段上，则电动机转速急剧下降，直到电动机停转为止。可见电动机在这一区域内运行时是不稳定的。

电动机通常工作在 $n=f(M)$ 曲线平坦的 AB 段，当负载在额度范围内变化时，电动机转速变化不大。这种特性称为硬的机械特性。

电动机的转矩可由下式求得：

$$M \approx M_2 = \frac{P_2}{\frac{2\pi n}{60}}$$

式中 P_2 是电动机输出的机械功率，M_2 是机械负载的转矩，它是反转矩的主要部分。

上式中转矩 M 的单位是 N·m；功率的单位是 W，转速的单位是 r/min，若功率以千瓦为单位，则可得出

$$M = 9550\frac{P_2}{n} \tag{7-14}$$

2. 最大转矩

从机械特性曲线上看，转矩有一个最大值 M_m，称为最大转矩。对应于最大转矩的转差率为 S_m，可以用 $\frac{dM}{dS}=0$ 求得

$$S_m = \frac{R_2}{X_{20}} \tag{7-15}$$

可见，S_m 与转子电阻 R_2 有关。鼠笼式电动机的转子电阻很小，故 S_m 很小，在 0.04～

0.02之间。

将 S_m 代入式(7-13)，可得最大转矩

$$M_m = K\frac{U_1^2}{X_{20}} \tag{7-16}$$

由式(7-16)可知，异步电动机的最大转矩 M_m 与 U_1^2 成正比，而与转子电阻 R_2 的大小无关。

当负载转矩超出电动机的最大转矩时，电动机就带不动负载了，会发生所谓的闷车现象，这时电动机的电流可升高六七倍，电机严重过热，以致烧坏。如果过载时间较短，电动机不至于过热，是允许的。电动机的过载能力，可用电动机的额定转矩 M_N 与最大转矩 M_m 之比来表示，称为过载系数 λ，即

$$\lambda = \frac{M_m}{M_N} \tag{7-17}$$

一般三相异步电动机的过载系数为1.8～2.2 。

3. 启动转矩

电动机刚启动($n=0$，$S=1$)时的转矩称为启动转矩，用 M_{st} 表示。将 $S=1$ 代入式(7-13)可得

$$M_{st} = K\frac{R_2U_1^2}{R_2^2+X_{20}^2} \tag{7-18}$$

可见，启动转矩与 V_1^2 及 R_2 有关。当电源电压 U_1 降低时，启动转矩会下降。若适当增大转子电阻，可使启动转矩增大。

练习与思考

异步电动机的机械特性包含什么？如何衡量其性能指标？

7.3 三相异步电动机的启动

电动机接通电源，转速由零上升到额定转速(进入稳定运行)的过程，称为启动。启动所用的时间很短，约为1～3秒。启动时电动机转子与旋转磁场的相对转速很大，转子绕组中的感应电动势和感应电流很大，则定子绕组中的电流也必然很大，即启动电流很大。一般中小型鼠笼式异步电动机的启动电流约为额定电流的5～7倍。

如果电动机频繁启动，从发热的角度考虑，由于热量的积累，会使电机过热。另外，过大的启动电流在短时间内会造成线路电压降增大，使负载电压降低，影响临近负载的正常工作。为此，在保证电动机有足够大的启动转矩的条件下，应采取适当的启动方法，减小启动电流。

三相异步电动机的启动方法主要有直接启动和降压启动两种。

7.3.1 直接启动

直接启动就是将电动机直接与额定电源电压接通进行启动。但一台电动机能否直接启动，是有一定规律的。有些地区规定，与照明共用电源(无独立变压器)的电动机直接启动时，线路电压降不应超过5%。使用独立变压器时，若电动机频繁启动，则电动机容量应小

于变压器容量的 20%；若不经常启动，则电动机容量应小于变压器容量的 30%，否则不允许直接启动。二三十千瓦以下的异步电动机(如中小型机床用的电机)大多采用直接启动。

7.3.2　降压启动

降压就是降低电动机定子绕组上的电压进行启动，以减小启动电流。待启动过程接近完成时，再使定子绕组的电压恢复到正常工作电压。常用的有星形一三角形(Y－△)换接启动和自耦降压启动等方法。

1. 星形—三角形(Y -△)换接启动

星形—三角形换接启动适用于正常工作时定子绕组是三角形连接的电动机。启动时先把电动机绕组接成星形，等到转速接近额定转速时再把电动机绕组换接成三角形，如图 7 - 14 所示。

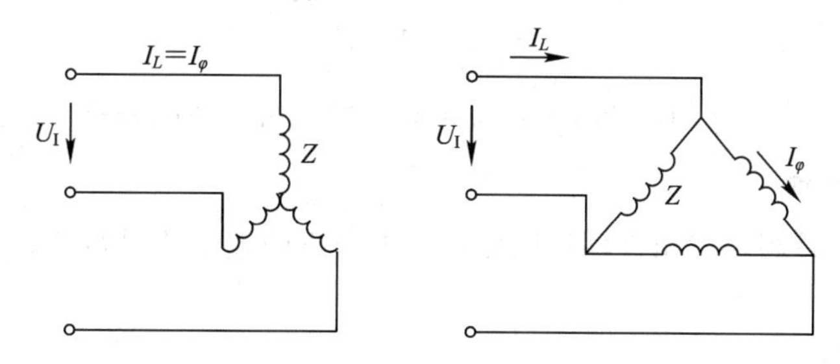

图 7 - 14　比较星形连接和三角形连接时的启动电流

在启动时采用星形接法，使定子每相绕组上的电压降到正常工作电压的$\frac{1}{\sqrt{3}}$。

$$L_{LY}=I_{\varphi Y}=\frac{\frac{U_L}{\sqrt{3}}}{Z}$$

其中 Z 为启动时每相的等效阻抗。

如果定子绕组接成三角形，直接启动时，

$$I_{L\triangle}=\sqrt{3}\,I_{\varphi\triangle}=\frac{\sqrt{3}U_L}{Z}$$

则

$$\frac{I_{LY}}{I_{L\triangle}}=\frac{\frac{U_L}{\sqrt{3}Z}}{\frac{\sqrt{3}U_L}{Z}}=\frac{1}{3}$$

即降压启动时的启动电流为直接启动时启动电流的$\frac{1}{3}$。

由于转矩与电压的平方成正比，所以启动转矩也减小到直接启动的$\frac{1}{3}$，因此，这种启动方法只适合于空载或轻载启动。这种启动可通过 Y -△换接启动器来实现，如图 7 - 15 所示。

Y -△换接启动器设备简单，成本低，动作可靠，因此得到了广泛的应用。

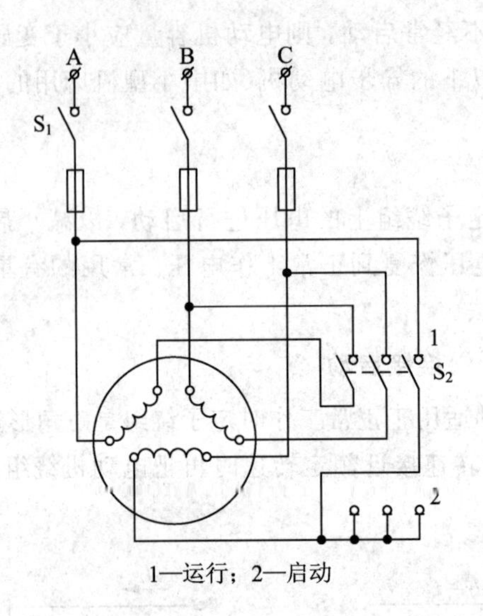

图 7-15　鼠笼式电动机 Y-△换接启动器的线路图

2. 自耦降压启动

自耦降压启动是利用三相自耦变压器降低电动机的端电压进行启动。电路如图 7-16 所示。

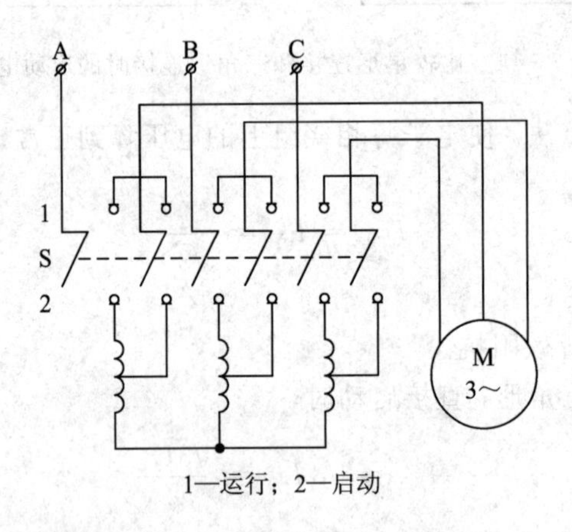

图 7-16　自耦降压启动接线图

启动时先把开关 S 扳到启动位置，使电动机定子绕组与自耦变压器相连接，此时加在定子绕组上的电压小于额定电压，从而减小了启动电流；待电动机转速增高到接近额定值时，再把开关 S 从启动位置迅速扳到工作位置。此时电动机直接和电网相接，切断自耦变压器。

采用自耦降压启动，能够使启动电流减小。一般自耦降压启动适用于容量较大或正常运行时接成星形的电动机。

有些要求启动转矩较大的生产机械，如起重机、卷扬机等所用的电机是绕线式的电动机。这种电动机启动时，常采用在转子电路中串接启动电阻的方法来减小启动电流。

【例 7-2】 有一 JQ_2-91-6 型异步电动机，其额定数值如表 7-2 所示。

表 7 - 2　JQ_2 - 91 - 6 型异步电动机额定数值

功率/kW	转速/(r/min)	电压/V	效率/%	功率因数	$\frac{I_{st}}{I_N}$	$\frac{M_{st}}{M_N}$	$\frac{M_m}{M_N}$	接法	I_N	M_N
55	980	380	91.5	0.88	6.5	1.2	2	△	103.8 A	536 N·m

(1) 若负载转矩 $M_L=M_N$，问采用全压启动或 Y -△变换降压启动时，电动机能否启动？(2) 当 $V_1=380$ V，$M_L=100$ N·m 和 $M_L=300$ N·m，能否用 Y -△启动？(3) 当 $V_1=380$ V、$M_L=300$ N·m 时，若用自耦变压器 80%抽头进行降压启动，能否启动？若能启动求启动电流。

解：(1) $M_L=M_N$，在全压启动时，启动转矩 $M_{st}=1.2\ M_N<M_L$ 故能启动。

若用 Y -△启动，则启动转矩为

$M_{stY}=\frac{1}{3}M_{st}=\frac{1}{3}\times 1.2M_e=0.4M_N<M_L$，则不能启动。

(2) 在 $I_N=103.8$ A，$M_N=536$ N·m 全压启动时，启动电流和启动转矩分别为

$$I_{st\triangle}=6.5I_N=6.5\times 103.8=675\ \text{A}$$

$$M_{st\triangle}=1.2M_N=1.2\times 536=634\ \text{N}\cdot\text{m}$$

当接成星形时，启动电流和启动转矩分别为

$$I_{stY}=\frac{1}{3}I_{st\triangle}=\frac{1}{3}\times 675=225\ \text{A}$$

$$M_{stY}=\frac{1}{3}M_{st\triangle}=\frac{1}{3}\times 643=214\ \text{N}\cdot\text{m}$$

故当 $M_L=100$ N·m 时能启动，$M_L=300$ N·m 时就不能启动了。

(3) 用自耦变压器 80%抽头降压启动时，启动电流和启动转矩分别为

$$I'_{st}=(0.8)^2I_{st\triangle}=0.64\times 675=432\ \text{A}$$

$$M'_{st}=(0.8)^2M_{st\triangle}=0.64\times 643=412\ \text{N}\cdot\text{m}$$

故当 $M_L=300$ N·m 时，用自耦变压器 80%抽头能启动。

【例 7 - 3】 有一 JQ_2 - 82 - 4 型三相异步电动机，其额定数值如表 7 - 3 所示。

表 7 - 3　JQ_2 - 82 - 4 型三相异步电动机额定数值

功率/kW	转速/(r/min)	电压/V	效率/%	功率因数	$\frac{I_{st}}{I_N}$	$\frac{M_st}{M_N}$	$\frac{M_m}{M_N}$	接法
40	1470	380	90	0.9	6.5	1.2	2	△

求(1) 额定电流；(2) 额定转差率；(3) 额定转矩、最大转矩、启动转矩。

解：(1) $I_N=\frac{P_2\times 10^3}{\sqrt{3}U_L\cos\varphi\eta}=\frac{40\times 10^3}{\sqrt{3}\times 380\times 0.9\times 0.9}=75\ \text{A}$

(2) $S=\frac{n_0-n}{n_0}=\frac{1500-1470}{1500}=0.02$

(3) $M_N=9550\frac{P_2}{n}=9550\frac{40}{1470}=259.9\ \text{N}\cdot\text{m}$

$$M_{max}=\frac{M_{max}}{M_N}\cdot M_N=2\times 259.9=519.8\ \text{N}\cdot\text{m}$$

$$M_{st} = 1.2 \times 259.9 = 311.8\ \text{N} \cdot \text{m}$$

练习与思考

三相异步电动机的启动方法主要有哪两种？分别是什么？

7.4　三相异步电动机的调速、反转与制动

7.4.1　三相异步电动机的调速

在生产实际中，常要求某些机械设备的运行速度能在一定范围内进行调节。例如，金属切削机床需要按被加工金属材料的种类、切削工具的性质等调节转速；起重运输机械在快要停车时，要降低速度保证安全等，这就提出了异步电动机的调速问题。调速就是在同一负载下，设法使电动机的转速从某一数值改变为另一数值，以满足工作的需要。

由公式 $n_0 = \dfrac{60f_1}{p}$ 和 $S = \dfrac{n_0 - n}{n_0}$ 可知，电动机的转速 n 与同步转速 n_0 之间的关系为 $n = (1-S)n_0 = (1-S)\dfrac{60f_1}{p}$。即 n 与 f_1、S、p 有关，改变电源的频率、磁极对数或转差率都可以达到调速的目的。

1. 改变磁极对数调速

鼠笼式异步电动机的转速接近于同步转速 n_0。同步转速与磁极对数有关，表 7－1 列出了频率不变时的同步转速，因此改变磁极对数就能改变电动机的转速。改变定子绕组的磁极对数 p 调速时，定子的每相绕组可由两个相同的部分组成，这两部分可以串联，也可以并联。在串联时，磁极对数是并联时的两倍，而转子的转速则为并联时的一半。定子绕组的改接情况如图 7－17 所示，由于定子绕组的磁极对数只能成对改变，所以转速只能按级调节。

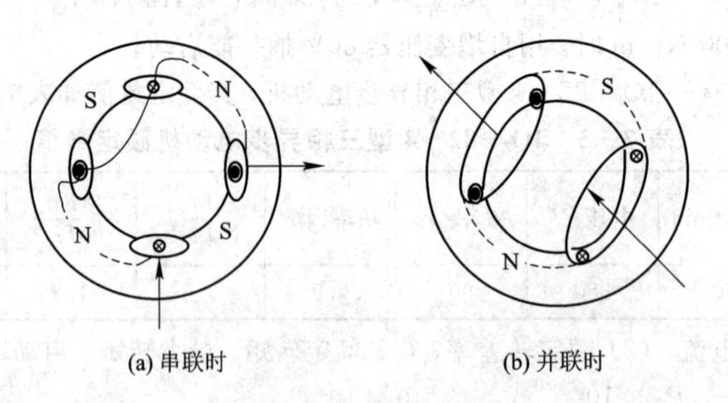

图 7－17　定子绕组改接成不同极对数的线路图(只绘出其中一相)

绕组的磁极对数可以改变的电动机称为多速电动机，最常见的是双速电动机。如果定子上装有两套独立的绕组，而且其中有一套绕组可产生两种磁极对数，则这种电动机总共有三种同步转速，即三速电动机。国产的三相多速电动机的型号有 JD02－42－8/4 型，JD02－51－8/6/4 型等，前者的转速有 720 r/min、1430 r/min，但后者的转速有 730 r/min、960 r/min、1400 r/min 三种。改变磁极对数调速比较经济简便，常用在金属切削机床上。

2. 改变频率调速

改变频率调速叫变频调速，是通过改变电源频率达到调节电动机转子转速的目的。改变电动机的频率要外加一套变频装置。目前随着我国变频技术的发展，主要采用可控硅或半导体二极管整流器和逆变器，将工频为 50 Hz 的交流电转变为频率可调的交流电。再送入电动机，达到调速目的。这种调速方法可实现无级平滑调速，还可得到硬的机械特性，这是最受欢迎的调速方法。但目前这种调速设备的成本较高。

3. 改变转子电路的电阻调速

绕线式电动机的调速是在转子电路中接入一个调速电阻，改变调速电阻的大小，就可得到平滑调速。例如增大调速电阻时，由于惯性，转速 n 或转差率 S 不立即变化，转子电流就减小，转矩 M 也减小，当负载不变时，电动机的转矩就小于负载转矩，转速因而下降，I_2 和 M 将增大，直到电动机的转矩和阻转矩又相等为止。因此转子调速电阻增大，转差率 S 上升，而转速 n 下降。这种调速方法常用在起重机的提升设备及矿井运输中用的绞车上。

7.4.2　三相异步电动机的反转

如果需要改变电动机的旋转方向，只需将三相电源线中任意两根对调一下，改变三相交流电的相序，从而改变定子旋转磁场方向，使电动机反转。在需要经常改变电动机转向时，可采用图 7－18 的接线方法。

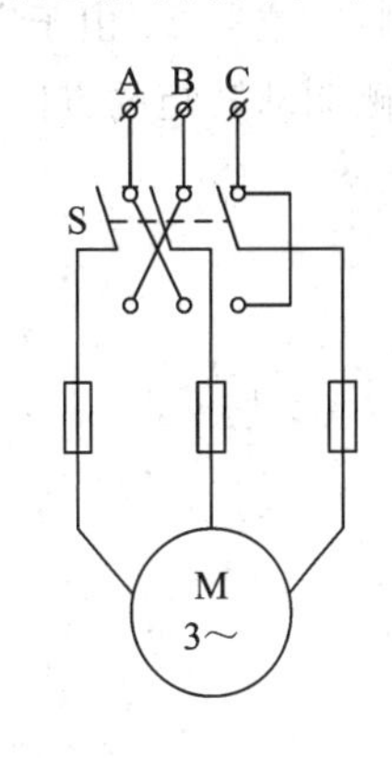

图 7－18　异步电动机的反转电路图

7.4.3　三相异步电动机的制动

在切断电源时，由于惯性的作用，电动机不能马上停车。从切断电源到电动机完全停转需要一个过程，即停车过程。为了缩短停车过程，提高劳动生产率，往往要求电动机能够迅速停车，因此需要对电动机进行制动。制动方法较多，这里仅介绍能耗制动和反接制动。

1. 能耗制动

如图 7－19 所示，将开关由“运行”位置 1 拉开，切断电源时，电动机转子还继续向原来的方向转动。为了使电动机迅速停车，可将开关 S 迅速合到“制动”位置 2，于是在电动机两相定子绕组中(B 相、C 相)加上直流电压。当直流电流通过定子绕组时，在电动机中产生一个恒定的不旋转的磁场，如图 7－20 所示。此时，在转子导体中产生的感应电动势和电流的方向可用右手定则判定，转子绕组导体所受电磁力 F_2 的方向可用左手定则来确定。可见转子电磁转矩的方向与转子旋转方向相反，称为制动转矩。制动转矩使转子迅速停转。制动转矩的大小可通过电阻 R 加以调节，这种制动方法就是把电动机转子的旋转能转变为电能，消耗在转子回路电阻上，所以称为能耗制动。

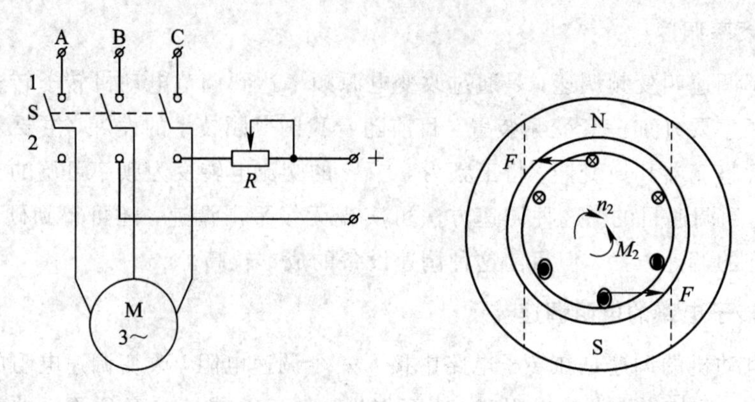

图 7－19　能耗制动的线路图　　　　图 7－20　能耗制动

2. 反接制动

反接制动电路如图 7－21 所示，制动时将三相开关 S 从“运行”位置 1 拉开并迅速投向“制动”位置 2。由于定子绕组电源的相序的改变，旋转磁场的方向也将随之改变，使转子电磁制动转矩的方向与原来旋转方向相反，电动机转速很快降到零。

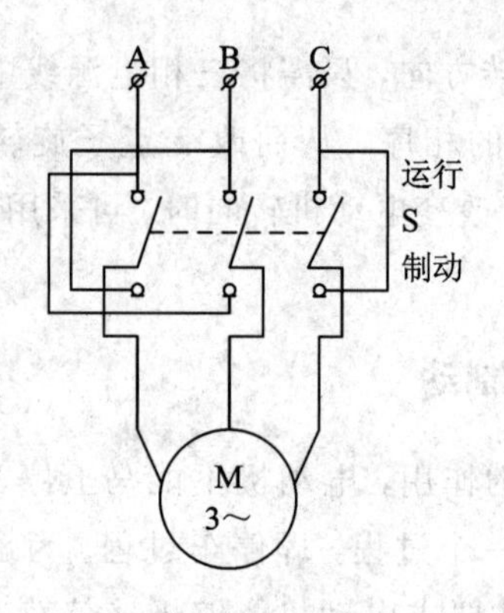

图 7－21　反转制动

当电动机的转速接近于零时，应立即切断电源，以免电动机反向旋转。反向制动的方法大多数用于电动机可正反转的系统。

两种制动方法相比较，各有优点。反向制动的优点是制动力量强，无需直流电源；缺点是制动过程中冲击强烈，易损坏传动零件，且频繁地反接制动会使电动机过热损坏。能耗制动的优点是制动力较强、平稳、无冲击；缺点是需要直流电源，在电动机功率较大时，直流制动设备价格较贵，低速时制动转矩小。

练习与思考

三相异步电动机如何调速？

7.5　异步电动机的铭牌

电动机的铭牌都安装在电动机的机座上。铭牌中的数据表明电动机的基本性能和一些技术数据，现以 $Y_{112}M-4$ 型的电动机铭牌为例，说明电动机主要数据的含义。

1. 型号

型号的标注形式如下：

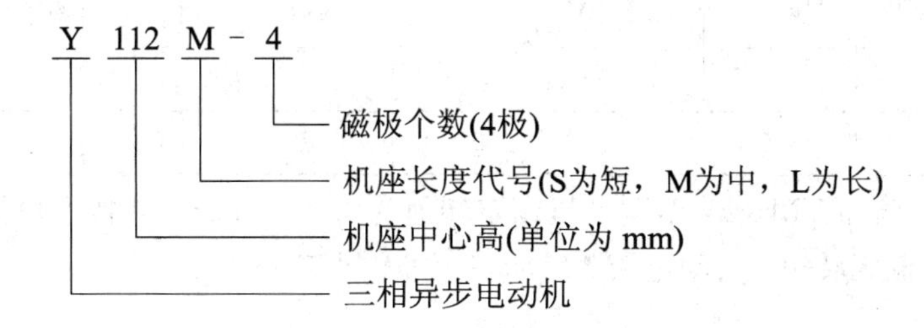

Y：异步机；T：同步机；Z：直流机。Y－L 系列是取代 JO 系列的新产品，封闭自扇冷式。

电动机的型号通常用汉语拼音大写字母与阿拉伯数字组成。根据型号可以看出产品的用途、工作环境等。

2. 电压和电流

铭牌上标的电压是指电动机在额定运行状态下三相定子绕组的线电压。铭牌上所标的电流是指当电动机输出额定功率时定子电路的线电流。

3. 功率和频率

铭牌上所标的功率是指电动机在额定运行时轴上输出的机械功率值 P_N，也称额定功率。铭牌所标频率是指加在电动机定子绕组上电压的允许频率。通常工频是 50 Hz。

4. 效率和功率因数

效率和功率因数也是电动机的主要技术数据。由于电动机本身存在着铜损、铁损及机械损耗，所以输入功率不等于输出功率。电动机的效率是电动机满载时输出功率与输入功率之比。电动机铭牌标的是额定输出机械功率 P_N、设输入功率为 P_i，则

$$\eta=\frac{P_N}{P_i}=\frac{P_N}{\sqrt{3}U_L I_L\cos\varphi} \tag{7-19}$$

电动机是感性负载，定子相电流比相电压滞后 φ 角，$\cos\varphi\neq1$。三相异步电动机的功率因数较低，在额定负载时约为 0.7～0.9，在空载时只有 0.2～0.3 。因此在使用时要正确选择电动机的容量，防止“大马拉小车”(轻载)。

5. 转速和绝缘

铭牌上的转速是指电动机满载时的转子的转速。铭牌上的绝缘等级是指电动机定子绕组所用的绝缘材料的等级。由于各种绝缘材料的耐热性不同，所以电动机所允许的最高工作温度也不同。目前电动机所用的绝缘材料等级和允许温度见表 7－4。

表 7－4　绝缘材料耐热性和绝缘等级

绝缘等级	最高允许温度/℃
A	105
B	120
E	130
F	155
H	180

表 7-3 电动机技术数据实例

型号	额定功率/kW	额定电压/V	满载时电流/A	效率/%	功率因数	启动电流/满载电流	启动转矩/额定转矩	最大转矩/额定转矩
$Y_{160}L-2$	18.5	380	35.5	89	0.89	7	1.2	2.2
$Y_{180}M-4$	18.5	380	35.5	91	0.86	7	1.2	2.2

【例 7-4】 已知 YM1804 型电动机额定转速为 1440 r/min，其技术数据见表 7-5，试求额定转差率、额定转矩、启动电流、启动转矩和输入功率。

解：$n_0 = \dfrac{60f}{p} = \dfrac{60 \times 50}{2} = 1500\ \text{V/min}$

$$S_N = \frac{n_0 - n}{n_0} = \frac{1500 - 1440}{1500} = 0.04$$

$$M_N = 9550\frac{P_N}{n_N} = 9550\frac{18.5}{1440} = 123\ \text{N}\cdot\text{m}$$

$$I_{st} = 7I_N = 7 \times 35.9 = 251\ \text{A}$$

$$M_{st} = 1.2M_N = 1.2 \times 123 = 147.6\ \text{N}\cdot\text{m}$$

$$M_{max} = 2.2M_N = 2.2 \times 123 = 271\ \text{N}\cdot\text{m}$$

$$P_i = \sqrt{3}U_L I_L \cos\varphi = \sqrt{3} \times 380 \times 35.9 \times 0.86 = 20.32\ \text{kW}$$

或

$$P_i = \frac{P_N}{\eta} = \frac{18.5}{0.91} = 20.32\ \text{kW}$$

练习与思考

如何判断三相异步电机的基本性能？

习　题

1. 试画出三相异步电动机 $P=2$，且定子绕组接成星形，如图 7-11 在 $\omega t=0°$、$\omega t=60°$和 $\omega t=90°$时定子旋转磁场的图形，并判别旋转磁场的方向。

2. 上题中设 $i_A = I_m \sin\omega t$，如对调 B 和 C 两根电源线，判别旋转磁场的方向。

3. 有些三相异步电动机有 380/220 V 两种额定电压，定子绕组可以接成星形，也可接成三角形。试问什么情况下采用这种或那种接法，采用这两种接法时，电动机的额定值(功率、相电压、线电压、相电流、线电流、效率、功率因数等)有无改变？

4. 某异步电动机的额定电压为 220/380 V，额定电流为 11.25/6.5 A，额定功率为 $P_N=3$ kW，额定功率因数 $\cos\varphi=0.86$，转速 $n=1430$ r/min，频率 $f_1=50$ Hz，求额定效率 η_N、额定转矩 M_N、额定转差率 S_N 和定子绕组的磁极对数。

5. 三相异步电动机的额定值 $P_N=22$ kW，$n_N=2940$ r/min，$V_N=380$ V，$I_N=42$ A，$\cos\varphi=0.9$，$\dfrac{I_{st}}{I_N}=7$，$\dfrac{M_{st}}{M_N}=1.2$，$\dfrac{M_m}{M_N}=2.2$，求 n_N、M_N、M_{st}、M_m 以及当电动机作星形连接并直接启动时的启动电流 I_{st}。

6. JQ_2-41-4 型电动机的额定功率为 4 kW，额定转速为 1440 r/min，过载系数 $\lambda=$

2.0。试求它的额定转矩、启动转矩和最大转矩。

7. JQ_2 - 72 - 4 型三相异步电动机的额定功率为 30 kW，额定电压为 380 V，三角形接法，频率为 50 Hz。在额定负载下运行时，其转差率为 0.02，效率为 90%，线电流为 57.5 A。试求：转子旋转磁场的转速、额定转矩、电动机的功率因数。

8. 上题中电动机的$\frac{M_{st}}{M_N}=1.2$，$\frac{I_{st}}{I_N}=7$，试求用 Y -△换接启动时的启动电流和启动转矩；当负载转矩为额定转矩的 60%和 25%时，电动机能否启动?

9. 工地上需要接一临时线路对三相异步电动机供电，线路的距离较短，由于没有适当长度的导线，因而取用长约 100 米以上的较细的三大卷导线作为电源与电动机间的连接线，发现空载上电动机启动正常；但满载时不能启动，问这是电动机发生的故障，还是另有其他原因。

10. 如果电动机的三角形连接误接成星形连接，或者星形连接误接成三角形连接，其后果如何。

参 考 文 献

[1] 邱关源．电路[M].5 版．北京：高等教育出版社，2006.
[2] 李瀚荪．电路分析基础[M].4 版．北京：高等教育出版社，2008.
[3] 赵远东，吴大中．电路理论与实践[M].2 版．北京：清华大学出版社，2018.
[4] 史洪松．电工学[M]．西安：西北工业大学出版社，2019.
[5] 曾令琴．电路分析基础[M]．北京：化学工业出版社，2013.